高职高专"十三五"规划教材

国家示范性高职院校重点建设专业精品规划教材（土建大类）

国家高职高专土建大类高技能应用型人才培养解决方案

工程竣工验收及交付

主 编/李红立 卢 强

GONGCHENG JUNGONG YANSHOU JI JIAOFU

天津大学出版社
TIANJIN UNIVERSITY PRESS

内容提要

本书是为了满足土建大类专业最新人才培养目标和教学改革要求,作者依据党的二十大报告有关精神和新版《中华人民共和国职业教育法》的相关规定,坚持立德树人、德技兼修的育人理念和课程思政入教材、入课堂、入头脑的总思路,由模范教师、师德先进个人牵头,在征求行业相关学科专业领域专家和技术骨干意见的基础上,采用情境化、任务式的方式组织团队编写的一部教材。全书融合了建筑工程项目技术、安全,质量管理及网络计划计算机软件应用等方面的知识。

本书共有5个学习情境,主要内容包括工程资料的整理与汇总、建筑工程施工质量验收、建筑工程专项验收、建筑工程竣工验收的程序及组织、建筑工程竣工验收备案管理。每一学习情境后均编排了复习思考题,用于检测学生对知识点的掌握情况,其中的技能训练可在课内外实训中完成。为了使学生对工程竣工验收及交付有较全面的把握,提高其在实践中综合应用知识的能力,书中大量引入实践中的各种表格范例及实例,突出了本书的实用性和可操作性。

本书可作为高职高专院校建筑工程技术、工程造价、建筑工程监理、建筑工程管理等土建类专业及其相关专业的教材,也可供其他类型学校(如职工大学、函授大学、电视大学等)的相关专业选用,同时也可供有关工程技术人员参考。

图书在版编目(CIP)数据

工程竣工验收及交付/李红立,卢强主编.—天津:天津大学出版社,2019.1(2024.2重印)

高职高专“十三五”规划教材　国家示范性高职院校重点建设专业精品规划教材.土建大类　国家高职高专土建大类高技能应用型人才培养解决方案

ISBN 978-7-5618-6319-0

Ⅰ.①工…　Ⅱ.①李…②卢…　Ⅲ.①建筑工程－工程质量－工程验收－高等职业教育－教材　Ⅳ.①TU712

中国版本图书馆CIP数据核字(2018)第291487号

出版发行　天津大学出版社
地　　址　天津市卫津路92号天津大学内(邮编:300072)
电　　话　发行部:022-27403647
网　　址　www.tjupress.com.cn
印　　刷　天津泰宇印务有限公司
经　　销　全国各地新华书店
开　　本　787mm×1092mm　1/16
印　　张　20
字　　数　505千
版　　次　2024年2月第2版
印　　次　2024年2月第4次
定　　价　55.00元

总　序

“国家示范性高职院校重点建设专业精品规划教材(土建大类)”是根据《教育部、财政部关于实施国家示范性高等职业院校建设计划　加快高等职业教育改革与发展的意见》(教高〔2006〕14号)及《教育部关于全面提高高等职业教育教学质量的若干意见》(教高〔2006〕16号)文件精神,为了适应我国当前高职高专教育发展形势,满足社会对高技能应用型人才培养的需求,配合国家示范性高职院校的建设计划,在重构能力本位课程体系的基础上,以重庆工程职业技术学院为载体,开发的与专业人才培养方案捆绑、体现“工学结合”思想的系列教材。

本套教材由重庆工程职业技术学院建筑工程学院组织编写,该学院联合重庆建工集团、重庆建设教育协会和兄弟院校的一些行业专家组成教材编审委员会,共同研讨并参与教材大纲的编写和编写内容的审定工作,因此本套教材是集体智慧的结晶。该系列教材的特点:与企业密切合作,制定了突出专业职业能力培养的课程标准;反映了行业新规范、新技术和新工艺;打破了传统学科体系教材编写模式,以工作过程为导向,系统设计课程内容,融“教、学、做”于一体,体现了高职教育“工学结合”的特点。

在充分考虑高技能应用型人才培养需求和发挥示范院校建设作用的基础上,编审委员会基于能力递进工作过程系统化理念构建了建筑工程技术专业课程体系。其具体内容如下。

1. 调研、论证、确定岗位及岗位群

通过毕业生岗位统计、企业需求调研、毕业生跟踪调查等方式,确定建筑工程技术专业的岗位和岗位群为施工员、安全员、质检员、档案员、监理员,其后续提升岗位为技术负责人、项目经理。

2. 典型工作任务分析

根据建筑工程技术专业岗位及岗位群的工作过程,分析工作过程中各岗位应完成的工作任务,采用“资讯、计划、决策、实施、检查、评价”六步骤工作法提炼出“识读建筑工程施工图(综合识图)”等43项典型工作任务。

3. 将典型工作任务归纳为行动领域

根据提炼出的43项典型工作任务,按照是否具有现实、未来以及基础性和范例性意义的原则,将43项典型工作任务直接或改造后归纳为“建筑工程施工图及安装工程图识读、绘制”等18个行动领域。

4. 将行动领域转换配置为学习领域课程

根据“将职业工作作为一个整体的行动过程进行分析”和“资讯、计划、决策、实施、检查、评价”六步骤工作法的原则，构建“工作过程完整”的学习过程，将行动领域或改造后的行动领域转换配置为“建筑工程图识读与绘制”等18门学习领域课程。

5. 构建专业框架教学计划

具体内容参见电子资源。

6. 设计基础学习领域课程的教学情境

由课程建设小组与基础课程教师共同完成基础学习领域课程教学情境的设计。基于专业学习领域课程所需的理论知识和学生后续提升岗位所需知识来系统地设计教学情境，以满足学生可持续发展的需求。

7. 设计专业学习领域课程的教学情境

根据专业学习领域课程的性质和培养目标，校企合作共同选择，以图纸类型、材料、对象、分部工程、现象、问题、项目、任务、产品、设备、构件、场地等为载体，并考虑载体具有可替代性、范例性及实用性的特点，对每个学习领域课程的教学内容进行解构和重构，设计出专业学习领域课程的教学情境。

8. 校企合作共同编写学习领域课程标准

重庆建工集团、重庆建设教育协会及一些企业和行业的专家参与了课程体系的建设和学习领域课程标准的开发及审核工作。

在本套教材的编写过程中，编审委员会采用基于工作过程的理念，加强实践环节安排，强调教材用图统一和理论知识应满足可持续发展的需要。本套教材采用了创建学习情境和编排任务的方式，充分满足学生“边学、边做、边互动”的教学需求，达到所学即所用的目的和效果。本套教材体系结构合理、编排新颖，而且满足了职业资格考核的要求，实现了理论实践一体化，实用性强，能满足学生完成典型工作任务所需的知识、能力和素质的要求。

追求卓越是本套教材的奋斗目标，为我国高等职业教育发展而勇于实践和大胆创新是编审委员会和作者团队共同努力的方向。在国家教育方针、政策引导下，在编审委员会和作者团队的共同努力下，在天津大学出版社的大力支持下，我们力求向社会奉献一套具有创新性和示范性的教材。我们衷心希望这套教材的出版能够推动高职院校的课程改革，为我国职业教育的发展贡献自己微薄的力量。

编审委员会

2019年1月于重庆

再版前言

《中华人民共和国职业教育法》的新修订，首次以法律形式确定了职业教育是与普通教育具有同等重要地位的教育类型，进一步加快构建面向全体人民、贯穿全生命周期、服务全产业链的职业教育体系，加快建设国家重视技能、社会崇尚技能、人人学习技能、人人拥有技能的技能型社会。

党的二十大报告提出，建设现代化产业体系、全面推进乡村振兴、加快发展方式绿色转型、积极稳妥推进碳达峰碳中和，深入实施科教兴国战略、人才强国战略、创新驱动发展战略，并且再次强调“坚持教育优先发展”，这为推动职业教育高质量发展提供了强大动力。高等职业教育肩负着培养更多高技能人才、大国工匠的国家战略使命，既要着重培养一线的生产、经营、管理、服务人员，又要培养促进中国制造和服务迈向中高端，适应高端化、智能化、绿色化发展所需人才，为以中国式现代化全面推进中华民族伟大复兴贡献力量。

近年来，我国建筑业改革发展不断深入，为适应这种形势，工程竣工验收及交付的内容和表现形式都必须有相应的变化。本书根据高职高专人才培养目标和工学结合人才培养模式以及专业教学改革的要求编写，以培养高技能应用型人才为主要任务，以提高工程竣工验收及交付技能为出发点。编者在广泛征求建筑业内人士意见的基础上，确定了工程竣工验收及交付的课程标准，教材的知识范围、内容的深度和广度，同时融入了相关行业岗位考证的要求和编者多年的教学实践经验。因此，本书具有较强的针对性和实用性。

编者根据国家现行相关规范、标准，结合职业资格认证特点，基于工作目标系统化理念，以竣工验收目标任务为载体，将验收资料与验收规定相结合，依据验收任务编写了本书。通过对工程资料的整理与汇总、建筑工程施工质量验收、建筑工程专项验收、建筑工程竣工验收的程序及组织、建筑工程竣工验收备案管理 5 个学习情境的学习和训练，学生可初步具备工程竣工验收及交付岗位职业能力。

本书是集体智慧的结晶，建设行业、企业、学校的专家审定了教材编写大纲，参与了教材编写过程中的研讨会。全书由李红立统稿、定稿，李红立、卢强任主编，王昊、向洋任副主编。参与本书编写的老师有重庆工程职业技术学院李红立、卢强、向洋、王昊、郭晓凤及重庆交通大学伍川生。编写分工：课程导入、学习情境 1 和附录 D、附录 E 由李红立编写，学习情境 2 由卢强编写，学习情境 3 由卢强、向洋编写，学习情境 4 由向洋、伍川生编写，学习情境 5 由王昊、郭晓凤编写，其他附录由向洋、王昊编写。书中采用的部分规范、标准以及范例等相关资料由王昊、向洋收集、提供。

重庆建工集团股份有限公司、重庆建设教育协会以及土建大类精品规划教材编审委员会等的专家审定和指导了教材编写大纲及编写内容，在此对他们表示感谢。

在本书的编写过程中，编者参阅了大量文献，引用了同类书刊中的一些资料，在此谨向有关作者表示感谢！同时，对天津大学出版社为本书出版付出辛勤劳动的编辑表示衷心感谢！

由于编者水平有限，书中存在错误和不妥之处在所难免，恳请专家和广大读者不吝赐教、批评指正（请发至邮箱 wsqyqh@163.com），以便我们在今后的工作中改进和完善。

编　者

2024 年 1 月

目　录

课程导入

1 建筑工程竣工验收的意义

建筑工程竣工验收是施工全过程的最后一道程序，也是工程项目管理的最后一项工作，在项目建设的整个过程中起着至关重要的作用，其重要性主要体现在以下方面。

(1)全面考核建设成果，检查设计、工程质量是否符合要求，确保建设项目符合经济技术指标的各项要求。

(2)通过建筑工程竣工验收办理固定资产使用手续，可以总结工程建设经验，为提高建设项目的经济效益和管理水平提供重要依据。

(3)建筑工程竣工验收是建设项目施工阶段的最后一个程序，是建设成果转入生产使用的标志，是审查投资使用是否合理的重要环节。

(4)建设项目建成投产交付使用后，能否取得良好的宏观效益，需要由国家权威管理部门按照技术规范、技术标准组织验收确认。因此，竣工验收是建设项目转入生产使用的必要环节。

建筑工程竣工验收的过程，实际上是所有参建单位共同努力实现质量控制的过程。2000年1月30日发布的中华人民共和国国务院令(第279号)《建设工程质量管理条例》，明确规定了建设单位、设计单位、勘察单位、施工单位以及监理单位的责任和义务，确立了建设工程质量保修制度、工程质量监督管理制度以及内容，对于强化政府质量监督、规范建设项目各参建主体的质量行为、维护建筑市场秩序、全面提高工程质量具有重要意义。

2 建筑工程质量验收的重要性

任何事物都是质和量的统一，有质才有量，绝不存在没有质量的数量，也不存在没有数量的质量。质量反映了事物的本质和特性，是前提；而数量则反映了事物存在和发展的规模、程度、速度、水平等。没有质量，就没有数量、品种、效益，就没有工期、成本和信誉。所以，建筑工程的质量是工程项目建设的核心，是决定工程建设项目成功的关键，是实现三大控制(质量控制、投资控制、进度控制)目标的根本。

建设项目投资和耗费的人工、材料、能源都相当多，投资者付出巨大的投资，要求获得理想的、满足使用要求的工程产品，期望在预定时间内能发挥作用，满足社会经济建设和物质文化生活需要。如果工程质量差，不但不能发挥应有的效用，而且还会因质量、安全等问题影响国计民生和社会环境的安全。

建筑工程的质量是决策、勘察、设计、施工、监理等单位各方面、各环节工作质量的综合反映。项目的可行性研究直接影响项目的决策质量和设计质量。建筑工程项目设计是根据项目决策阶段已确定的质量目标和水平,通过工程设计使其具体化。设计在技术上是否可行、工艺上是否先进、经济上是否合理、设备上是否配套、结构上是否安全可靠等,都将决定工程项目建成后的使用价值和功能,因此设计阶段是影响项目质量的关键环节。建筑工程项目施工阶段是根据设计文件和图纸的要求,通过施工形成工程实体,这一阶段直接影响工程的最终质量,因此施工阶段是工程质量控制的决定性环节。

建筑工程的施工阶段,往往呈现出施工周期长,多专业、多工种、多工序在同一项目上交叉作业,隐蔽工程多,影响工程质量的因素(包括人员、材料、机具、方法、环境因素等)多,变化大等特点。因此,建筑工程施工阶段的质量控制难度是很大的,反映在工程施工质量的监督管理方面,就需要采取和一般工业产品生产过程不一样的方式,即国家和各级地方政府责成建设行政主管部门直接实施对建筑工程项目的监督管理。建设单位或业主委托专业的工程监理单位或人员,实施工程项目施工的全方位、全天候、全过程的质量监理。其中,由勘察单位、设计单位、建设及监理单位、施工单位等共同参加的检验批、分项工程、分部工程和单位工程的施工质量验收成为最重要的控制环节。

3 建筑工程竣工验收备案的意义

《建设工程质量管理条例》规定:建设工程竣工验收工作应由建设单位组织,勘察、设计、施工、监理单位共同参加,建设工程质量监督站进行监督,建设行政主管部门备案。

建筑工程竣工验收备案制度是加强政府监督管理、防止不合格工程流向社会的一个重要手段。建设单位应依据《建设工程质量管理条例》和《房屋建筑和市政基础设施工程竣工验收备案管理办法》的规定,自建筑工程竣工验收合格之日起15日内,向工程所在地的县级以上地方人民政府建设行政主管部门备案,否则不允许投入使用。

4 本课程的性质及相关课程

1. 性质

"工程竣工验收及交付"是土建类专业的必修课和专业核心课。

2. 前导课程

前导课程有建筑工程材料的检测与选择、建筑工程图识读与绘制、建筑功能及建筑构造分析、建筑工程测量、土石方工程施工、基础工程施工、钢筋混凝土主体结构施工、砌体结构工程施工、特殊工程施工、装饰装修工程施工、钢结构工程施工、建筑工程施工组织编制与实施。

3. 平行课程

平行课程有施工机具设备选型、建筑结构构造及计算、工程质量通病分析及预防。

5 本课程特点和学习方法

本课程是一门综合性很强的课程，需要理论联系实际。在学习的过程中，需结合建设单位、设计单位、勘察单位、施工单位、监理单位等的实际工程情况对课程进行深入了解，从而提高自己的岗位能力。

由于本课程涉及的知识面较广，需要学生在学习的过程中勤动手、多思考，重视课内实训、小组讨论，加强协岗、定岗、顶岗实习等实践教学环节，提高自身的职业能力。

复习思考题

1. 请简要回答实施工程竣工验收制度的意义。
2. 查阅资料，总结各个岗位在工程竣工验收时应准备哪些材料。

学习情境1 工程资料的整理与汇总

【学习目标】

※了解建筑工程资料分类的原则;掌握各大类、各小类和具体文件、资料或表格编号符号使用的规定;掌握建筑工程资料的编号组成和具体规定、检验批表格的编号以及建筑工程技术资料文件的整理顺序。

※了解工程项目建设中建设监理资料的组成;掌握监理单位文件资料的分类、监理单位资料管理的流程以及施工阶段进度控制、质量控制、造价控制、分包资质、合同管理以及监理工作总结等常见监理资料的内容、表格形式及填写方法。

※了解施工资料管理流程;掌握施工管理、质量控制管理、安全及使用功能管理、建筑工程质量验收等施工资料的内容、表格形式及填写方法。

※了解工程竣工图的作用、组成、编制依据和基本要求;掌握竣工图绘制要求及方法。

※了解建筑工程资料立卷的原则、要求、方法,组卷的顺序和具体要求;掌握建筑工程资料案卷卷内文件页号、卷内目录、卷内备考表、卷内封面等的编制规定以及案卷的装订等。

※掌握建筑工程竣工验收及交付的概念和条件、建筑工程竣工验收的管理制度与依据。

※掌握建筑工程资料的概念,建筑工程竣工验收资料管理的意义,建筑工程资料管理的职责以及建筑工程资料移交与归档的内容;了解工程竣工后各参建单位应收集、保存并归档的竣工验收资料及表格示例。

【技能目标】

通过学习,学生能根据类别和专业系统对施工资料进行分类,正确对建筑工程相应资料进行编号;能正确编写监理规划、实施细则、监理月报、监理会议纪要等监理管理资料,编写施工阶段进度控制、质量控制、造价控制、分包资质、合同管理以及监理工作总结等常见监理资料;能正确编写施工管理、质量控制管理、安全及使用功能管理、建筑工程质量验收等施工资料;能遵循竣工图编制依据和基本要求,正确选用绘制方法绘制竣工图;能正确按照建筑工程资料立卷的原则、要求进行资料立卷,正确编写建筑工程资料案卷编目;能清楚地理解什么是建筑工程竣工验收及交付使用和为什么要进行建筑工程竣工验收,并且可以正确地进行建筑工程竣工验收资料的分类,正确收集和汇总相关的建筑工程竣工验收资料。

【教学准备】

建筑工程监理规范、委托监理合同范本;施工规范、施工质量验收规范、档案管理规范;验收规范、验收相关表格、移交范本和相关视频等。

【教学建议】

任务教学、案例分析、实境教学、观看录像、对比教学、分组学习等。

【建议学时】

34(8)

任务1　建筑工程资料的分类和编号

1.1　建筑工程资料分类

1.1.1　建筑工程资料分类的原则

(1)建筑工程资料是按照文件资料的来源、类别、形成的先后顺序以及收集和整理的单位进行分类的,以便于资料的收集、整理、组卷。

(2)施工资料应根据类别和专业系统划分,参见表1.1.1及《建设工程文件归档规范》(GB/T 50328—2014)、《建筑工程施工质量验收统一标准》(GB 50300—2013)。

表1.1.1　建筑工程文件资料的分类和编号

类别	归档文件资料名称	资料编号	提供单位
建设单位的文件资料(A类资料)			
A1决策立项文件	发改部门批准的立项文件	A1-01	建设单位
	项目建议书	A1-02	建设单位
	关于立项的会议纪要、领导批示	A1-03	组织单位
	项目建议书的批复文件	A1-04	有关主管部门
	可行性研究报告	A1-05	工程咨询单位
	项目评估研究资料	A1-06	建设单位
	可行性报告的批复文件	A1-07	发改部门
	初步设计审批文件	A1-08	发改部门
	专家对项目的有关建议文件	A1-09	建设单位
	年度计划审批文件或年度计划备案材料	A1-10	建设单位

续表

类别	归档文件资料名称	资料编号	提供单位
A2 建设规划用地文件	建设项目选址意见书	A2-01	建设单位
	规划线测图(航测图)	A2-02	规划部门
	建设项目用地定位通知书	A2-03	规划部门
	建设用地规划许可证、许可证附件及附图	A2-04	规划部门
	建设用地预审	A2-05	国土部门
	征占用地的批准文件及对使用国有土地的批准意见	A2-06	地方政府
	建设用地批准书	A2-07	国土部门
	国有土地使用证	A2-08	国土部门
	拆迁安置方案及有关协议	A2-09	政府有关部门
A3 勘察设计文件	工程地质(水文)勘察报告	A3-01	勘察单位
	设计方案(报批图)	A3-02	规划部门
	审定设计方案(报批图)的审查意见	A3-03	政府有关部门
	建设工程规划许可证、许可证附件及附图	A3-04	规划部门
	初步设计图及说明	A3-05	设计单位
	施工图设计及说明	A3-06	设计单位
	设计计算书	A3-07	设计单位
	施工图审查合格证书	A3-08	审查机构
A4 工程招投标及合同文件	勘察招投标文件及中标通知书	A4-01	建设、勘察单位
	设计招投标文件及中标通知书	A4-02	建设、设计单位
	监理招投标文件及中标通知书	A4-03	建设、监理单位
	施工招投标文件及中标通知书	A4-04	建设、施工单位
	勘察合同	A4-05	建设、勘察单位
	设计合同	A4-06	建设、设计单位
	监理合同	A4-07	建设、监理单位
	施工合同	A4-08	建设、施工单位
A5 工程开工文件	验线合格文件	A5-01	规划部门
	建设工程竣工档案责任书	A5-02	城建档案馆
	工程质量监督手续	A5-03	质量监督机构
	建设工程施工许可证	A5-04	建设主管部门

续表

类别	归档文件资料名称	资料编号	提供单位
A6 商务文件	工程设计概算	A6-01	建设单位
	施工图预算	A6-02	建设单位
	工程结(决)算	A6-03	合同双方
A7 工程竣工验收及备案文件	建设工程竣工档案预验收意见	A7-01	城建档案馆
	由规划、公安消防、人防、环保等部门出具的认可文件或准许使用文件	A7-02	建设主管部门
	房屋建筑工程质量保修书	A7-03	建设、施工单位
	建设工程竣工验收备案表	A7-04	建设单位
	工程竣工验收报告	A7-05	建设单位
A8 其他文件	建设工程概况表	A8-01	建设单位
	工程竣工总结	A8-02	建设单位
	工程开工、施工、竣工的录音、录像资料	A8-03	建设单位
	住宅使用说明书	A8-04	施工单位
监理单位的文件资料(B类资料)			
B1 监理管理资料	监理规划	B1-01	监理单位
	监理实施细则	B1-02	监理单位
	监理月报	B1-03	监理单位
	监理会议纪要	B1-04	监理单位
	监理工作日志	B1-05	监理单位
	监理工作总结(专题、阶段和竣工总结)	B1-06	监理单位
	工程技术文件报审表	B1-07	施工单位
	分包单位资格报审表	B1-08	施工单位
	监理通知	B1-09	监理单位
	监理通知回复单	B1-10	施工单位
	工作联系单	B1-11	提出单位
	工程变更单	B1-12	提出单位
	竣工移交证书	B1-13	监理单位

续表

类别	归档文件资料名称	资料编号	提供单位
B2 监理质量控制资料	施工测量放线报验申请表	B2-01	施工单位
	工程物资进场报验表	B2-02	施工单位
	分部(子分部)工程施工质量验收报验表	B2-03	施工单位
	监理抽验记录	B2-04	监理单位
	不合格项处置记录	B2-05	监理单位
	旁站监理记录	B2-06	监理单位
	单位(子单位)工程施工质量竣工预验收报验表	B2-07	施工单位
	见证取样备案文件	B2-08	监理单位
	工程质量评估报告	B2-09	监理单位
	质量事故报告及处理资料	B2-10	监理单位
B3 监理进度控制资料	工程开、复工报审表	B3-01	施工单位
	施工进度计划报验申请表	B3-02	施工单位
	(　)月工、料、机动态表	B3-03	施工单位
	工程延期报审表	B3-04	施工单位
	工程暂停令	B3-05	监理单位
B4 监理造价控制资料	工程进度(结算)款报审表	B4-01	施工单位
	工程变更费用报审表	B4-02	施工单位
	费用索赔报审表	B4-03	施工单位
	临时签证报审表	B4-04	施工单位
	工程款支付报审表	B4-05	施工单位
施工单位的文件资料(C 类资料)			
C1 施工管理资料	施工现场质量管理检查记录	C1-01	施工单位
	建设工程特殊工种上岗证审查表	C1-02	施工单位
	施工日志	C1-03	施工单位
	工程停、复工报告	C1-04	施工单位

续表

类别	归档文件资料名称	资料编号	提供单位
C2 施工技术资料	单位工程施工组织设计	C2-01-1	施工单位
	施工组织设计报审表	C2-01-2	施工单位
	施工组织设计修改报审表	C2-01-3	施工单位
	施工方法与技术措施	C2-01-4	施工单位
	暂设工程、设施计划	C2-01-5	施工单位
	施工准备工作计划	C2-01-6	施工单位
	工程量一览表	C2-01-7	施工单位
	施工进度计划	C2-01-8	施工单位
	主要材料计划	C2-01-9	施工单位
	主要机具设备计划	C2-01-10	施工单位
	成品、半成品、构件加工计划	C2-01-11	施工单位
	劳动量需要计划	C2-01-12	施工单位
	施工现场平面布置图	C2-01-13	施工单位
	施工方案	C2-02	施工单位
	技术质量交底记录	C2-03	施工单位
	设计交底记录	C2-04	设计单位
	图纸会审记录	C2-05	施工单位
	设计变更通知单	C2-06	设计单位
	工程洽商记录	C2-07	施工单位
	技术联系(通知单)	C2-08	施工单位
C3 施工物资资料	材料、构配件进场检验记录	C3-01	施工单位
	设备开箱检验记录	C3-02	施工单位
	试样委托单	C3-03	施工单位
	质量证明文件粘贴表	C3-04	施工单位
C4 施工测量记录	工程定位测量记录	C4-01	施工单位
	基槽验线记录	C4-02	施工单位
	楼层平面放线记录	C4-03	施工单位
	楼层标高抄测记录	C4-04	施工单位
	建筑物垂直度、标高测量记录	C4-05	施工单位
	沉降观测记录	C4-06	施工单位

续表

类别	归档文件资料名称	资料编号	提供单位
C5 施工记录	交接检查验收记录	C5-01	施工单位
C6 隐蔽工程检查验收记录	隐蔽工程检查验收记录	C6-01	施工单位
C7 施工检测资料	现场检测委托单	C7-01	施工单位
	混凝土、砂浆委托单	C7-02	施工单位
	施工检测记录	C7-03	施工单位
	设备单机试运转记录	C7-04	施工单位
	系统调试、试运行记录	C7-05	施工单位
C8 施工质量验收记录	检验批施工质量验收记录	C8-01	施工单位
	分项工程施工质量验收记录	C8-02	施工单位
	分部(子分部)工程施工质量验收记录	C8-03	施工单位
C9 单位(子单位)工程竣工验收资料	工程概况	C9-01	施工单位
	工程质量事故调查记录	C9-02	施工单位
	工程质量事故报告	C9-03	施工单位
	单位工程验收申请报告	C9-04	施工单位
	单位(子单位)工程施工质量竣工验收记录	C9-05	施工单位
	单位(子单位)工程施工质量控制资料核查记录	C9-06	施工单位
	单位(子单位)工程安全和功能检验资料核查及主要功能抽查记录	C9-07	施工单位
	单位(子单位)工程施工观感质量检查评价记录	C9-08	施工单位
	单位(子单位)工程施工总结	C9-09	施工单位
建筑安装工程竣工图(D 类资料)			
D1 综合竣工图	总平面布置图	D1-01	编制单位
	竖向布置图	D1-02	编制单位
	室外给水、排水、热力、燃气等管网综合图	D1-03	编制单位
	电气综合图	D1-04	编制单位
	设计总说明书	D1-05	编制单位

续表

类别	归档文件资料名称	资料编号	提供单位
D2 室外专业竣工图	室外给水竣工图	D2-01	编制单位
	室外雨水竣工图	D2-02	编制单位
	室外污水竣工图	D2-03	编制单位
	室外热力竣工图	D2-04	编制单位
	室外燃气竣工图	D2-05	编制单位
	室外通信竣工图	D2-06	编制单位
	室外电力竣工图	D2-07	编制单位
	室外电视竣工图	D2-08	编制单位
	室外建筑小品竣工图	D2-09	编制单位
	室外消防竣工图	D2-10	编制单位
	室外照明竣工图	D2-11	编制单位
	室外水景竣工图	D2-12	编制单位
	室外道路竣工图	D2-13	编制单位
	室外绿化竣工图	D2-14	编制单位
D3 专业竣工图	建筑竣工图	D3-01	编制单位
	结构竣工图	D3-02	编制单位
	装修(装饰)竣工图	D3-03	编制单位
	电气工程竣工图	D3-04	编制单位
	给排水工程(消防工程)竣工图	D3-05	编制单位
	采暖通风空调工程竣工图	D3-06	编制单位
	燃气工程竣工图	D3-07	编制单位
	电梯工程竣工图	D3-08	编制单位

(3)施工资料的分类、整理和保存除执行《建设工程文件归档规范》或地方标准及规程外，尚应执行相应的国家法律法规及行业或地方的有关规定。

1.1.2　建筑工程资料分类的内容

整体上，建筑工程资料可划分为四大类，即建设单位的文件资料、监理单位的文件资料、施工单位的文件资料、建筑安装工程竣工图。其中，建设单位的文件资料又划分为决策立项文件、建设规划用地文件、勘察设计文件、工程招投标及合同文件、工程开工文件、商务文件、工程竣工验收及备案文件、其他文件等八小类；监理单位的文件资料划分为监理管理资料、监理质量控制资料、监理进度控制资料、监理造价控制资料等四小类;施工单位的文件资料划分为施工管理资料、施工技术资料、施工物资资料、施工测量记录、施工记录、隐蔽工程检查验收记录、施工检测资料、施工质量验收记录、单位(子单位)工程竣工验收资料等九小类;建筑安装工程竣工图划分为综合竣工图、室外专业竣工图、专业竣工图等三小类。在每一小类中,再细分为若干类文件、资料或表格。

1.1.3 中小型房屋建筑工程技术资料的整理

工程资料整理是工程建设过程中一项不可或缺的重要工作,是一个系统工程,是涉及各个专业技术部门、贯穿整个施工过程的一项复合性工作,要保证工程竣工资料真实、准确、完整、规范、齐全,真实地记录和反映施工及验收的全过程,就必须不断加强业主、监理和施工单位的管理水平,只有这样才能保证形成一流的工程施工资料,从而为建设一流工程项目提供资料方面的保证。

整理资料时应注意以下几点。

1. 及时收集和记录工程技术资料,保证真实、有效

工程技术资料是对建筑实体质量情况的真实反映,因此要求资料必须按照建筑物施工的实际进度及时整理,做到工程建设与资料整理同步进行,杜绝“工程先结束,资料事后补”的现象发生。

资料整理应本着实事求是、客观准确的原则,不能为了偷工减料或省工省料而隐瞒真相,不能为了追求较高的工程质量等级而歪曲事实。主要材料使用前必须由厂家提供合格证和必要的试验报告。厂家提供的试验报告应是最近或者上一年度送检的报告,而不能是几年前的检验报告。原材料采取见证取样送检制度,试验应有见证取样记录。检验批、分项工程质量评定必须到现场实测检查,不得闭门伪造。隐蔽工程、分项工程、分部工程、竣工报告等技术资料中的签署意见必须由本人填写,不能由他人代写,不能随意涂改,以免降低技术资料的可信度和使用价值。

2. 确保技术资料准确、无误

技术资料中的数据及相关内容必须准确、无误,且能反映工程实际情况,这就要求施工人员或资料员必须熟悉图纸、设计变更及相关内容,有一定的实践经验,对施工操作面及实体质量具备一定的目测评估能力,熟悉相关的验收要求,实事求是、详细具体地填写检验批中的主控项目和一般项目,不能以符合要求或满足规范概而论之。特别是混凝土、砌筑砂浆的强度评定,具体计算时,必须确保数据真实准确,评定合格与不合格必须如实填写,不能瞎编乱造。

3. 确保技术资料的完整性

不完整的技术资料不能充分、全面地体现工程施工过程,不能系统地反映工程的质量状况。在工作中,根据经验将工程竣工资料分为以下几种:①工程管理与验收资料;②施工技术资料;③施工测量资料;④原材料出厂合格证及检验报告和复试报告;⑤施工(试验)记录;⑥施工质量验收记录、竣工图纸。在工程施工过程中,这些资料都由专人负责,根据工程量、批量等逐项进行收集、整理、汇总。

4. 技术资料的整理必须规范化

工程技术资料必须齐全，除真实、准确、完整外，还必须规范，整理时要具体做好以下几个方面的工作：①签字要齐全，字迹要清晰，无代签现象，统一使用A4纸进行装订，保持纸面整洁；②分类分项要明确，封面、目录、各种材料的汇总清单资料应齐全，逐页编码，排列有序；③设计变更单、施工现场签证单及技术核定单必须收集齐全，图纸中结构、外观、形式、工艺发生重大变化的，按照实际情况重新绘制竣工图，设计变化不大的，可将变更部分标注在原施工图上，并注明标注人及标注时间，另盖竣工图章作为竣工图。

1.2　建筑工程资料编号

1.2.1　按工程技术资料分类要求编号

1. 各大类的编号

分别用大写的英文字母"A""B""C""D"来表示建设单位的文件资料、监理单位的文件资料、施工单位的文件资料和建筑安装工程竣工图，即分别编为A类、B类、C类、D类四大类资料。

2. 各小类的编号

对于A类资料中所含的八小类资料，分别按照A1、A2、A3、A4、A5、A6、A7、A8的顺序依次排列编号；B类资料中所含的四小类资料，分别按照B1、B2、B3、B4的顺序依次排列编号；C类资料中所含的九小类资料，分别按照C1、C2、C3、C4、C5、C6、C7、C8、C9的顺序依次排列编号；D类资料中所含的三小类资料，分别按照D1、D2、D3的顺序依次排列编号。

3. 具体文件、资料或表格的编号

在每一小类中，再细分的若干类文件、资料或表格等的编号，按如下原则编号。若是A1中的第9种资料，则编号为A1-09。

1.2.2　建筑工程资料编号组成及具体规定

1. 施工资料编号的组成

(1)施工资料编号应填入右上角的编号栏。

(2)通常情况下，施工资料的编号应该有7位数，由分部工程代号(2位)、资料类别代号(2位)和顺序代号(3位)组成，每部分之间用横线隔开。编号的形式如下：

××-××-×××

分部工程代号应根据资料所属的分部工程编写；资料类别代号应根据资料所属类别编写；顺序代号应根据相同表格、相同检查项目，按时间自然形成的先后顺序编写。如地基钎探记录编号：

01-C5-001

(3)应单独组卷的子分部工程,资料的编号应为9位数,由分部工程代号(2位)、子分部工程代号(2位)、资料类别代号(2位)和顺序代号(3位)组成,中间用横线隔开。

2. 顺序代号填写原则

(1)对于施工专用表格来说,顺序代号应按时间先后顺序,用阿拉伯数字从001开始连续标注。

(2)对于同一施工表格(如隐蔽工程检查记录、预检记录等)涉及多个(子)分部工程的各检查项目,分别从001开始连续标注,例如表1.1.2和表1.1.3。

表1.1.2　隐蔽工程检查记录(编号:03-C6-001)

工程名称		
隐检项目	门窗安装(预埋件、锚固件或螺栓)	隐检日期

表1.1.3　隐蔽工程检查记录(编号:03-C6-002)

工程名称		
隐检项目	吊顶安装(龙骨、吊件)	隐检日期

3. 监理资料编号

(1)监理资料编号应填入右上角的编号栏。

(2)对于相同的表格或者相同的文件材料,应分别按时间自然形成的先后顺序从001开始连续编写。

(3)监理资料中的施工测量放线报审表、工程材料/构配件/设备报审表应根据报验项目编号,对于相同的报验项目,应分别按照时间自然形成的先后顺序从001开始连续编写。

1.2.3　检验批表格编号

1. 表的名称及编号

检验批验收表参照《建筑工程施工质量验收统一标准》附录D.0.1。

检验批由监理工程师或建设单位项目技术负责人组织项目专业质量检查员等进行验收,表的名称应在编制专用表格时就印好,并在前边印上分项工程的名称,在表的名称下边注上"质量验收规范的编号"。

检验批表的编号按全部施工质量验收规范系列的分部工程、子分部工程统一为8位数的数码编号,写在表的右上角,前6位数字均印在表上,后面留两个"□",供检查验收时填写检验批的顺序号。其编号规则如下。

第1、2位数字是分部工程的代码,为01~10。其中,地基与基础为01,主体结构为02,建筑装饰装修为03,屋面为04,建筑给水排水及采暖为05,通风与空调为06,建筑电气为07,智能建筑为08,建筑节能为09,电梯为10。

第3、4位数字是子分部工程的代码。

第5、6位数字是分项工程的代码。其顺序号见《建筑工程施工质量验收统一标准》附录B。

第7、8位数字是各分项工程检验批验收的顺序号。由于在大量高层或超高层建筑中,同一个分项工程会有很多检验批的数量,故留了2位数的位置。

如地基与基础分部工程的地基子分部工程的素土分项工程,其检验批表的编号为010101□□。

有些分项工程可能在几个子分部工程中出现,这就要在同一个检验批表上编几个子分部工程及子分部工程的编号。如建筑电气的接地装置安装在室外电气、变配电室、备用和不间断电源及防雷接地等子分部工程中都有。

其编号为:070111□□

070207□□

070609□□

070701□□

以上4个编号中的第5、6位数字分别表示分项工程编号,第一行的11是室外电气子分部工程的第11个分项工程,第二行的07是变配电室子分部工程的第7个分项工程,其余类推。

另外,有些规范的分项工程在验收时也将其划分为几个不同的检验批来验收。如混凝土结构子分部工程的混凝土分项工程,分为原材料及配合比设计、混凝土施工两个检验批来验收;又如建筑装饰装修分部工程建筑地面子分部工程中的基层分项工程,有几种不同的检验批,故在其表名下加标罗马数字(Ⅰ)、(Ⅱ)、(Ⅲ)……

2. 表头部分的编写

1)检验批表编号的填写

在2个方框内填写检验批序号。

2)工程名称的填写

单位(子单位)工程名称按合同文件上的单位工程名称填写,子单位工程标出该部分的位置。分部(子分部)工程名称按验收规范划定的分部(子分部)名称填写。验收部位是指一个分项工程中要验收的那个检验批的抽样范围,要标注清楚,如"一层墙"。

施工单位、分包单位填写单位的全称,与合同上的公章名称相一致。项目经理填写合同中指定的项目负责人。在装饰、安装分部工程施工中,有分包单位时,应填写分包单位全称,分包单位的项目经理应是合同中指定的项目负责人。这些人员由填表人填写,不需要本人签字,只是标明他是项目负责人。

3)施工执行标准名称及编号

由于验收规范只列出验收质量指标,对其工艺等只提出一个原则要求,具体的操作工艺依据企业标准,因此可以将一些协会标准、施工指南、施工手册等转化为企业标准。只有按照不低于国家质量验收规范的企业标准来操作,才能保证国家验收规范的实施。填写表格时要将施工过程中使用的主要施工工艺标准、企业标准及地方性标准图集的名称及编号填写上。填写顺序:先填写企业标准,如果没有企业标准,填写行业标准、地方性标准,如果没有行业标准、地方性标准,填写国家标准。应该首先填写最严格的标准。

1.2.4 建筑工程技术资料文件的整理顺序

建筑工程技术资料文件按照表1.1.1的顺序整理。

1.3 小结

本任务主要介绍了建筑工程资料的分类与编号,着重介绍了建筑工程资料类别划分、中小型房屋建筑工程技术资料整理注意事项、建筑工程资料编号组成及具体规定、检验批表格编号要求、建筑工程技术资料文件的整理顺序等。

任务2 建设监理资料组成

2.1 监理单位文件资料管理流程

2.1.1 监理文件资料

监理文件资料是指工程监理单位在履行建设工程监理合同过程中形成或获取的,以一定形式记录、保存的文件资料,它是监理工作中各项控制与管理的依据和凭证,也是监理单位认真履行监理合同的证明。

工程项目的监理文件资料主要包括18个方面。

1. 勘察设计文件、建设工程监理合同及其他合同文件

勘察设计文件主要是指在工程项目设计阶段形成的文件资料,包括施工图纸、岩土工程勘察报告、测量基础资料等。

合同文件是指在工程项目建设中,涉及合同的有关信息及文件资料,包括施工监理招投标文件、建设工程委托监理合同、施工招投标文件、建设工程施工合同、分包合同、材料及设备供应合同等。

2. 监理规划、监理实施细则

项目监理工作人员在实施监理工作前,应在监理规范和监理大纲的指导下,根据工程特点、设计要求、施工合同等编制具体的监理规划和监理实施细则,一般包括工程项目监理规划、监理实施细则、旁站方案、项目监理部编制的总控制计划等资料。

3. 设计交底和图纸会审会议纪要

在工程正式开工之前，应由建设单位组织勘察、设计、监理、施工等单位召开设计交底和图纸会审会议。会议的主要目的有两个：一是设计单位向施工单位进行设计交底，介绍设计的目的、意图、设计要求以及施工注意事项等；二是由施工、监理等单位对施工图纸中不清楚的、有疑问的甚至不正确的地方提出问题，然后由设计单位进行解答或由各方共同商量解决。对设计交底和图纸会审会议过程及结论所做的记录叫作设计交底和图纸会审会议纪要。会议纪要经参会各方确认并签字后方有效。

4. 施工组织设计、（专项）施工方案、应急救援预案、施工进度计划报审文件资料

这些都是由施工单位编制，单位技术负责人审批签字、盖单位公章后交由项目监理机构审批的重要文件资料。项目监理人员应加强对这些文件的阅读和审批，对存在的问题（特别是报审的文件资料泛泛而谈、缺乏针对性，或者太粗糙、不具有可实施性，或者从网上下载、与工程实际毫无联系等）要及时提出并要求整改，整改合格以后，才能签字认可。

5. 分包单位资质报审文件资料

一般来说，工程项目总包单位在组织自己的队伍进行基础和主体结构施工的同时，会根据施工合同的规定把一些材料供应、构配件加工或者专项、特殊的分部、分项工程分包出去。为了保证分包工程的质量，项目监理人员应认真审查分包单位的资质及其时效。工程分包资料常包括分包单位资质资料、供货单位资质资料、分包单位试验室等单位的资质资料。

6. 施工控制测量成果报验文件资料

施工控制测量成果报验文件资料主要是在工程施工过程中形成的测量控制网、轴线、标高、垂直度、沉降观测值等测量成果数据的报验报审资料。这些测量数据决定了工程项目在空间中的具体位置和准确性。监理人员要认真平行检测（复测）和审核施工单位的测量数据和结论。

7. 总监理工程师任命书、开工令、工程暂停令、复工令、开工/复工报审文件资料

总监理工程师任命书是监理单位委派总监理工程师代表监理单位履行监理合同的书面文件，它明确了总监理工程师的人选、责任、权利及义务。开工令、工程暂停令、复工令、开工/复工报审文件资料都是工程项目监理机构在履行监理职责时，根据工程监理需要而由总监理工程师签发的指令性文件。

8. 工程材料、设备、构配件报验文件资料

为了保证进入施工现场供工程项目使用的所有材料、设备、构配件都是合格的，施工单位在这些材料、设备、构配件进场前要提前通知建设单位代表、现场监理人员，进场后由各方及时进行检查验收，除了要提供工程材料、设备、构配件的产品合格证、使用说明书、出厂试验报告、标牌等报验文件资料外，还要进行现场实物抽样送检、功能测试等。

9. 见证取样和平行检验文件资料

见证取样和平行检验文件资料主要是指在工程施工过程中，对于进场的重要原材料、构配件以及对结构安全和功能有重要影响的关键部位、关键工序中形成的中间产品或最终产品，在

监理人员旁站见证下取样或平行检查所形成的文件资料。这些资料是工程项目质量合格、真实的重要证明资料。

10. 工程质量检查报验资料及工程有关验收资料

工程质量检查包括的内容很多，它贯穿工程的整个施工过程，包括预检、隐检、分部分项工程质量检查验收等。施工单位每完成一个质量检查单元或工序，就需要报验并及时通知监理人员和建设单位代表，在这些涉及工程质量检查验收的过程中形成的资料就称为工程质量检查报验和验收资料。这些资料从不同层次、不同时间、不同方面证明了工程质量的可靠性。

11. 工程变更、费用索赔及工程延期文件资料

这些文件资料是在工程变更发生前、发生中、发生后产生的。无论是建设单位、施工单位、设计单位哪一方提出工程变更，都需要出具书面变更文件（设计变更单或技术洽商单），如果变更影响到结构安全或使用功能，必须由设计院重新出设计变更图并签字盖章。所有变更必须经总监理工程师确认、签字后方可实施。工程变更的因素和造成的影响是多方面的，如造成工程延期、费用索赔等。这些文件资料关系到合同履行、责任划分、经济纠纷等，需要高度重视。一般情况下，应该尽量减少变更。

12. 工程计量、工程款支付文件资料

这些是投资控制方面的资料，直接影响到工程计量和计费以及工程结算，也是容易发生纠纷的地方，需要认真搜集好原始凭证材料，包括计量签证单、工程进度款支付申请、工程进度款支付证书等。

13. 监理通知单、工作联系单与监理报告

监理通知单是项目监理机构就工程质量、进度、安全或其他问题向施工单位签发的指令性和管理性文件，具有一定的强制性。施工单位整改完后，还需向监理机构提交监理通知回复单。工作联系单是项目监理机构就某一方面工作或事项与施工单位或建设单位进行联系和沟通的书面文件，不具有强制性，语气比较缓和，具有商讨、协调、沟通的性质。监理报告是项目监理机构针对某一专项内容或阶段性内容向建设单位做的汇报和总结。

14. 第一次工地会议、监理例会、专题会议等会议纪要

从工程开工至竣工验收完成，要召开很多次会议，包括第一次工地会议、监理例会、专题会议等，每次会议都要商讨和解决工程相关问题，形成会议记录和会议纪要。这些会议纪要应经各参会方签字确认，并复印后分发至各方。

15. 监理月报、监理日志、旁站记录

监理月报是指项目监理机构每月向建设单位提交的建设工程监理工作及建设工程实施情况分析总结报告。编制监理月报的目的主要是使建设单位了解工程的基本情况，掌握工程进度、质量、投资及施工合同中各项目标的完成情况及监理工作成效。

监理日志是指项目监理机构每日对建设工程监理工作及建设工程实施情况所做的记录。

旁站记录是指对监理人员在施工现场对工程实体关键部位或关键工序的施工质量进行旁站监督检查活动所做的记录。

16. 工程质量/生产安全事故处理文件资料

工程质量/生产安全事故处理文件资料是指在工程项目实施过程中,因出现工程质量或安全事故而进行报告、调查及处理所产生的一系列文件资料,包括工程质量/安全事故报告单、工程质量/安全事故整改通知、工程质量/安全事故处理方案报审表等。

17. 工程质量评估报告及竣工验收监理文件资料

工程质量评估报告是指在被监理工程竣工预验收后,由总监理工程师组织项目监理机构成员编写的对被监理工程的单位(子单位)工程施工质量进行总体评价的技术性文件。

竣工验收监理文件资料是指在工程竣工验收过程中形成的一系列与监理工作密切相关的文件资料,包括工程竣工报验单、单位(子单位)工程质量竣工验收记录、单位(子单位)工程质量控制资料核查记录、单位(子单位)工程安全和功能资料核查及主要功能抽查记录、单位(子单位)工程观感质量检查记录等。

18. 监理工作总结

监理工作总结是指监理工作完成之后,由项目监理部成员在总监理工程师的主持下编写、由总监理工程师审批、提交给建设单位的关于监理单位履行合同情况和监理工作的综合性总结。

上述监理文件资料体现了从工程开工至竣工验收阶段,监理单位在“三控三管一协调”等方面所开展的工作,是监理单位工作业绩、履行合同能力、服务水平以及获取监理报酬的重要依据,监理工作人员要高度重视。在监理工作结束后,项目监理机构要向建设单位提交一份完整的监理资料,同时也要按监理单位的要求提交一套相关资料。

2.1.2 监理单位文件资料管理流程的内容

工程项目实施的过程,也就是工程项目监理机构代表监理单位履行监理合同、开展监理工作的过程。在不同的工作阶段,监理机构会形成不同的监理文件资料。工程项目监理文件资料形成的流程如图1.2.1所示。

2.2 监理管理资料

监理管理资料是指项目监理机构在开展监理工作的过程中,编制、记录、填报或发布的书面管理资料,如编制的指导监理工作开展的监理规划、监理实施细则,记录监理工作过程的监理月报、监理日志、旁站监理记录、监理会议纪要,与建设单位或施工单位沟通的监理工作联系单、监理工程师通知单、监理工程师通知回复单、见证取样送检记录表、承包单位通知单等。

2.2.1 监理规划

监理规划是指在监理委托合同签订后,在工程开工前,由总监理工程师主持编制的指导项目监理机构全面开展监理工作的纲领性文件,也是监理人员有效进行监理工作的依据和指导性文件。它既具有指导监理单位内部自身业务工作的作用,也是建设单位检查和评判监理单

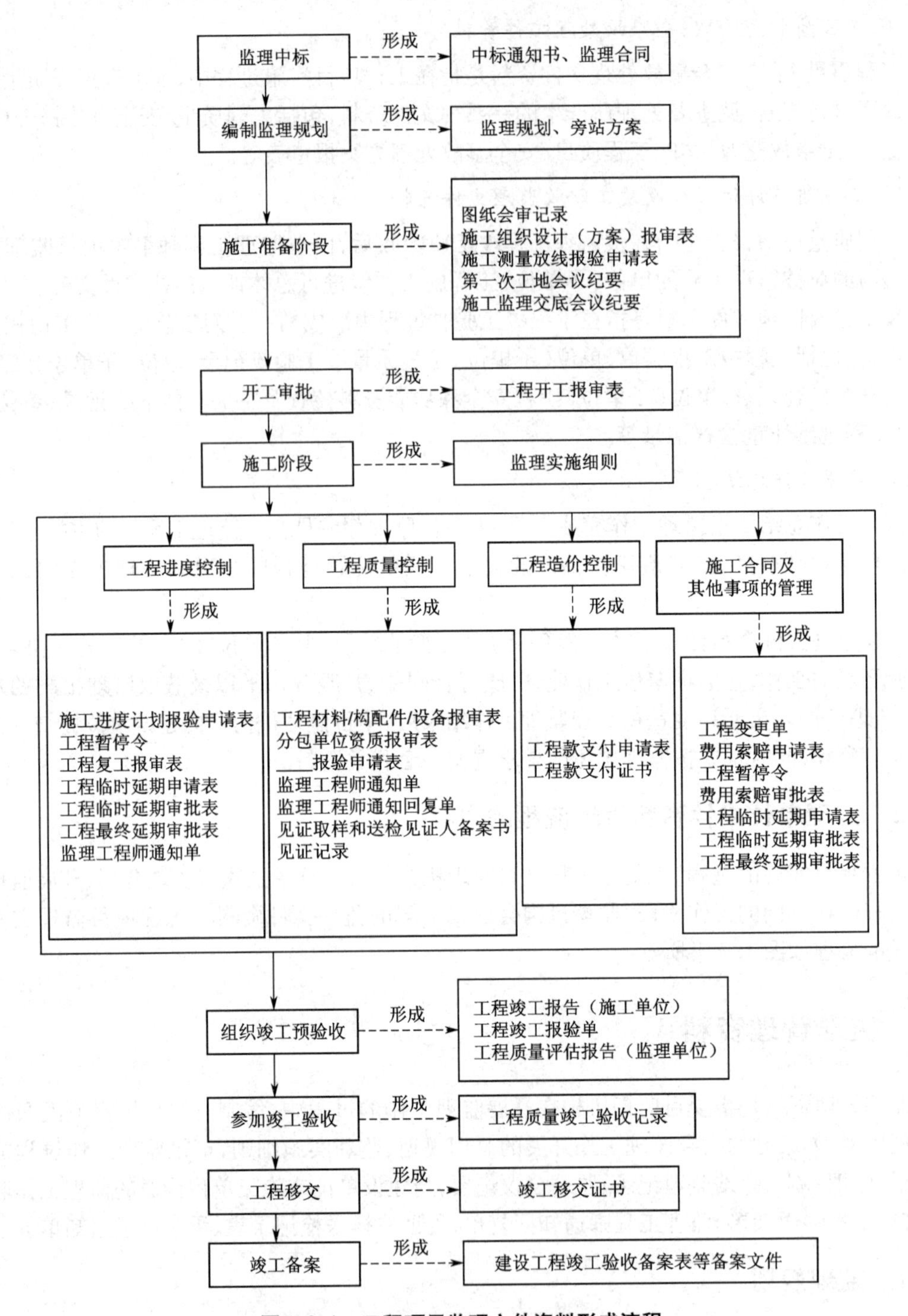

图 1.2.1　工程项目监理文件资料形成流程

位是否认真履行监理合同的重要依据。监理规划由项目总监理工程师主持，专业监理工程师参加编制，监理单位技术负责人审批。

监理规划的内容主要有:①工程概况;②监理工作的范围、内容、目标;③监理工作依据;④监理组织形式、人员配备及进场计划、监理人员岗位职责;⑤工程质量控制;⑥工程造价控制;⑦工程进度控制;⑧合同与信息管理;⑨组织协调;⑩安全生产管理职责;⑪监理工作制度;⑫监理工作设施。

2.2.2　监理实施细则

监理实施细则是指在监理规划指导下,由专业监理工程师针对某一专业或某一方面监理工作制定的更具实施性和操作性的业务文件。它起着具体指导监理业务开展的作用。

采用新材料、新工艺、新技术、新设备的工程以及专业性较强、危险性较大的分部分项工程,应编制监理实施细则。监理实施细则应在相应工程施工开始前由专业监理工程师编制,并报总监理工程师审批。

监理实施细则的编制依据主要有监理规划,相关标准、工程设计文件,施工组织设计、专项施工方案。

监理实施细则的主要内容如下。

(1)专业工程特点。

(2)监理工作流程。

(3)监理工作要点。

(4)监理工作方法及措施。

在监理工作实施过程中,监理实施细则可根据实际情况进行补充、修改,经总监理工程师批准后实施。

2.2.3　监理月报

监理月报一般由项目监理部各专业监理工程师联合编制,总监理工程师负责审阅,加盖公章后生效。监理月报一般一式三份,项目监理机构留一份,另外报建设单位和监理单位各一份。

监理月报的内容主要有:①工程概况;②本月工程施工情况(包括进度、质量、安全文明、材料等方面);③本月监理工作开展情况(收发文、“三控三管一协调”工作开展情况等);④本月监理工作总结(包括施工中存在的问题及处理情况、进度展望、下月监理工作重点等)。监理月报范例见附录D。

2.2.4　监理会议纪要

监理会议纪要是指由项目监理机构主持、记录和整理,并于会后由各参会单位签字确认所形成的会议纪要。召开监理会议的目的主要是通报情况、指出问题、研究解决办法和措施、协调关系、形成意见等。监理会议纪要的文字应简洁,内容应清楚,用词应准确,参会各方名称应统一规定,不得混乱。监理会议包括第一次工地例会、监理例会及专题会议等。监理会议纪要表格样式见表1.2.1、表1.2.2及表1.2.3。

表 1.2.1　第一次工地例会会议纪要

<table>
<tr><td colspan="3">单位工程名称</td><td colspan="3">×××工程</td><td colspan="3">工程造价(万元)</td><td colspan="3">×××</td></tr>
<tr><td colspan="3">建筑面积(m^2)</td><td colspan="3">×××</td><td colspan="3">结构类型/层数</td><td colspan="3">框架结构/25</td></tr>
<tr><td colspan="3">建设单位</td><td colspan="3">×××房地产开发有限公司</td><td colspan="3">项目负责人</td><td colspan="3">×××</td></tr>
<tr><td colspan="3">勘察单位</td><td colspan="3">×××勘察有限公司</td><td colspan="3">项目负责人</td><td colspan="3">×××</td></tr>
<tr><td colspan="3">设计单位</td><td colspan="3">×××设计院</td><td colspan="3">项目负责人</td><td colspan="3">×××</td></tr>
<tr><td colspan="3">施工单位</td><td colspan="3">×××建筑公司</td><td colspan="3">项目经理</td><td colspan="3">×××</td></tr>
<tr><td colspan="3">监理单位</td><td colspan="3">×××监理公司</td><td colspan="3">总监理工程师</td><td colspan="3">×××</td></tr>
<tr><td colspan="2">会议时间</td><td colspan="2">××年×月×日</td><td colspan="2">地点</td><td colspan="2">×××</td><td colspan="2">主持人</td><td colspan="2">总监理工程师</td></tr>
<tr><td colspan="12">签到栏:×××　×××　×××　×××　×××　×××</td></tr>
<tr><td colspan="12">会议内容纪要</td></tr>
<tr><td colspan="12">建设单位驻现场的组织机构、人员及分工情况:</td></tr>
<tr><td colspan="12">施工单位驻现场的组织机构、人员及分工情况:</td></tr>
<tr><td colspan="12">监理单位驻现场的组织机构、人员及分工情况:</td></tr>
<tr><td colspan="12">建设单位根据委托监理合同宣布对总监理工程师的授权:</td></tr>
<tr><td colspan="12">建设单位介绍工程开工准备情况:
主要介绍场地、临时道路、拆迁及与工程开工有关的条件;施工许可证、执照办理情况;资金筹集情况;施工图纸及其交底情况等。</td></tr>
<tr><td colspan="12">施工单位介绍施工准备情况:
主要介绍材料、机械、设备来源及落实情况;供材计划清单;各种临时设施准备情况;劳动力及分包队伍落实情况;试验室落实情况;工程保险办理情况;图纸会审情况;控制点测量复核情况;办公、生活设施准备情况;施工组织设计、专项方案以及其他与开工有关的事项。</td></tr>
<tr><td colspan="12">建设单位对施工准备情况提出的意见和要求:
(略)</td></tr>
<tr><td colspan="12">总监理工程师对施工准备情况提出的意见和要求:
(略)</td></tr>
</table>

续表

总监理工程师介绍监理规划的主要内容： (略)
研究确定的各方在施工过程中参加工地例会的主要人员： 建设单位：×××　××× 施工单位：×××　×××　××× 监理单位：×××　×××　××× 召开工地例会周期、地点及主要议题：(略)

表1.2.2　监理(或工地)例会会议纪要

工程名称：×××工程　　　　编号：××

会议名称	第×次工地例会	总监理工程师	×××
会议时间	××年×月×日	会议地点	×××
会议主要议题	×××		
参会单位		参会人员(签名)	
×××建筑公司		×××　×××　×××	
×××监理公司		×××　×××　×××	
×××建设单位		×××　×××　×××	
会议内容纪要			
检查上次例会议定事项的落实情况，分析未完事项原因：			
检查分析工程项目进度计划完成情况，提出下一阶段的进度目标及其落实措施：			
检查工程量核定及工程款支付情况：			
解决需要协调的有关事项：			
其他有关事宜：			
记录人	×××	参会各方签字	×××　×××　××× 日　期：××年×月×日

说明：本表由监理机构填写，签字后送达参会单位；全文记录可加附页。

表 1.2.3　专题会议纪要

工程名称	×××工程		
会议名称	×××专题会议	主持人	×××
会议时间	××年×月×日	地点	×××
签到栏： ×××　×××　×××　×××　×××　×××			
会议内容纪要			
略			

无论是工地例会，还是专题会议，均应有专人负责记录。会议记录的内容一般包括：会议时间、地点、出席人员；会议提交的资料；发言者姓名及发言内容；会议的有关决定等。会议记录要真实、准确、简洁，并且要由监理工程师、承包单位项目负责人及建设单位代表签字认可。

2.2.5　监理日志

监理日志是指项目监理机构每日对建设工程监理工作及建设工程实施情况所做的记录。监理日志要求监理员或专业监理工程师每天及时、如实、准确、完整地记录。从项目监理机构进驻施工现场到工程竣工验收合格，每天都要记录监理日志，如遇连续停工（如节假日、连续暴雨等）则应写明事由。监理日志应统一编号，建档管理。监理日志应由总监理工程师审阅，并逐日签阅。

监理日志的主要内容如下。

(1)天气和施工环境情况。

(2)施工进展情况（形象进度、施工质量、安全作业等）。

(3)监理工作情况（包括旁站、巡视、见证取样、平行检验、收发文等）。

(4)存在的问题及协调解决情况。

(5)其他有关事项。

监理日志样表如表 1.2.4 所示。

表 1.2.4 监理日志

填写人:××× 日期:××年×月×日 编号:××

<table>
<tr><td colspan="2">天气/气温</td><td>白天</td><td>晴/最高××℃</td><td>夜晚</td><td>阴/最低××℃</td></tr>
<tr><td colspan="2">施工部位、施工内容、施工形象进度</td><td colspan="4">××楼进行基础人工挖孔桩土石方开挖,共计××人,今天开挖了××根桩,最深的××米,最浅的××米,开挖出土方约××立方米</td></tr>
<tr><td colspan="2">人员、材料及施工设备投入运行动态</td><td colspan="4">施工现场人员数量、机械设备满足进度要求</td></tr>
<tr><td colspan="2">承包人的管理人员及主要技术人员到位情况</td><td colspan="4">项目经理、技术负责人、施工员、质检员、安全员在岗</td></tr>
<tr><td rowspan="6">施工作业中存在的问题及处理情况</td><td>施工质量检验情况</td><td colspan="4">个别桩存在局部垮塌,已要求施工单位加强护壁钢筋和支模</td></tr>
<tr><td>安全作业情况</td><td colspan="4">开挖出的土方没有及时运走,存在桩口坠落和孔壁坍塌危险,已要求施工单位采取措施加快外运</td></tr>
<tr><td>施工机械投入运行和设备完好情况</td><td colspan="4">施工机械设备数量足够,经过检修和维护,运行正常</td></tr>
<tr><td>监理机构签发的意见、通知</td><td colspan="4">对于开挖出的土方没有及时运走以及个别桩存在局部垮塌的问题,已下达监理工程师通知单(编号:××号),要求施工单位采取措施,加强整改</td></tr>
<tr><td>召开会议情况</td><td colspan="4">下午召开了针对挖孔桩安全的专题会议,会上对质量、安全、进度等再次进行强调和提出要求(详见会议记录)</td></tr>
<tr><td>发包人的要求或决定</td><td colspan="4">建设单位×××代表要求施工单位严格按规范和监理工程师通知单要求执行</td></tr>
<tr><td colspan="2">承包人处理意见及处理措施、效果</td><td colspan="4">施工单位已按监理工程师通知单要求进行了整改,排除了质量和安全隐患</td></tr>
<tr><td colspan="2">其他</td><td colspan="4"></td></tr>
<tr><td colspan="3">记录人:(签名)
×××
日　期:××年×月×日</td><td colspan="3">总监理工程师阅示纪要:(签名)
×××
日　期:××年×月×日</td></tr>
</table>

说明:本表由监理机构指定专人填写,按月装订成册。

2.2.6 旁站监理记录

旁站是指监理人员在施工现场对工程实体关键部位(如基础桩、转换层大梁)或关键工序(如混凝土浇筑、剪力墙止水带设置等)的施工质量进行的监督检查活动。旁站监理记录是现场监理员根据旁站监理方案、旁站交底记录以及国家规定,按照旁站监理人员值班表开展旁站工作时所做的关于旁站监理情况的记录。旁站监理记录要求如实、及时、准确、完整地记录。记录完成后,要由旁站监理人员及施工单位现场专职质检员会签。旁站监理记录表格式见

表1.2.5。

表1.2.5　旁站监理记录表

工程名称：×××工程　　　　　　　　　　　　　　　　　　　　　　　监理表－编号：××

<table>
<tr><td>日期及气候</td><td colspan="2">××年×月×日　　晴</td><td>工程地点</td><td colspan="2">主体结构一层</td></tr>
<tr><td colspan="2">旁站监理的部位或工序</td><td colspan="4">主体结构一层的全部混凝土柱的浇筑</td></tr>
<tr><td colspan="2">旁站监理开始时间</td><td>××年×月×日</td><td colspan="2">旁站监理结束时间</td><td>××年×月×日</td></tr>
<tr><td colspan="6">施工情况：
主体结构一层的全部混凝土柱的浇筑自××年×月×日×时×分开始至××年×月×日×时×分完毕。混凝土全部采用C30商品混凝土，利用罐车运输，泵送混凝土连续浇筑。采用插入式振动棒振动。</td></tr>
<tr><td colspan="6">监理情况：
经检查，施工单位现场持证上岗的质检人员为×××，一直在岗；混凝土浇筑及振捣人员具有上岗证；施工机械完好，操作及指挥人员到位；混凝土浇筑过程完全符合施工方案及工程建设强制性标准的要求；商品混凝土已按预拌混凝土标准进行了出厂检验和交货检验，并根据试件抽样要求留置了3组混凝土试块。</td></tr>
<tr><td colspan="6">发现问题：
进度正常，未发现质量、安全问题及异常情况。</td></tr>
<tr><td colspan="6">处理意见：</td></tr>
<tr><td colspan="6">备注：</td></tr>
<tr><td colspan="3">施工单位：×××建筑工程有限公司
项目经理部：×××
质检员：×××
日期：××年×月×日</td><td colspan="3">监理单位：×××监理公司
项目监理机构：×××
旁站监理人员：×××
日期：××年×月×日</td></tr>
</table>

2.2.7　监理工作联系单

在监理过程中发生有碍于监理工作开展或出现建设、勘察、设计等方面问题需要与建设单位或施工单位书面沟通时，可发出监理工作联系单。其目的是为了履行建议、提醒或告知等义务。监理工作联系单不具有强制性，故可发给施工单位，也可发给建设单位。但是要注意，如果发现勘察、设计文件存在问题，监理机构只能将监理工作联系单发给建设单位，由建设单位进行处理。监理工作联系单的格式见表1.2.6。

表 1.2.6　监理工作联系单

工程名称：×××工程　　　　　　　　　　　　　　　　　　　　监理表－编号：××

致：×××建筑工程有限公司(单位)

事由：加强安全用电管理。

内容：

贵单位承建的该项目，已在实施基础挖孔桩作业，经项目监理部对现场进行查看，目前对施工临时安全用电需做好如下事项。

1. 加强二级配电箱管理，二级配电箱应加设密闭固定锁，非专职电工不得开启，且配电箱壳体上应标明临电人员姓名、联系方式等。

2. 鉴于目前挖孔桩施工期间用电设备凌乱，请按片区设置三级配电箱，目前现场存在在二级配电箱内随意搭设用电线现象。

以上事项请贵部引起足够重视，立即整改！

项目监理机构：××监理公司×监理部

总监理工程师：×××

日　　期：××年×月×日

2.2.8　监理工程师通知单

监理工程师通知单是指当监理人员在巡视检查工作中发现质量、安全隐患后，为了及时制止并要求施工单位进行整改而发出的书面指令性文件。监理工程师通知单由总监理工程师或专业监理工程师(根据问题严重程度)签字发出。施工单位收到监理工程师通知单后要对存在质量、安全隐患的部位、工序及时停工整改，整改完成后以监理工程师通知回复单的形式书面回复，待监理人员检查合格后方可进行下一道工序的施工。监理工程师通知单属于指令性文件，只能下达给施工单位(抄送建设单位备案)，下达时机和频率由项目监理机构掌握。监理工程师通知单的格式见表 1.2.7。

表 1.2.7　监理工程师通知单

工程名称：×××工程　　　　监理表－编号：××

致：×××建筑工程有限公司×××项目部（承包单位）

事由：装饰装修工程质量问题。

内容：

贵项目部近期所施工的教学楼外墙砖的外观质量达不到质量验收规范要求，局部平整度不能满足质量验收规范要求。我公司现场监理工程师于××年×月×日在现场已口头通知项目部进行整改，但贵项目部没有及时对不合格的部位进行整改，在贵公司收到本公司“监理工程师通知单”后三日内对我现场监理工程师所指出的不合格部位进行整改，望贵项目部配合为谢。

项目监理机构（章）：×××建设工程监理有限公司
总/专业监理工程师：×××
日　　期：××年×月×日

抄报：×××局、×××局、工程质量监督站。

2.2.9　监理工程师通知回复单

监理工程师通知回复单是施工单位根据监理工程师通知单的要求，对存在质量、安全隐患的部位、工序完成整改后向项目监理机构进行回复的书面文件。其格式见表 1.2.8。

表 1.2.8　监理工程师通知回复单

工程名称：×××工程　　　　监理表－编号：××

致：×××建设工程监理有限公司（监理单位）

我方接到编号为××的监理工程师通知单后，已按要求完成了教学楼外墙砖的外观质量（局部平整度不能满足质量验收规范要求）的整改工作，现报上，请予以复查。

详细内容（原因分析、处理方案、整改情况，预防同类问题采取的措施等）：

（略）

承包单位（章）：×××建筑公司
项目经理：×××
日　　期：××年×月×日

复查意见：

经复查，教学楼外墙砖已整改，外观平整度达到质量验收规范要求，同意进入下道工序施工。

项目监理机构（章）：×××建设工程监理有限公司
总/专业监理工程师：×××
日　　期：××年×月×日

2.2.10　见证取样送检记录表

见证取样是国家为确保进场原材料、构配件以及中间环节产品质量而设置的第三方监督和控制环节，主要是通过项目监理机构见证员对影响工程质量、安全以及功能的产品或环节进行现场见证取样并制作试件，将见证制作的试件送到检测机构。设置见证取样和送检这一环节可以有效避免施工单位在试件制作时造假。工程开工前，项目监理机构应制定见证取样制度并向施工单位交底。见证人员应对试样的代表性和真实性负责。见证取样送检记录表样式见表1.2.9。

表1.2.9　见证取样送检记录表

工程名称：×××工程　　　　编号：××

<table>
<tr><td>样品名称</td><td>C30混凝土试块</td><td>样品数量</td><td>6组</td></tr>
<tr><td>合格证编号</td><td>×××</td><td>试验委托编号</td><td>×××</td></tr>
<tr><td>代表批量</td><td>×××</td><td>代表工程部位</td><td>框架梁</td></tr>
<tr><td>取样日期</td><td>××年×月×日</td><td>送样日期</td><td>××年×月×日</td></tr>
<tr><td colspan="4">见证记录：
预拌混凝土运输罐车到浇筑地点后，在见证员见证下，施工单位试验员根据试件制作计划，在浇筑地点随机取C30混凝土制作了6组试块，并贴了封条，做了标记，然后分组进行标养和同条件养护。</td></tr>
<tr><td colspan="2">承包单位(章)：
取样人签字：×××
日期：××年×月×日</td><td colspan="2">见证单位(章)：
见证人签字：×××
日期：××年×月×日</td></tr>
</table>

本表(含附件)一式____份，由承包项目部填报，监理项目部存____份，承包单位存____份。

说明：

1. 本记录表用于工程现场见证取样、送检工作，根据有关的规程、规范和设计文件要求，对有复试和现场检测要求的试品、试件，如混凝土试块、钢筋焊接、导线压接、管母焊接、绝缘油、SF6气体、砂、石、水泥、光缆耐张线夹连接件等进行取样的见证记录。
2. “见证人”指负责对该试品或试件进行见证工作的监理人员。

2.2.11　承包单位通知单

承包单位通知单是承包单位在施工过程中就勘察、设计、材料、施工等方面问题与建设单位、监理单位进行沟通的书面文件。建设单位或监理单位接到承包单位通知单后应及时研究并会同施工单位协商解决。需要征得勘察、设计单位同意的，必须取得其签字并盖章认可。承包单位通知单的格式见表1.2.10。

表 1.2.10　承包单位通知单

工程名称：×××商住楼工程　　　　　　　　　　　　　　　　　　　编号：××

致：××房地产开发有限公司××工程部(建设单位)

××监理公司(监理单位)

事由：中途更换商品混凝土供应厂家。

内容：

应业主要求，本工程在中途更换商品混凝土供应厂家(提议采用×××商品混凝土)，经×月×日业主、监理、施工单位三方对×××商品混凝土厂家进行实地考察，结果如下。

1. ××公司汽车泵臂长 37 m，而本工程必须用 43 m 以上臂长的汽车泵，现有汽车泵无法满足裙房施工要求。

2. ××公司拖泵仅有一台(已租给别的工地未收回)。本工程必须固定安装高层混凝土拖泵，才能满足施工要求。

3. ××公司无具有资质的试验室，将使工程质量存在缺陷，一旦出现质量问题，责任无从追究。

就以上问题，希望××公司设法尽快解决，以满足业主意愿。

承包单位(章)：×××建筑公司

项目经理：×××

日　　期：××年×月×日

签收意见：

××年×月×日×时收到。

■同意于××年×月×日×时前进行中途更换商品混凝土供应厂家(工程或部位)监理工作。

□不同意进行________________(工程或部位)监理工作。

项目监理机构(章)：××监理公司

总/专业监理工程师：×××

日　　期：××年×月×日

说明：本表一式三份，经项目监理机构审核后，建设单位、监理单位、承包单位各一份。

2.3　进度控制资料

2.3.1　工程开工报审表

当工程各项准备工作已经就绪，具备开工条件时，施工单位就应填写工程开工报审表，向项目监理机构报验。项目监理机构应对施工现场以及附件中的文件逐一核查，均满足开工条件后，由总监理工程师签署审核意见并下达开工令。工程开工报审表以及工程开工令样式分别见表 1.2.11、表 1.2.12。

表 1.2.11　工程开工报审表

工程名称：×××商品房工程　　　　　　　　　　　　　　　　　　监理表－编号：××

致：×××监理公司(监理单位)

我方承担的×××商品房工程，已完成了以下各项工作，具备了开工条件，特此申请施工，请核查并签发开工令。

附件：

1. 开工报告

2. 具备开工条件的证明文件

承包单位(章)：×××建筑公司

项目经理：×××

日　　期：××年×月×日

审查意见：

1. 设计交底和图纸会审已完成。

2. 施工组织设计已由总监理工程师签认。

3. 施工单位现场质量、安全生产管理体系已建立，管理及施工人员已到位，施工机械具备使用条件，主要工程材料已落实。

4. 进场道路及水、电、通信等已满足开工要求。

开工条件具备，同意开工。

项目监理机构(章)：×××监理公司

总监理工程师：×××

日　　期：××年×月×日

审批意见：

条件具备，同意开工。

建设单位(盖章)：×××房地产开发公司

建设单位代表：×××

日　　期：××年×月×日

说明：本表一式三份，项目监理机构、建设单位、施工单位各一份。

表 1.2.12　工程开工令

工程名称：×××商品房工程　　　　　　　　　　　　　　　　　　监理表－编号：××

致：×××建筑公司(施工单位)

经审查，本工程已具备施工合同约定的开工条件，现同意你方开始施工，开工日期为××年×月×日。

附件：

工程开工报审表

项目监理机构(章)：×××监理公司

总监理工程师：×××

日　　期：××年×月×日

说明：本表一式三份，项目监理机构、建设单位、施工单位各一份。

2.3.2 施工进度计划(调整计划)报审表

施工进度计划(调整计划)报审表是承包单位根据已批准的施工总进度计划,按施工合同约定或监理工程师要求编制好用于指导施工的进度计划后,向监理机构报审的文件。该报审表由专业监理工程师审核,总监理工程师签署审批意见。监理机构对施工进度计划的审查或批准,并不解除承包单位对施工进度计划的责任和义务。

专业监理工程师应对施工进度计划中的以下几方面内容进行重点审核。

(1)进度安排是否符合工程项目建设总进度计划中总目标和分目标的要求,是否符合施工合同中开、竣工日期的规定。

(2)施工总进度计划中项目是否有遗漏,施工顺序的安排是否符合施工工艺的要求。

(3)承包单位在施工进度计划中提出的应由建设单位保证的施工条件(资金、施工图纸、施工场地、采供的物资设备等),其供应时间和数量是否准确、合理,是否有造成建设单位违约而导致工程延期和费用索赔的可能性存在。

(4)总包、分包单位分别编制的各单项工程施工进度计划之间是否协调,专业分工与计划衔接是否明确、合理。

(5)工程的工期是否进行了合理的优化。

施工进度计划(调整计划)报审表的样式见表1.2.13。

表1.2.13 施工进度计划(调整计划)报审表

工程名称:×××工程　　　　编号:××

致:×××监理公司(监理单位) 兹报上×××工程施工进度计划(调整计划),请予以审查和批准。 编制说明:略 附件: 施工进度计划(调整计划) 总承包单位(公章):×××建筑公司 编制人(签字):×××　日期:××年×月×日 项目负责人(签字):×××　日期:××年×月×日
监理工程师审查意见: ☑1. 同意　□2. 不同意　□3. 应补充 项目监理机构(公章):×××监理公司 专业监理工程师(签字):×××　日期:××年×月×日 总监理工程师(签字):×××　日期:××年×月×日
抄报:

注:本表由施工单位填写,一式三份,经审核后建设、监理、施工单位各留一份。

填写说明:

1. 本表应由承包单位填写编制说明和计划表,编制人、项目负责人签字。监理工程师根据工程施工进度计划的审查结果填写“同意”“不同意”或者“应补充”的意见,或在审查意见栏中画“√”表示。
2. 本表应由监理机构的监理工程师审查,并由项目总监理工程师签认。

2.3.3　工程暂停令

当工程达到规范规定的停工条件时，在征得建设单位同意的前提（涉及重大质量、安全隐患的情况除外）下，由总监理工程师下达“工程暂停令”。其形式见表1.2.14。

表1.2.14　工程暂停令

工程名称：×××工程　　　　监理表－编号：××

致：×××建筑工程有限公司（承包单位）

由于贵公司在××年×月×日锚索段施工的成孔过程中，严重违背设计要求，以向孔内注水来解决钻机卡住问题，贵公司以水作为清孔介质为该工程留下了施工质量安全隐患；且今天在锚索未报验的情况下，擅自安放锚索，未严格执行工程工序报验制度，现通知你方必须于××年×月×日×时起，对本工程的锚索段部位（工序）实施暂停施工，并按下述要求做好各项工作：

1. 立即对以水作为清孔介质给本工程留下的安全隐患制定整改方案并报设计审批；
2. 对××年×月×日贵公司擅自安放的锚索立即进行工序报验；
3. 在停工期间做好该锚索段部位××路的防水工作；
4. 为保证锚索段的施工质量和进度，应增加和更换功率更大的空压机设备和钻孔设备；
5. 进一步加强锚索段的施工技术管理以及边坡的检测和信息反馈工作。

业主单位（章）：×××公司　　　　项目监理机构（章）：×××监理公司
现场代表：×××　　　　总监理工程师：×××
日　　期：××年×月×日　　　　日　　期：××年×月×日

主送：×××建司　抄送：×××　　抄报：×××局，×××局

2.3.4　工程复工报审表

施工单位已按监理机构要求对“工程暂停令”中要求停工的部位、工序完成整改，经施工单位自检合格，达到复工条件后填写“工程复工报审表”向监理机构申报复工。经项目监理机构复查合格后，由总监理工程师下达“复工令”。申请复工的附件内容应完整，理由充分，隐患彻底消除，并附有视频影像资料。工程复工报审表样式见表1.2.15。

表1.2.15　工程复工报审表

工程名称：×××商品房工程　　　　监理表－编号：××

致：×××监理公司（监理单位）

我方承担的×××商品房工程，已完成了以下各项工作，具备了复工条件，特此申请施工，请核查并签发复工指令。

附件：

1. 复工报告
2. 具备复工条件的证明文件

承包单位（章）：×××建筑公司
项目经理：×××
日　　期：××年×月×日

续表

审查意见： 经审查，停工整改的××部位（工序）经过整改，现已达到规范要求，质量合格，安全隐患排除，同意复工。 项目监理机构（章）：×××监理公司 总监理工程师：××× 日　　期：××年×月×日

2.4 质量控制资料

2.4.1 施工组织设计（专项施工方案）报审表

施工组织设计报审表是指承包单位编制好施工组织设计（专项施工方案）后，经内部审查合格，由项目技术负责人填写、签字并盖单位公章后，交由项目监理机构审查和提出审查意见的报表。项目监理机构应在熟悉设计文件的基础上，根据监理合同中业主授权和委托的要求，有针对性地审查施工组织设计（专项施工方案）的有关内容，由专业监理工程师提出审查意见，由总监理工程师签署审查意见。

1. 施工组织设计的审查要求

（1）施工组织设计应由承包单位编制人、审核人、审批人和单位负责人签字。

（2）施工组织设计应符合施工合同要求。

（3）总监理工程师应审查承包单位现场项目管理机构的质量体系、技术管理体系和质量保证体系，确能保证工程项目施工质量时予以确认。

（4）工程的总平面及施工程序安排是否合理，编制的土建、安装、装修等工序的工艺流程是否可行，是否能保证总工期。

（5）重点部位及重要分部（项）工程有无施工工法或有针对性的、有效的技术措施；有无针对当前工程质量通病制定的技术措施及为保证质量而制定的质量预控措施。

（6）雨季施工是否有防水措施。

（7）施工方案规定的材料、成品、半成品的试件取样及试验方法或方案是否合理。

（8）施工机械的选择是否恰当，其效率、质量、可靠性能否满足施工进度要求。

（9）对环境因素的考虑，如水、电、噪声污染、安全防护、交通是否周到。

（10）有无针对成品保护制定的措施、方法。

（11）施工组织设计应经专业监理工程师审核后，由总监理工程师签认。

（12）发现施工组织设计中存在问题应提出修改意见，由承包单位修改后重新报审。

2. 施工组织设计的审查程序

（1）工程项目开工前15天，承包单位必须完成施工组织设计的编制及自审工作，并填写施工组织设计(方案)报审表,报送项目监理部。

(2)总监理工程师应在约定时间内(一般在15天内),组织专业监理工程师审查,分别提出审查意见、签名,由总监理工程师审定批准。需要承包单位修改时,由总监理工程师签发书面意见,退回承包单位修改后再报审,报审后总监理工程师应重新审定。

(3)已审定的施工组织设计由项目监理部报送建设单位。

(4)承包单位应按审定的施工组织设计组织施工。如需对其内容做较大变更,应在实施前将变更内容书报送项目经理部重新审定,在施工过程中,当承包单位对已批准的施工组织设计进行调整、补充或变动时,应经专业监理工程师审查,并由总监理工程师签认。

(5)专业监理工程师应要求承包单位报送重点部位、关键工序的施工工艺和确保工程质量的措施,审核同意后予以签认。

(6)当承包单位采用新材料、新工艺、新技术、新设备时,专业监理工程师应要求承包单位报送相应的施工工艺措施和证明材料,组织专题论证,经审定后予以签认。

(7)对规模大、机构复杂或属新结构、特种结构的工程,项目监理机构应在审查施工组织设计后,报送公司总监理工程师审查,审查意见由总监理工程师签发,必要时与建设单位协商,组织有关专家会审。

施工组织设计(专项施工方案)报审表样式见表1.2.16。

表1.2.16　施工组织设计(专项施工方案)报审表

工程名称:×××商品房工程　　　　监理表-编号:××

致:×××监理公司(监理单位) 我方已根据施工合同的有关规定完成了×××商品房工程施工组织设计(专项施工方案)编制并经公司技术负责人批准,请予以审查。 附件: 施工组织设计(专项施工方案) 承包单位(章):×××建筑公司 项目经理:××× 日　　期:××年×月×日
专业监理工程师审查意见: 经审查,施工组织设计(专项施工方案)内容齐全,针对性强,措施可行,同意按此施工方案实施。 专业监理工程师:××× 日　　期:××年×月×日
总监理工程师审核意见: 同意按此施工组织设计(专项施工方案)实施。 项目监理机构(章):×××监理公司××监理部 总监理工程师:××× 日　　期:××年×月×日

填写说明：

1.“施工组织设计（专项施工方案）”填写相应的建设项目、单位工程、分部工程、分项工程和关键工序的名称。

2.“审查意见”是指专业监理工程师对施工组织设计（专项施工方案）内容的完整性、合理性、可操作性及实现目标的保证措施进行审查所得出的结论。

3.“审核意见”是由总监理工程师对专业监理工程师的审查意见进行审核确认并签字、盖章。

4. 当经过批准的施工组织设计（专项施工方案）发生改变时，向监理机构报送的变更方案也采用此表。

2.4.2 施工测量放线报验申请表

施工测量放线报验申请表是承包单位在完成基础、主体结构等部位的测量放线后，将测量放线成果报请项目监理机构审查和审核的报审表。项目监理机构的专业监理工程师在收到报审表后，不仅要审查测量放线的成果数据，而且要用测量仪器对重要控制点的测量数据进行实地复核。当误差在允许偏差以内时，由总监理工程师或专业监理工程师签字认可。施工测量放线报验申请表的样式见表 1.2.17。

表 1.2.17 施工测量放线报验申请表

工程名称：××市××综合开发区×××建设项目　　编号：××

致：××工程建设监理公司（监理单位）

我单位已完成了××市××综合开发区×××建设项目的工程测量放线工作。现报上该工程测量放线报验申请表，请予以审查和验收。

附件：

测量放线的部位和内容

序号	工程部位名称	测量放线内容	专职测量员	备注
1	四层②～⑦/Ⓐ～Ⓓ	轴线控制线、墙柱轴线及边线、门窗洞口位置线等		30 m 钢尺，DS3 水准仪

（1）放线的依据材料：1 页

（2）放线成果：5 页

承包单位（章）：×××建筑公司

项目经理：×××

日　　期：××年×月×日

审查意见：

经测量放线资料审查和复测，测量放线方法正确，数据合理，误差在允许范围内，同意验收。

项目监理机构：×××监理公司××监理部

总/专业监理工程师：×××

日　　期：××年×月×日

填写说明：

1."工程测量放线工作"指工程定位测量时填写的工程名称，轴线、标高测量时填写被测工程部位名称。

2."测量放线内容"指测量放线工作内容的名称。

3."备注"内容包括施工测量放线使用测量仪的名称、编号及型号。

4."审查意见"是指分包单位资质由监理工程师审查，必须填写审查意见和审查日期，并签字。资料内需附图时，附图应简单易懂，且能全面反映附图内容的质量。

2.4.3　工程材料/构配件/设备报审表

工程材料/构配件/设备报审表是承包单位在材料、构配件、设备进场时向监理机构提交的请求监理机构对进场材料、构配件、设备质量证明文件以及实物质量进行检查和认定的报审表。凡是用于工程实体的材料、构配件、设备，都要按进场批次进行报审，合格后方能用于工程。

工程材料/构配件/设备报审程序如下。

(1)承包单位应对拟进场的工程材料、构配件和设备(包括建设单位采购的工程材料、构配件、设备)，按有关规定对工程材料进行自检和复试，对构配件进行自检，对设备进行开箱检查，符合要求后填写"工程材料/构配件/设备报审表"，并附上数量清单、质量证明文件及自检结果报监理机构。

(2)专业监理工程师应对承包单位报送的工程材料/构配件/设备报审表及质量证明文件等资料进行审核，并应对进场的工程材料、构配件和设备实物，按照委托监理合同的约定或有关质量管理文件的规定比例，进行平行检测、见证取样(平行检测、见证取样的情况应记录在监理日志中)。

(3)对进口工程材料、构配件和设备，应按照事先约定，由建设单位、承包单位、供货单位、项目监理机构及其他有关单位进行联合检查，检查情况及结果应整理成纪要，并由有关各方代表签字。

(4)经专业监理工程师审查合格，签认"工程材料/构配件/设备报审表"，对未经专业监理工程师验收或验收不合格的工程材料、构配件和设备，专业监理工程师应拒绝签认，并应签发"监理工程师通知单"，书面通知承包单位限期运出现场。

工程材料/构配件/设备报审表样式见表1.2.18。

2.4.4　主要施工机械设备报审表

主要施工机械设备报审表是承包单位在主要施工机械设备进场时向监理机构提交关于设备数量、型号、性能、技术参数等的说明以及施工机械设备质量合格的证明，并请求监理机构对质量证明资料及实物质量进行检查和认定的报审表。凡是用于工程施工的机械设备，都要进行报审，合格后方能用于工程。并且，在使用过程中，要向监理机构提供定期维护、检查记录。主要施工机械设备报审表样式见表1.2.19。

表 1.2.18　工程材料/构配件/设备报审表

工程名称：×××工程　　　　　　　　　　　　　　　　　　　　编号：××

致：×××监理公司(监理单位)

我方于××年×月×日进场的工程材料/构配件/设备数量如下(见附件)。现将质量证明文件及自检结果报上,拟用于下述部位:主体结构一层梁柱部位。

请予以审核。

附件:

1. 数量清单：××m^3
2. 质量证明文件:质量检验报告
3. 自检结果:符合技术指标

承包单位(章)：×××建筑公司
项目经理：×××
日　　期：××年×月×日

审查意见:

经检查,上述工程材料符合设计文件和规范的要求,准许进场,同意使用于拟定部位。

项目监理机构：×××监理公司
总/专业监理工程师：×××
日　　期：××年×月×日

填写说明:

1. "拟用于下述部位"指工程材料/构配件/设备拟用于工程的具体部位。
2. "数量清单"应以表格形式填写。
3. "质量证明文件"指能证明工程材料/构配件/设备的质量、准用、许可的文件,如合格证、准用证、生产许可证,新材料、新产品经有关部门鉴定、确认的证明文件,进口工程材料/构配件/设备的商检证明文件等。证明文件一般应为原件,如为复印件,须加盖经销部门红章,并注明原件存放处。
4. "自检结果"指所购材料、构配件、设备的承包单位对所购材料、构配件、设备,按有关规定进行自检及复试的结果,对设备进行开箱检查的结果,复试报告一般应提供原件,如为复印件,应加盖项目经理部红章,并注明原件存放处。
5. "审查意见"指专业监理工程师对报审表附件中的工程材料/构配件/设备的数量清单、质量证明文件及自检结果认真核对,在符合要求的基础上对进场工程材料/构配件/设备进行目测(实测)检查,查看是否与数量清单、质量证明资料、合格证及自检结果相符,有无质量缺陷等情况,并将检查结果记录在监理日志中。

表 1.2.19 主要施工机械设备报审表

工程名称：×××工程　　　　编号：××

致：×××监理公司(监理单位)

下列施工设备已按施工组织设计(专项施工方案)要求进场，请核查并准予使用。

设备名称	规格型号	数量	进场日期	技术情况	备注
经纬仪	TDJ2E	1		良好	
水准仪	DS3	1		良好	

承包单位(章)：×××建筑公司
项目经理：×××
日　　期：××年×月×日

专业监理工程师审核意见：

经查验，所报经纬仪、水准仪数量、质量符合施工组织设计(专项施工方案)以及规范要求，仪器规格型号满足本工程使用要求，质量合格，资料齐全、有效，同意使用。

1. 性能、数量能满足施工需要的设备(准予进场使用的设备)：TDJ2E 经纬仪、DS3 水准仪
2. 性能不符合施工需要的设备(需更换后再报的设备)：无
3. 数量或能力不足的设备(需补充的设备)：无

请你方尽快按施工进度要求，配足所需设备。

项目监理机构(章)：×××监理公司
专业监理工程师：×××
日　　期：××年×月×日

2.4.5 工程报验申请表(或工程报验单)

工程报验单是分项工程、分部(子分部)工程报验通用表。报验时按实际完成的工程名称填写，并附该分项、分部(子分部)工程质量验收记录表和相关附件。该表由承包单位填报，加盖公章，项目经理签字，专业监理工程师初审，合格后签字并报总监理工程师终审，合格后总监理工程师签字并加盖项目监理机构章。表中所列附件的材料必须齐全、真实，对任何不符合报验的工程项目，承包单位不得提请报审，监理单位不得签发报验单。工程报验单的格式见表 1.2.20。

表 1.2.20 工程报验单

工程名称：×××工程　　　　编号：××

致：×××监理公司（监理单位）

按合同和规范要求，已完成×××工程基础垫层处理工程，并经自检合格，报请查验。

附件：

自检资料（隐、预检记录，分部分项工程质量评定表及质量保证资料）

施工单位：×××建筑公司

负责人：×××

日　　期：××年×月×日

监理工程师审查意见：

经检查，基础垫层处理符合设计及规范要求，报验资料齐全、合格，同意验收。

专业监理工程师：×××

负责人：×××

日　　期：××年×月×日

说明：本表由施工单位填写，一式三份，审核后建设、监理、施工单位各留一份。

2.4.6 不合格项处置记录表

监理工程师在隐蔽工程验收和检验批验收中，当发现不合格部位或工序时，填写不合格项处置记录表，该表由项目监理机构下发，督促施工单位进行整改或处理。不合格项处置记录表的样式见表 1.2.21。

表 1.2.21 不合格项处置记录表

工程名称：×××工程　　　　编号：××

发生/发现日期：××年×月×日

不合格项发生部位与原因：

致：×××建筑公司（施工单位）

由于以下情况的发生，使你单位在 第二层填充墙砌筑施工时 发生 严重☑/一般□ 不合格项，请及时采取措施予以整改。

具体情况：为加强填充墙与框架结构柱和剪力墙之间的连接，应按规范要求进行植筋。经检查，框架结构柱和剪力墙植筋不符合要求，间距大于规范要求，且植入深度不足，不满足抗拔要求。

□自行整改

☑整改后报我方验收

签发单位名称：×××监理公司　　签发人（签字）：×××　　签发日期：××年×月×日

续表

不合格项改正措施：
按规范要求进行植筋，并进行抗拔试验。

整改期限：××年×月×日前完成
整改责任人：×××
单位负责人：×××

不合格项整改结果：
致：×××监理公司（监理单位）
根据你方指示，我方已完成整改，请予以验收。
整改结论：
同意验收。

验收单位名称：×××监理公司
验收人：×××
日　　期：××年×月×日

2.4.7　工程竣工预验收报验单

当工程合同内容已经全部完成，经承包单位自检合格，并且在完成各专项验收后，由承包单位填写“工程竣工预验收报验单”，向项目监理机构报验。项目监理机构重点审查是否完成了全部设计施工图的内容；所有施工项目是否已全部报监理项目部验收；竣工资料是否齐全；工程质量是否符合我国现行法律、法规的要求，是否符合我国现行工程建设标准，是否符合设计文件要求，是否符合施工合同要求。

项目监理机构验收合格后，总监理工程师签署验收意见。项目监理机构在监理初验合格的基础上，出具已完工程的工程质量评估报告。工程竣工预验收报验单的样式见表1.2.22。

表1.2.22　工程竣工预验收报验单

工程名称：×××工程　　　　编号：××

致：×××监理公司项目监理机构
我方已按合同要求完成了×××工程。经三级自检合格，现将有关资料报上，请予以审查和验收。
附件：
工程竣工三级自检报告

承包单位（章）：×××建筑公司
项目经理：×××
日　　期：××年×月×日

续表

项目监理机构审查意见：
经初步验收，该工程
(1)(☑符合/□不符合)我国现行法律、法规要求；
(2)(☑符合/□不符合)我国现行工程建设标准；
(3)(☑符合/□不符合)设计文件要求；
(4)(☑符合/□不符合)施工合同要求。
综上所述，该工程初步验收(☑合格/□不合格)，(☑可以/□不可以)组织正式验收。

项目监理机构(章)：×××监理公司××项目监理部
总监理工程师：×××
日　　期：××年×月×日

建设单位(业主项目部)审批意见：
同意正式验收。

建设单位(业主项目部)(章)：×××建筑公司××项目部
项目负责人：×××
日　　期：××年×月×日

本表(含附件)一式____份，由承包项目部填写，项目监理机构存____份，建设单位(业主项目部)存____份，承包单位存____份。
填写说明：
1. 在需要选择的栏目中的"□"内打"√"。
2. 承包单位按施工合同约定，完成拟投运工程施工，经三级自检验收合格，报监理及建设单位(业主项目部)进行验收。

2.4.8　工程质量/安全问题(事故)报告单

工程质量/安全问题(事故)报告单是指当工程在施工过程中出现工程质量/安全问题(事故)时，由承包单位填写并向项目监理机构报送的书面文件。承包单位在工程质量/安全问题(事故)发生后要及时提交该表，并采取必要的措施防止事故扩大。其样式见表1.2.23。

表 1.2.23　工程质量/安全问题(事故)报告单

工程名称:×××工程　　　　　　　　　　　　　　　　　　编号:××

致:×××监理公司(监理单位)

××年×月×日×时在××层××柱工程施工中,发生工程质量问题(事故)。报告如下。

1. 经过情况及原因初步分析:浇筑混凝土过程中,柱模板爆裂,初步分析原因为柱箍固定不牢,滑动失效所致。

2. 性质:质量问题。

3. 造成的经济损失及人员伤亡:损失金额××万元,无人员伤亡。

4. 补救措施及初步处理意见:拆除,重新制作和浇筑。

待进行现场调查后,再另做详细报告,并提出处理方案待审查。

承包单位(公章):×××建筑公司××项目部 项目负责人(签字):××× 日　　期:××年×月×日	项目监理机构(公章):×××监理公司××项目监理部 专业监理工程师(签字):××× 总监理工程师(签字):××× 日　　期:××年×月×日

本表一式四份,由施工总承包单位填写,监理签收后建设、设计、施工、监理单位各留一份,重大质量事故报质监站。

承包单位应将所发生质量问题(事故)的详细经过情况及原因初步分析、性质、造成的经济损失及人员伤亡、补救措施及初步处理意见全面如实地填写。

2.4.9　工程质量/安全问题(事故)技术处理方案报审表

对已经出现工程质量/安全问题(事故)的工程,由施工单位提出技术处理方案报项目监理机构审查。如果审查通过,则承包单位按处理方案实施。如果审查没有通过,则反馈意见,由承包单位修改完善后再报审。工程质量/安全问题(事故)技术处理方案报审表样式见表 1.2.24。

表 1.2.24　工程质量/安全问题(事故)技术处理方案报审表

工程名称:×××工程　　　　编号:××

<table>
<tr><td colspan="2">致:×××监理公司(项目监理机构)
××年×月×日×时,在××层××柱施工中发生柱模板爆裂,混凝土质量不合格的工程质量事故,已于××年×月×日提出"工程质量事故调查处理报告",现报上处理方案,请予审查。
附件:
1. 工程质量事故调查处理报告(盖施工单位法人章)
2. 工程质量事故处理方案(盖施工单位法人章)
项目经理部(项目章):
项目负责人:×××
日　　期:××年×月×日</td></tr>
<tr><td>设计单位意见:
设计单位(章):
负　责　人:×××
日　　　期:××年×月×日</td><td>总监理工程师批复意见:
项目监理机构(项目章):
总监理工程师:×××
日　　期:××年×月×日</td></tr>
</table>

2.4.10　承包单位报审表(通用)

承包单位报审表(通用)是指当承包单位完成专项施工方案编制、原材料进场或分部分项工程施工等时,填写并向项目监理机构报审的表格文件。承包单位报审表(通用)样式见表 1.2.25。

表 1.2.25　承包单位报审表(通用)

工程名称:×××工程　　　　编号:××

<table>
<tr><td>致:×××监理公司(监理单位)
事由:××××××
我单位现将×××报审,请审查!
内容:
×××
×××
承包单位(章):×××建筑公司
项目经理:×××
日　　期:××年×月×日</td></tr>
</table>

续表

审查意见： 同意按此专项方案实施（或同意×××材料用于该工程）。 项目监理机构（章）：×××监理公司××项目部 总/专业监理工程师：××× 日　　期：××年×月×日

本表一式三份，经项目经理机构审核后，建设单位、监理单位、承包单位各存一份。

2.4.11　监理抽检记录

监理抽检记录是项目监理机构对施工单位完成的中间产品或工序进行质量抽样检查时所做的记录。对于抽检过程中发现的质量隐患或质量问题，监理机构有权责令施工单位进行整改。监理抽检记录的样式见表1.2.26。

表1.2.26　监理抽检记录

编号：××

工程名称	×××工程	抽检日期	××年×月×日
承包单位	×××建筑公司	监理单位	××监理公司
检查项目：梁箍筋绑扎			
检查部位：三层框架梁			
检查数量：全数检查			
检查结果：箍筋加密区长度不足			
处理意见： 对箍筋加密区长度不足之处进行整改，达到规范要求后，再报监理单位检查。 项目监理机构（章）：××监理公司××项目部 总/专监理工程师：××× 日　　期：××年×月×日			

2.4.12　检验批（分项工程）质量验收抽查记录

检验批是工程质量检查和验收的最小单元。检验批（分项工程）质量验收抽查记录是项目监理机构对施工单位完成的检验批（分项工程）进行质量抽样检查验收时所做的记录。其表格形式见表1.2.27。

表 1.2.27　防水混凝土检验批质量验收抽查记录

工程名称：×××工程　　　　　　　　　　　　　　　　编号：××

<table>
<tr><td colspan="4">分部(子分部)工程名称</td><td colspan="11">地下防水子分部工程</td></tr>
<tr><td colspan="2">分项工程名称</td><td colspan="2">防水混凝土施工</td><td colspan="10">验收部位</td><td>基础①~⑯/Ⓐ~Ⓓ</td></tr>
<tr><td colspan="2">施工单位</td><td colspan="2">×××建筑公司</td><td colspan="10">项目经理</td><td>×××</td></tr>
<tr><td colspan="2">分包单位</td><td colspan="2">×××防水材料公司</td><td colspan="10">分包项目经理</td><td>×××</td></tr>
<tr><td colspan="4">施工执行标准名称及编号</td><td colspan="11">×××防水工程工艺标准</td></tr>
<tr><td colspan="4">施工质量验收规范的规定</td><td colspan="10">施工单位检查评定记录</td><td>监理(建设)单位验收记录</td></tr>
<tr><td rowspan="3">主控项目</td><td>1</td><td>原材料、配合比、坍落度</td><td>第 4.1.7 条</td><td colspan="10">√</td><td>符合要求</td></tr>
<tr><td>2</td><td>抗压强度、抗渗压力</td><td>第 4.1.8 条</td><td colspan="10">√</td><td>符合要求</td></tr>
<tr><td>3</td><td>细部做法</td><td>第 4.1.9 条</td><td colspan="10">√</td><td>符合要求</td></tr>
<tr><td rowspan="4">一般项目</td><td>1</td><td>表面质量</td><td>第 4.1.10 条</td><td colspan="10">√</td><td rowspan="2">符合要求</td></tr>
<tr><td>2</td><td>裂缝宽度</td><td>≤0.2 mm，且不得贯通</td><td colspan="10">√</td></tr>
<tr><td rowspan="2">3</td><td>防水混凝土结构厚度≥250 mm</td><td>+15 mm，-10 mm</td><td>8</td><td>9</td><td>7</td><td>6</td><td>6</td><td>6</td><td>6</td><td>8</td><td>8</td><td>8</td><td rowspan="2">符合要求</td></tr>
<tr><td>迎水面保护层厚50 mm</td><td>±10 mm</td><td>6</td><td>6</td><td>6</td><td>4</td><td>4</td><td>4</td><td>5</td><td>3</td><td>2</td><td>6</td></tr>
<tr><td colspan="3" rowspan="2">施工单位检查评定结果</td><td colspan="2">专业工长(施工员)</td><td colspan="4">×××</td><td colspan="5">施工班组长</td><td>×××</td></tr>
<tr><td colspan="12">符合施工质量验收规范要求。
项目专业质量检查员：×××
日　　期：××年×月×日</td></tr>
<tr><td colspan="3">监理(建设)单位验收结论</td><td colspan="12">验收合格。
专业监理工程师：×××
建设单位项目技术负责人：×××
日　　期：××年×月×日</td></tr>
</table>

注：本表为参考表式，具体分项工程内容依据“建筑工程施工质量验收系列规范标准表格文本及填写说明”填写。

2.5　造价控制资料

2.5.1　工程款支付申请表

当工程进度达到合同支付条件时，由施工单位填写并向项目监理机构报送工程款支付申请表。其附件必须真实、完整、有效,并附合同相关条款。项目监理机构在收到工程款支付申请表后,需要对所申报的工程量部分的工程质量合格情况、工程量数量、工程量计算方法以及应付款金额等进行核查。符合付款条件后,签署工程款支付证书。工程款支付申请表格式见表1.2.28。

表1.2.28　工程款支付申请表

工程名称:×××工程　　　　编号:××

致:××监理公司(监理单位)

我方已完成了×××工程工作,按施工合同的规定,建设单位应在××年×月×日前支付该项工程款,共(大写)××元(小写:××元),现报上×××工程款支付申请表,请予以审查并开具工程款支付证书。

附件:

1. 工程量清单
2. 计算方法

承包单位(章):×××建筑公司
项目经理:×××
日　　期:××年×月×日

2.5.2　工程款支付证书

工程款支付证书格式见表1.2.29。

表1.2.29　工程款支付证书

工程名称:×××工程　　　　编号:××

致:×××建筑公司(建设单位)

根据施工合同的规定,经审核承包单位的付款申请和报表,并扣除有关款项,同意本期支付工程款共(大写)×××元(小写:×××元)。请按合同规定及时付款。

其中:

1. 承包单位申报款:××元
2. 经审核承包单位应得款:××元
3. 本期应扣款:××元
4. 本期应付款:××元

附件:

1. 承包单位的工程款支付申请表及附件
2. 项目监理机构审查记录

项目监理机构:××监理公司××项目部
总监理工程师:×××
日　　期:××年×月×日

2.5.3 工程变更费用报审表

当工程变更涉及工程费用增加时,施工单位需要及时填写并向监理机构上报工程变更费用报审表。其形式见表 1.2.30。

表 1.2.30 工程变更费用报审表

工程名称	×××工程	施工编号	××
		监理编号	××
		日　　期	××年×月×日

致:××监理公司(监理单位)

兹申请第××号工程变更单,申请费用见附件,请予以审核。

附件:

工程变更费用计算书

专业承包单位:××公司　　项目经理/责任人:×××

施工总承包单位:×××建筑公司　　项目经理/责任人:×××

监理工程师审核意见:

工程变更依据充分,变更程序合法,增加费用合理,计算正确。

监理工程师:×××

日　　期:××年×月×日

总监理工程师审查意见:

同意增加此项工程变更费用。

监理单位:××监理公司××项目部

总监理工程师:×××

日　　期:××年×月×日

2.5.4 费用索赔申请表

当工程中出现非承包单位原因造成的施工费用增加时,施工单位可在规定时间内通过监理单位向建设单位进行费用索赔。费用索赔申请表格式见表 1.2.31。

表 1.2.31　费用索赔申请表

工程名称	×××工程	编　号	××
		日　期	××年×月×日

致：××监理公司(监理单位)

根据施工合同第×条第×款的约定，由于××的原因，我方要求索赔金额(大写)××元，请予以审核。

附件：

1. 索赔的详细理由及经过
2. 索赔份额的计算
3. 证明材料

专业承包单位：×××公司　　项目经理/责任人：×××

施工总承包单位：×××建筑公司　　项目经理/责任人：×××

填写说明：

本表是工程有索赔事件发生，承包单位有索赔意向时，所使用的报审表。本表应严格按照表格内容填写。索赔理由、证明材料要充分、属实;索赔金额计算要仔细、正确，费率计算标准要有依据、合情理。本表需盖承包单位公章，并由项目负责人签字。

承包单位必须在施工合同规定的期限(28 天)内向项目监理机构递交本表。如超过此期限，建设单位和项目监理机构有权拒绝索赔要求。

2.5.5　工程竣工结算审核意见书

施工单位已按合同和设计文件要求完成所有工程内容，并经竣工验收合格，为了及时得到合同约定的工程款，在规定时间内，由施工单位向建设单位提交工程结算资料及工程结算审核书。监理单位和建设单位分别对工程结算资料进行审核，并给出审核意见。其样式见表1.2.32、表1.2.33 和表1.2.34。

表 1.2.32　工程结算审核书

项目名称：×××工程	合同段：××－××标段
项目业主：×××开发公司	授权管理单位：××造价公司
设计单位：××设计院	监理单位：××监理公司
施工单位：×××建筑公司	
本合同段合同总价	××万元
施工单位申报结算总价	××万元
监理单位审核结算总价	××万元
业主单位审核结算总价	××万元

续表

授权管理单位(监理单位): 经过对施工单位申报结算材料进行仔细审查,发现×处结算款计算存在工程数量和计算上的问题,需要核实实际完成的工程量。对于未实施部分,应予以扣除。 单位(盖章):××监理公司××项目部 负责人(签字):××× 日　　期:××年×月×日
项目业主: 同意监理单位的意见,仔细核算后再上报。 单位(盖章):×××开发公司 法定代表人或授权代理人(签字):××× 日　　期:××年×月×日
附件: 1. 相关结算表 (1)工程结算汇总表; (2)工程结算表(合同清单项目),工程结算表(新增项目); (3)工程量计算表; (4)工程变更情况汇总表; (5)材料价差调整计算表 2. 监理单位结算审核意见书 3. 业主单位结算审核意见书 4. 工程结算审核汇总对比表、工程结算审核对比表

表 1.2.33　**监理单位结算审核意见书**

项目名称	×××工程
合同段	××-××标段
1. 本合同段工程概况和主要工程量: (略) 2. 变更情况: 所有变更均履行了书面变更手续,签字盖章齐全,变更费用已经过核查,数据正确。 3. 各结算项目审核意见: 各结算项目与合同和设计文件一致,计算正确(具体审核步骤及结果见审核报告)。 4. 本合同段监理审核价: 经审核,建设单位应付给×××建筑公司的结算款为××万元。	
同意按此结算价进行结算,请建设单位进行审批。 单位(盖章):××监理公司××项目部 日　　期:××年×月×日	

表 1.2.34　业主单位结算审核意见书

项目名称	×××工程
合同段	××－××标段

业主单位结算审核意见书：

1. 本合同段工程概况和主要工程量。

（略）

2. 各结算项目审核意见。

（1）合同清单内项目：符合合同范围及设计文件内容，签字盖章手续齐备，数据计算过程及计算结果正确。

（2）新增项目：变更文件内容签字盖章手续齐备，数据计算过程及计算结果正确。

（3）材料调差：调差项目符合合同内容，依据充分，签字盖章手续齐备，数据计算过程及计算结果正确。

（4）其他（奖金、罚金等）：无。

3. 本合同段业主审核价：

经审核，结算价为××万元。

单位（盖章）：×××开发公司工程管理部
日　　期：××年×月×日

2.6　分包资质资料

2.6.1　分包单位资格报审表

在分包单位进场前，总承包单位应填写"分包单位资格报审表"，并向项目监理机构报验。项目监理机构应重点审查分包单位资质是否符合规范要求、是否有效以及人员数量和资格是否符合规范及合同要求。特别是特殊工种人员要有"特殊工种上岗证"。分包单位资格报审表格式见表 1.2.35。

表 1.2.35　分包单位资格报审表

工程名称：×××工程　　　　编号：××

致：××监理公司（监理单位）

经考查，我方认为你方选择的×××公司（分包单位）具有承担下列工程的施工资质和施工能力，可以保证本工程项目按合同的规定进行施工。分包后，我方仍承担总包单位的全部责任。请予以审查和批准。

附件：

1. 分包单位资质材料
2. 分包单位业绩材料

续表

分包工程名称(部位)	工程数量	拟分包工程合同额	分包工程占全部工程
×××	×××	×××	×××
×××	×××	×××	×××
合　计		×××	×××

承包单位(章):×××建筑公司
项目经理:×××
日　　期:××年×月×日

专业监理工程师审查意见:
经审核,该公司资质报审材料符合要求,技术和管理人员以及业绩满足本工程施工需要。

专业监理工程师:×××
日　　期:××年×月×日

总监理工程师审核意见:
同意将××分部(分项)工程分包给×××公司。

项目监理机构:××监理公司××项目部
总监理工程师:×××
日　　期:××年×月×日

本表一式三份,建设单位、监理单位、承包单位各一份。

2.6.2　试验室资格报审表

如果总承包单位自有检测试验室或委托有检测试验室,需要填写“试验室资格报审表”和提供相应证明材料,由项目监理机构进行审查和批准。试验室资格报审表格式见表1.2.36。

表1.2.36　试验室资格报审表

工程名称:×××工程　　　　编号:××

致:××监理公司(监理单位)
经考查,我方认为拟选择的×××试验室(试验室)具有与×××工程相适应的试验资质及试验能力。现报上有关资料,请予以审查和批准。
附件:
1. 试验室的资质等级及试验范围
2. 法定计量部门对试验室出具的计量检定证明
3. 试验室管理制度
4. 试验人员的资格证书
5. 本工程的试验项目及其要求

承包单位(章):×××建筑公司
项目经理:×××
日　　期:××年×月×日

续表

专业监理工程师审查意见： 同意选用×××试验室作为本工程的试验室。 项目监理机构(章)：××监理公司××项目部 专业监理工程师：××× 日　　期：××年×月×日

2.7　合同管理资料

2.7.1　工程临时延期申请表

当承包单位在工程施工过程中因非承包单位原因导致进度严重偏离施工进度计划时，为了维护自身利益、取得合理的工期补偿，承包单位需要在承包合同规定时间内填写工程临时延期申请表，向项目监理机构申请临时延期。其样式见表1.2.37。

表1.2.37　工程临时延期申请表

工程名称：×××工程　　　　编号：××

致：××监理公司(监理单位) 根据施工合同条款第×条的规定，由于异常气候(非承包单位)原因，我方申请工程延期，请予以批准。 附件： 1. 工程延期的依据及工期计算 合同竣工日期：××年×月×日 申请延长竣工日期：××年×月×日 2. 证明材料 承包单位：×××建筑公司 项目经理：××× 日　　期：××年×月×日

本表一式三份，建设单位、监理单位、承包单位各一份。

2.7.2　工程临时延期审批表

承包单位按规定提交工程临时延期申请表后，总监理工程师组织专业监理工程师审查、确认，初步确定延期时间后，与承包单位及建设单位协商，均同意后由总监理工程师填写工程临时延期审批表并签署意见。工程临时延期审批表样式见表1.2.38。

表 1.2.38　工程临时延期审批表

工程名称：×××工程　　　　　　　　　　　　　　　　　　　　　　　　　　编号：××

致：×××建筑公司(承包单位)

根据施工合同条款第×条的规定，我方对你方提出的异常气候(非承包单位)工程延期申请(第×号)延长工期××日历天的要求，经过审核评估：

☑暂时同意工期延长××日历天。使竣工日期(包括已指令延长的工期)从原来的××年×月×日延迟到××年×月×日。请你方执行。

□不同意延长工期，请按约定竣工日期组织施工。

说明：

项目监理机构：××监理公司××项目部

总监理工程师：×××

日　　期：××年×月×日

2.7.3　费用索赔申请表

当由非承包单位原因引起的工程变更或工期延长造成工程费用增加或承包单位有经济损失时，承包单位可在合同规定期限内提出费用索赔，填写费用索赔申请表向项目监理机构申报。费用索赔申请表的样式见表 1.2.39。

表 1.2.39　费用索赔申请表

工程名称：×××工程　　　　　　　　　　　　　　　　　　　　　　　　　　编号：××

致：××监理公司(监理单位)

根据施工合同条款第×条的规定，由于建设单位提出的工程变更造成工程费用增加，我方要求索赔金额(大写)××万元，请予以批准。

索赔的详细理由及经过：×××

索赔金额的计算：(过程略)

合同总价：××万元

材料费、人工费上涨系数：1.2

索赔金额：××万元

附：证明材料

承包单位：×××建筑公司

项目经理：×××

日　　期：××年×月×日

2.7.4　费用索赔审批表

项目监理机构收到费用索赔申请表后先进行初步审查，符合索赔条件时，由总监理工程师初步确定一个额度，然后与承包单位和建设单位进行协商。达成一致意见后，由总监理工程师签署费用索赔审批表。费用索赔审批表的格式见表1.2.40。

表1.2.40　费用索赔审批表

工程名称：×××工程　　　　　　　　　　　　　　　　　　　　　　编号：××

致：×××建筑公司（承包单位）

根据施工合同条款第×条的规定，你方提出的__因建设单位提出的工程变更造成工程费用增加__费用索赔申请（第×号），索赔金额（大写）××万元，经我方审核评估：

☐　不同意此项索赔。

☑　同意此项索赔，金额为（大写）××万元。

同意/不同意索赔的理由：

该项变更是合同外增加的项目，其费用应由建设单位承担。

索赔金额的计算：（略）

项目监理机构：××监理公司××项目部
总监理工程师：×××
日　　期：××年×月×日

2.7.5　工程最终延期审批表

当工程接近完工时，承包单位需要统计汇总各阶段“工程临时延期审批表”中总监理工程师所批准的临时延期总和，并提交最终的工程延期申请表，以取得最终的工程延期确认，从而获得合理延期后的总工期。项目监理机构应复查工程延期及临时延期情况，与建设单位和承包单位协商一致后，由总监理工程师签署工程最终延期审批表。其格式见表1.2.41。

表1.2.41　工程最终延期审批表

工程名称：×××工程　　　　　　　　　　　　　　　　　　　　　　编号：××

致：×××建筑公司（承包单位）

根据施工合同条款第×条的规定，我方对你方提出的异常气候（非承包单位）工程延期申请（第×号）延长工期××日历天的要求，经过审核评估：

☑最终同意工期延长××日历天。使竣工日期（包括已指令延长的工期）从原来的××年×月×日延迟到××年×月×日。请你方执行。

☐不同意延长工期，请按约定竣工日期组织施工。

说明：

项目监理机构：××监理公司××项目部
总监理工程师：×××
日　　期：××年×月×日

2.7.6 工程变更单

当工程发生变更时，无论是哪一方提出，均要求以“工程变更单”的形式由建设、监理、设计、施工单位四方签字盖章方可生效。工程变更单的形式见表1.2.42。

表1.2.42 工程变更单

工程名称：×××工程　　　　编号：××

致：××监理公司(监理单位)

根据甲方及消防审核的要求，兹提出：1.大卖场一楼及二楼仓库、扶梯周围及沉降缝处原来的实体墙部分改为特级防火卷帘门；2.小高层部分电梯前室防火卷帘改为乙级木质防火门工程变更(增加内容见附件)，请予以审批。

附件：

防火卷帘门：一楼，3樘；二楼仓库，3樘；二楼沉降缝处，9樘；二楼扶梯周围，5樘

木质防火门：电梯前室，9樘

请业主、监理给予核实！

(附件共×页)

承包单位项目经理部(章)：×××建筑公司××项目部

项目经理：×××

日　　期：××年×月×日

一致意见：

同意实施该变更。

建设单位代表	设计单位代表	项目监理机构
签字：×××	签字：×××	签字：×××
日期：××年×月×日	日期：××年×月×日	日期：××年×月×日

2.7.7 合同争议、违约报告及处理意见

合同约定仲裁条款的表述：专用合同条款与合同发生争议，由双方协商解决，协商不成，按下列第(1)或第(2)种方式解决：

(1)提交仲裁委员会仲裁；

(2)向有管辖权的人民法院起诉。

2.7.8 合同变更资料

建设工程合同变更的概念有广义和狭义之分。从广义上理解，建设工程合同的变更不仅包括合同内容的变更，还包括合同主体的变更。从狭义上理解，建设工程合同的变更仅指合同内容的变更。由于合同主体的变更实际上是合同权利和义务的转让，而且《中华人民共和国

合同法》(以下简称《合同法》)对合同变更与合同转让进行了区分,因此这里的建设工程合同的变更是指狭义上的变更,即建设工程合同内容的变更。

根据我国《合同法》的规定,建设工程合同的变更包括法定变更与协议变更两种情形。法定变更,即依据法律规定变更合同内容。协议变更,即合同当事人在合意的基础上,以协议的方式对合同的内容进行变更。

在合同变更中主要涉及发包人单方变更工程设计与建设工程合同变更的关系问题。在建设工程合同履行过程中,发包人出于各种考虑变更工程设计是常见现象,而且一般条件下也会得到承包方的同意。这里需要解决两个问题:一是发包人是否有权单方变更工程设计;二是如果发包人有权单方变更工程设计,那么这种单方变更工程设计与建设工程合同的变更有什么关系?

发包人单方变更工程设计是可以的。其理由如下。

(1)建设工程合同就其本质而言,是一种特殊的承揽合同,承包人应按照发包人的要求进行工程建设。我国《合同法》第258条规定:“定作人中途变更承揽工作的要求,造成承揽人损失的,应当赔偿损失。”依此规定,作为承揽合同的一方当事人的定作人有权变更承揽工作要求,只应承担承揽人的损失。我国《合同法》未对建设工程合同的设计变更进行明确的规定,但是依《合同法》第287条“本章没有规定的,适用承揽合同的有关规定”,发包人应有权单方变更工程设计,但要赔偿承包人相应的经济损失。

(2)国务院颁布的《建设工程勘察设计管理条例》第28条规定:“建设单位、施工单位、监理单位不得修改建设工程勘察、设计文件;确需修改建设工程勘察、设计文件的,应当由原建设工程勘察、设计单位修改。经原建设工程勘察、设计单位书面同意,建设单位也可以委托其他具有相应资质的工程勘察、设计单位修改。修改单位对修改的勘察、设计文件承担相应责任。”施工单位、监理单位发现建设工程勘察、设计文件不符合建设强制性标准、合同约定的质量要求时,应当报告建设单位,建设单位有权要求建设工程勘察、设计单位对建设工程勘察、设计文件进行补充、修改。建设工程勘察、设计文件内容需要进行重大修改的,建设单位应报原审批机关批准。此条规定很明确,作为发包人的建设单位在“确需”的条件下,是有权变更工程设计的,只是这种变更必须遵循法律规定的程序。

(3)发包人单方变更工程设计不仅要有相应的法律依据,而且在建设工程合同实施中,也应是被承包人认可的事实,而且由于工程设计上的变更一般会引起合同价款和工程工期等合同重要内容的变化,与发包人、承包人的利益密切相关,因此在建设工程合同中双方一般均会对工程设计的变更以及相应的合同价款、工程工期的变更进行约定。

发包人单方变更工程设计与建设工程合同变更的关系:发包人单方变更工程设计是建设工程合同变更的重要原因之一,但是它又不同于这里所说的建设工程合同的变更。

(1)建设工程合同的变更是发包人与承包人双方协商一致的结果,非经双方协商一致,不发生变更。但是,发包人单方变更工程设计是发包人的一项法定权利,承包人必须按发包人依法变更后的设计要求进行施工,否则就构成违约。当然,因发包人变更设计给承包人造成的损失,发包人必须予以赔偿。

(2)建设工程合同的变更,其内容涉及工程承包范围、工期、合同价款、原材料供应等,但发包人单方的变更一般仅限于工程设计。

(3)建设工程合同变更的原因是多种多样的,发包人单方变更工程设计是其中重要的原因之一。一般而言,工程设计的变更仅为一般的修改完善,而非根本性地推翻原来的设计,如果属于根本性的变更设计,将导致建设工程项目的根本性改变,其结果是建设工程合同的解除和新建设工程合同的产生,而非建设工程合同的变更。但是,发包人对工程设计的非根本性变更也会导致合同价款、工期及质量等重要内容的变更。

关于建设工程合同变更的效力,由于建设工程合同的变更是在原合同的基础上发生的变化,因此建设工程合同依法变更后,发包人与承包人应按变更后的合同履行义务,任何一方违反变更后的合同内容都属违约。同时,由于建设工程合同的变更只是原合同内容的局部变更而非全部变更,因此原合同中未变更的内容仍然继续有效,双方应继续按原合同约定的内容履行义务。

建设工程合同的变更不具有溯及既往的效力,已经履行的债务不会因合同的变更而失去法律依据。也就是说,无论是发包人还是承包人,均不得以变更后的合同条款作为重新调整双方在合同变更前的权利、义务关系的依据。

依据《中华人民共和国民法通则》第 115 条的规定,建设工程合同的变更不影响当事人要求赔偿损失的权利。

2.8 监理工作总结

2.8.1 监理专题报告

监理专题报告是施工过程中,项目监理机构就某项工作、某一问题、某一任务或某一事件向建设单位所做的书面报告。施工过程中的合同争议、违约处理等可采用监理专题报告并附有关记录解决。

监理专题报告应用标题清楚表明问题的性质,主体内容应详尽地阐述发生问题的情况、原因分析、处理结果和建议。

监理专题报告由报告人、总监理工程师签字,并加盖项目监理机构公章。

监理专题报告的主要内容如下。

(1)事件描述。

(2)事件分析。

①事件发生的原因及责任分析。

②事件对工程质量与安全的影响分析。

③事件对施工进度的影响分析。

④事件对工程费用的影响分析。

(3)事件处理。

①承包人对事件处理的意见。

②发包人对事件处理的意见。

③设计单位对事件处理的意见。

④其他单位或部门对事件处理的意见。

⑤监理机构对事件处理的意见。

⑥事件最后处理方案或结果(如果为中期报告,应描述截至目前事件处理的现状)。

(4)对策与措施。为避免此类事件再次发生或其他影响合同目标实现事件的发生,监理机构的意见和建议。

(5)其他应提交的资料和说明事项等。

2.8.2　工程质量评估报告

工程质量评估报告是工程竣工预验收后,由项目总监理工程师向建设单位提交的对工程质量进行评估的书面文件。

工程质量评估报告的内容包括工程概况、施工单位基本情况、主要采取的施工方法、工程地基基础和主体结构的质量状况、施工过程中发生的质量事故和主要质量问题、原因分析和处理结果、对工程质量的综合评估意见。

工程质量评估报告应由项目总监理工程师及监理单位的技术负责人签认并加盖公章。

2.8.3　监理工作总结

项目施工阶段的监理工作完成后,总监理工程师应组织项目监理机构人员(以专业监理工程师为主)编写监理工作总结。监理工作总结编写完成后,由总监理工程师审批并提交建设单位。编写监理工作总结既是项目监理机构自身对整个项目监理过程进行全面总结、提炼和提升自身监理工作水平的过程,也是向建设单位提交履职材料、证明自己认真履行监理合同的过程。

监理工作总结一般应包括工程概况,监理组织机构、监理人员及投入的监理设施,监理合同履行情况,监理工作成效,施工过程中出现的问题及处理情况和建议,工程照片(有必要时)等内容。

1. 工程概况

工程概况主要介绍工程名称、工程地点、施工许可证号、质量监督申报号、用地面积、建筑面积、建筑层数、建筑高度、建筑物功能、工程造价、工程类型、基础类型、结构类型、装修标准、门窗工程、楼地面工程、屋面工程、防水设计、水卫工程、电气工程、通风与空调工程、电梯安装工程等,建设单位、勘察单位、设计单位、监理单位、承包单位(含分包单位)名称,开工日期、竣工日期等内容。

2. 监理组织机构、监理人员及投入的监理设施

(1)项目监理部组织机构图。

(2)各专业监理人员一览表(见表1.2.43)。

表 1.2.43　建筑工程各专业监理人员一览表

序号	专业类别	姓名	起止日期	证书号	岗位	备注
1	建筑与结构	×××			专监	
		×××			监理员	
2	给排水、采暖	×××			专监	
3	通风空调	×××			监理员	
4	电气	×××			监理员	
5	投资	×××			监理员	
6	资料	×××			监理资料员	
7	其他					
小计						

(3)监理工作设施的投入情况(检测工具、计算机及辅助设备、摄像器材等)。

3. 监理合同履行情况

监理合同履行情况应进行总体概述,并详细描述质量、进度、投资控制目标的实现情况;建设单位提供的监理设施的归还情况;如委托监理合同执行过程中出现纠纷,应叙述主要纠纷事实,并说明通过友好协商取得合理解决的情况。

4. 监理工作成效

监理工作成效主要叙述工程质量、进度、投资三大控制目标及其完成情况,对此所采取的措施及做法;监理过程中往来的文件、设计变更、报审表、命令、通知等的名称、份数;质保资料的名称、份数;独立抽查项目质量记录份数;工程质量评定情况;合理化建议产生的实际效果情况。

5. 施工过程中出现的问题及处理情况和建议

这部分内容主要说明在施工过程中出现的问题、对所出现问题的处理情况以及给出的对策和建议。

6. 工程照片(有必要时)

工程照片主要包括:各施工阶段有代表性的照片,尤其是隐蔽工程、质量事故的照片,使用新材料、新产品、新技术的照片等,每张照片都要有简要的文字材料,能准确说明照片中的内容,如照片类型、位置、拍照时间、作者、照片编号等。工程照片具体包括:①开工前地形地貌及周边环境照片;②基础施工照片;③主体施工照片;④装饰装修施工照片;⑤竣工照片(室内、外)等。

对于国家、市级重点工程、特大型工程、专业特种工程等应摄制声像材料,要求能反映工程建设的全过程,如原地貌、奠基、施工过程控制、竣工验收等内容。声像材料应附有注明工程项目名称及影音内容的文字材料。

监理工作总结范例见附录 E。

2.9　小结

本任务介绍了工程项目建设中建设监理资料的组成，重点介绍了监理单位文件资料的分类、监理单位资料管理的流程以及施工阶段进度控制、质量控制、造价控制、分包资质、合同管理以及监理工作总结等常见监理资料的内容、表格形式及填写方法。学生应重点掌握各种监理资料的内容及表格填写方法。

任务3　建筑工程施工资料组成

3.1　施工资料管理流程

3.1.1　施工资料管理总流程

工程项目的实施有一定的客观规律，对于施工而言，有一个开工、施工、检查验收、竣工的过程。在这个过程中，人们开展工作，建造出工程实体。因此，一个工程的施工资料要与工程的施工活动紧密结合起来，工程资料不能脱离工程实体而存在，工程资料要与工程实体的进展和实际开展的工作活动相对应，每开展一项活动、每修建一个实体，都要及时留下真实、有效、完整、合法的记录和资料。

工程施工资料主要包括两方面的资料：一是为便于开展工作而编制的资料（即工作资料，如组织机构、人员、管理制度、方案、会议、工作过程记录等）；二是关于工程实体的资料（即工程实体资料，如材料、构配件、见证取样、试件制作及试验资料等。施工资料管理总流程见图 1.3.1。

3.1.2　施工物资资料管理流程

在工程项目建设过程中，施工单位要负责制订物资供应计划，与材料供应单位签订供货合同，对进场物资进行自检和抽检，收集和整理质量证明文件、进场检验报告，向监理机构申请报验，进行物资处理（合格材料投入使用，不合格材料退货或按合同处理）等工作。这些工作贯穿整个工程施工过程，涉及所有进场材料、构配件和设备，对工程质量和成本控制有重要影响。因此，需要按科学合理的管理流程进行管理。施工物资资料管理流程见图 1.3.2。

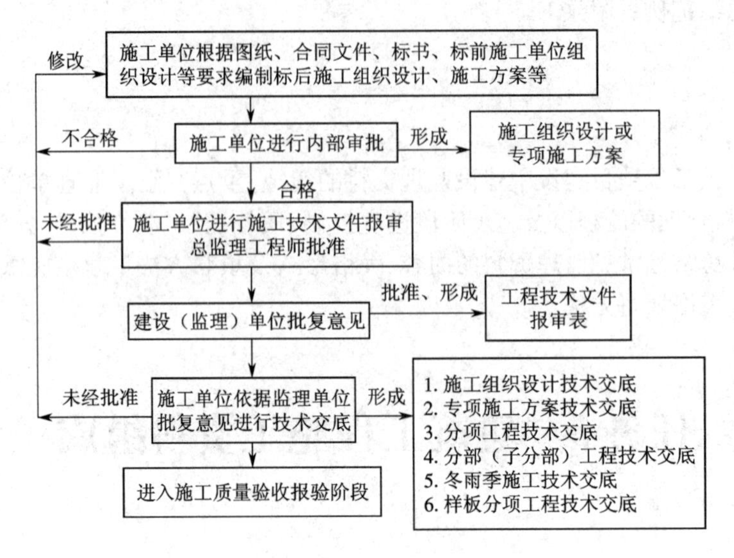

图 1.3.1　施工资料管理总流程

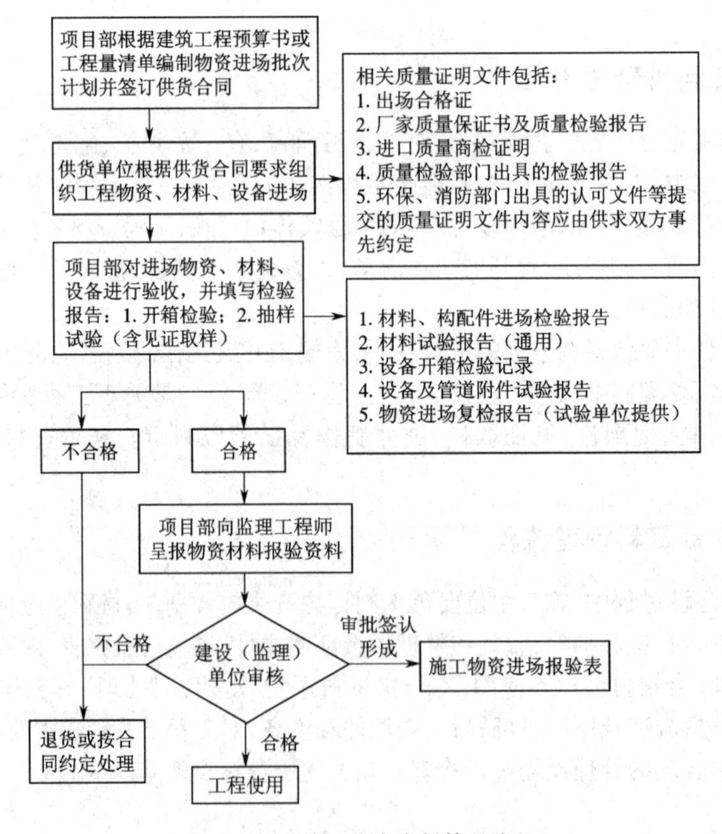

图 1.3.2　施工物资资料管理流程

3.1.3　检验批质量验收资料管理流程

检验批质量验收资料管理流程见图1.3.3。

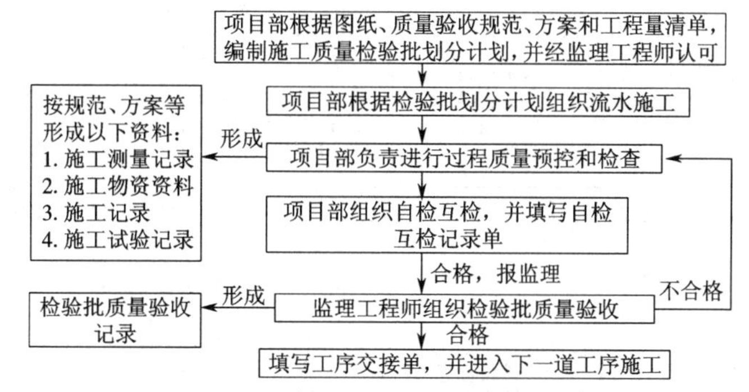

图1.3.3　检验批质量验收资料管理流程

3.1.4　分项工程质量验收资料管理流程

分项工程质量验收资料管理流程见图1.3.4。

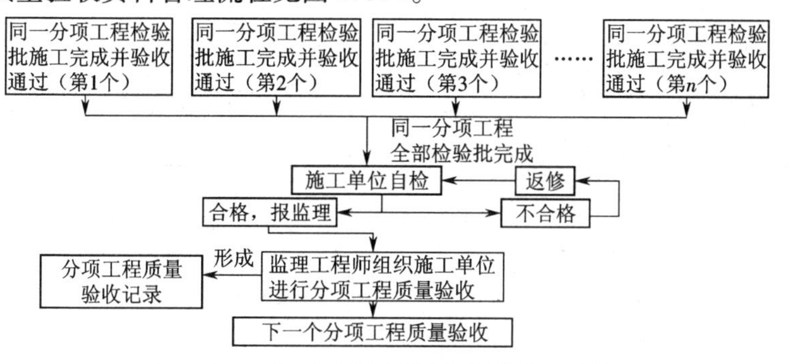

图1.3.4　分项工程质量验收资料管理流程

3.1.5　分部(子分部)工程质量验收资料管理流程

分部(子分部)工程质量验收资料管理流程见图1.3.5。

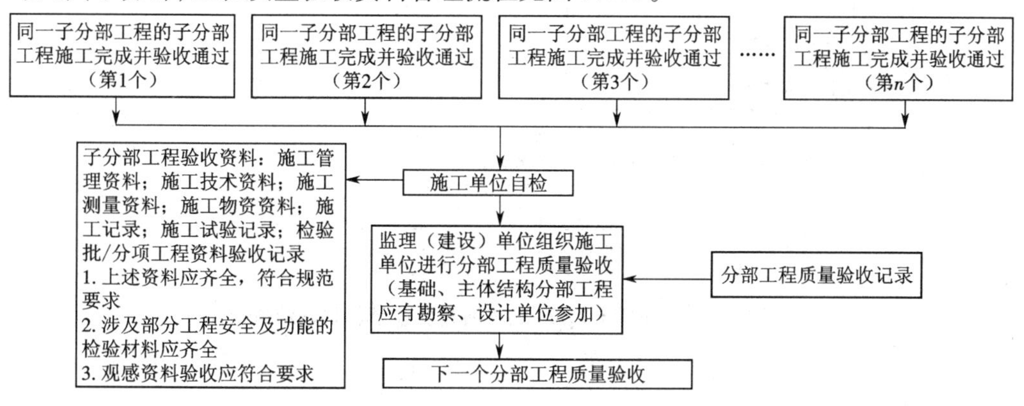

图1.3.5　分部(子分部)工程质量验收资料管理流程

3.1.6 单位(子单位)工程质量验收资料管理流程

单位(子单位)工程质量验收资料管理流程见图 1.3.6。

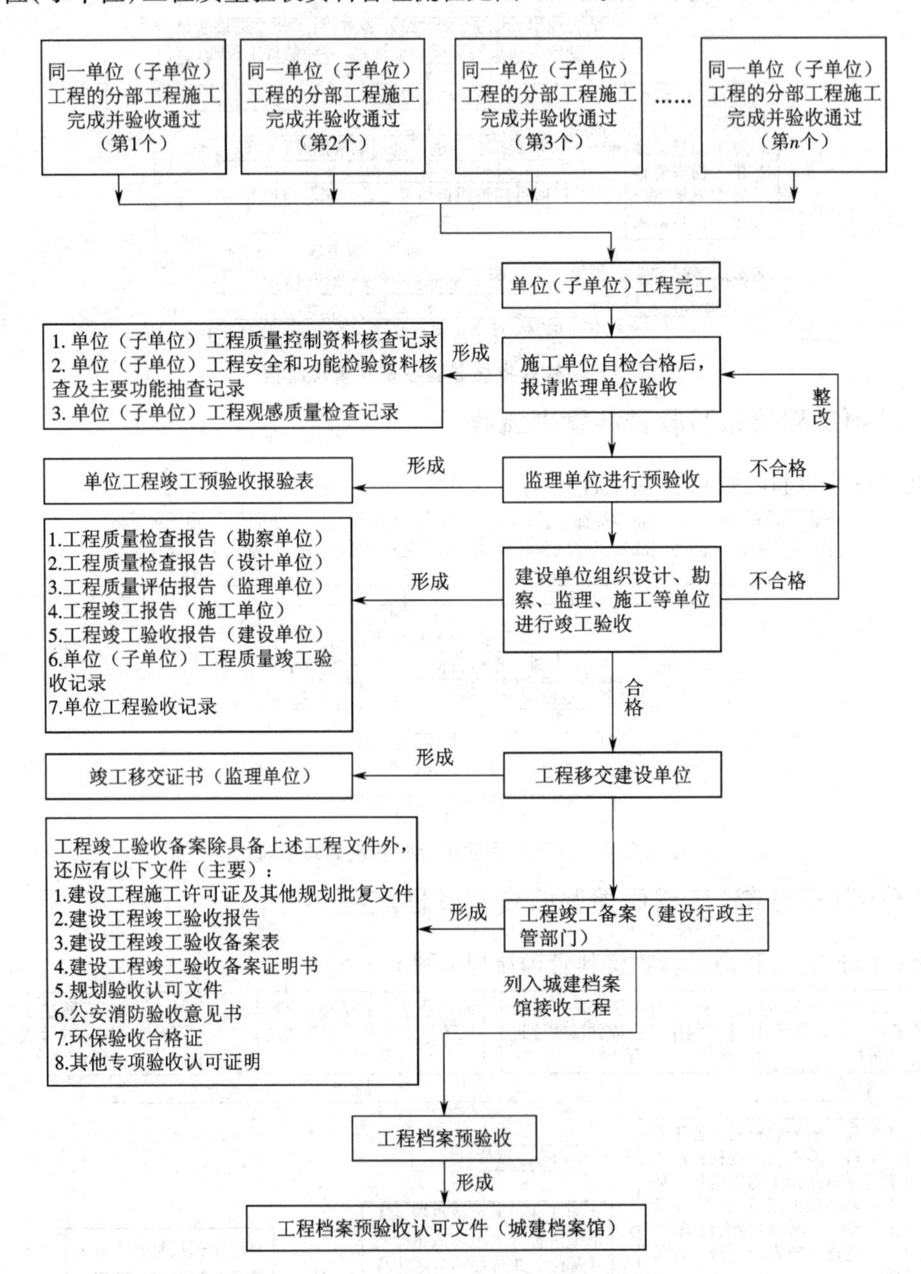

图 1.3.6 单位(子单位)工程质量验收资料管理流程

3.2　施工管理资料

施工管理资料是在施工过程中形成的反映工程组织、管理和监督等情况的资料，一般指施工单位制定的管理制度，施工方案，控制质量、安全、工期的措施，人员、物资组织管理等方面的资料，具体包括工程概况表、工程地质勘察报告、工程项目施工管理人员名单、施工现场质量管理检查记录、施工组织设计、施工方案审批表、开工报告、工程竣工报告、施工日志、工程质量事故调查表、建设工程质量事故报告、施工招标文件、施工总承包合同及分包合同、工程预(决)算书、其他资料等。

3.2.1　开工报告

开工报告是指承包单位在施工准备工作就绪后，所填写并向项目监理机构提交的开工申请文件。开工报告格式见表1.3.1。

表1.3.1　单位(子单位)工程开工报告

工程名称	×××工程		工程地址	××市××区××路	
建设单位	×××房地产开发有限公司		勘察单位	×××勘察公司	
设计单位	×××建筑设计院		监理单位	×××监理公司	
施工单位	×××建筑公司		总监理工程师	×××	
建筑面积	×××m^2		结构类型	砖混结构	
预算造价	××万元		计划总投资	××万元	
合同工期	××天	计划开工日期	××年×月×日	计划竣工日期	××年×月×日
资料与文件	准备(落实)情况				
批准的建设立项文件或年度计划	已具备				
征用土地批准文件及红线图	已具备				
规划许可证	已具备				
设计文件及施工图审查报告	已具备				
投标、中标文件	已具备				
施工许可证	已具备				
施工合同协议书	已具备				
资金落实情况的文件资料	已具备				
“三通一平”的文件资料	已具备				
施工方案及现场平面布置图	已具备				
主要材料、设备落实情况	已落实				

续表

申请开工意见：
经自查，已具备开工条件，申请开工。

施工单位（公章）
项目经理：×××
××年×月×日

监理单位审批意见：
经现场检查和资料审查，已达到开工条件，同意开工。

监理单位（公章）
总监理工程师：×××
××年×月×日

建设单位审批意见：
同意开工。

建设单位（公章）
项目负责人：×××
××年×月×日

3.2.2 施工现场质量管理检查记录

在工程开工之前，承包单位要成立项目部，组建项目管理班子，配备项目管理人员，制定一系列管理制度，建立和完善施工现场质量管理体系。为了能够顺利开工，承包单位要认真检查施工现场质量管理体系，填写施工现场质量管理检查记录，并报监理机构审批。施工现场质量管理检查记录见表1.3.2。

表1.3.2 施工现场质量管理检查记录

工程名称	×××工程	施工许可证号	×××		
建设单位	×××开发公司	项目负责人	×××	联系电话	×××
勘察单位	×××勘察设计院	项目负责人	×××	联系电话	×××
设计单位	×××建筑设计院	项目负责人	×××	联系电话	×××
监理单位	×××监理公司	总监理工程师	×××	联系电话	×××
		见证人	×××	联系电话	×××
施工单位	×××建设工程有限责任公司	建造师	×××	联系电话	×××
		项目技术负责人	×××	联系电话	×××
		质量检查员	×××	联系电话	×××
施工图审查机构	×××审图事务所			联系电话	×××

续表

序号	项目	内容
1	施工质量管理制度	质量例会制度，三检及交接检制度，质量与经济挂钩制度，图纸会审、技术交底的审批制度
2	施工质量责任制	岗位责任制、设计交底制、技术交底制、胸卡制
3	主要专业工种操作上岗证书	测量工、起重工、电工、焊工
4	分包方资质与对分包单位的质量管理制度	分包单位专业资质，分包单位的管理制度，总包单位对分包单位的质量技术的管理制度
5	施工图审查情况（含修改意见）	施工图审查机构出具的审查报告及审查批准书
6	地质勘察资料	地质勘察报告
7	施工组织设计、施工方案及审批	施工组织设计和施工方案的编制、审核、审批手续齐全
8	施工技术标准	施工技术标准
9	工程质量检验制度	原材料、设备进场检验制度，施工试验检验制度，抽测项目的检测制度等
10	搅拌站及计量设置	搅拌站的管理制度，计量设施的控制措施
11	现场材料和设备进厂检验、存放与管理	各种原材料的管理制度（如钢材、砂、石、水泥及玻璃等）
12	见证取样和送检计划、检验批划分计划	有见证取样和送检计划及检验批划分计划

合同质量要求简述：
合格。具体要求略。

监理（建设）单位检查结论：
施工现场质量管理体系健全，各项管理制度已建立，分包单位资质及人员上岗证均具备，施工组织设计已报批，各项资料齐全、有效。已具备开工条件。

总监理工程师（建设单位项目负责人）：×××
××年×月×日

说明：本表由施工单位填写，总监理工程师（建设单位项目负责人）进行检查，并做出检查结论，符合要求后方可开工。

3.2.3　施工日志

施工日志是对建筑工程整个施工阶段的施工组织管理、施工技术等有关施工活动和现场情况变化真实的综合性记录，也是处理施工问题的备忘录和总结施工管理经验的基本素材。

施工日志可按单位、分部工程或施工工区（班组）建立，由专人负责收集、填写、保管。其主要内容包括：材料消耗记录、施工进展情况记录；施工是否正常；外界环境、地质变化情况；有无意外停工；有无质量问题；施工安全情况；监理到场及对工程认证和签字情况；有无上级或监理指令及整改情况等。

1. 填写内容

(1)在首页上单独描述工程的基本概况，主要包括设计概况、主要施工负责人、技术负责人、质检工程师、监理工程师、开工及竣工日期等。

(2)按施工先后顺序每日如实记录工程形成的全过程。

①日期、天气、气温、工程名称、施工部位、施工内容。

②主要的施工方法、施工组织，管理人员、技术人员及工人到位情况，各劳务班组人员数量及持证情况。

③使用机械到场及运行情况，主要材料规格、数量及工地检查情况(含进场材料的检查验收及抽检试验)。

④安全、质量、技术交底和施工测量情况。

⑤每日完成的主要工程数量及其安全、质量情况。

⑥开展的工序交接、隐蔽工程验收(含停工、复工、返工)情况及结论。

⑦施工中发生的问题(如变更，在紧急情况下采取的特殊措施及施工方法，工程事故原因分析、吸取的教训和采取的处理措施等)。

⑧检查人员对工程施工所做的决定或建议，有关领导在技术方面的建议或决定，主管部门检查发现的问题及处理结果。

⑨召开会议的情况。

⑩其他特殊情况(如停电、停水、停复工、灾害等)的记录，冬、雨、夜施工措施，环保、水保措施等。

2. 格式

施工日志的格式见表 1.3.3。

表 1.3.3　施工日志

工程名称	×××工程		施工单位	××建筑公司
项目 时间	天气情况	风力	最高/最低温度(℃)	备注
白天	晴	2～3 级	24/20	
夜间	阴	3～4 级	18/14	
生产情况记录(项目部位、机械作业、班组作业、生产存在问题等)： 地上 11 层施工 1. 地上 11 层楼板钢筋绑扎，各工种进行预埋件管线及接线盒等固定，塔吊作业(××型号)，钢筋班组 16 人。 2. 存在问题：地上 11 层卫生间部位，因设计单位提出对该部位施工图纸进行修改，待设计变更通知单下发后，再组织有关人员施工。				

续表

<table>
<tr><td colspan="6">技术质量安全工作记录(技术质量安全活动、技术质量安全问题、检查评定验收等):
1. 建设、设计、监理、施工等单位在现场召开技术质量安全工作会议。
参加会议人员:××× ××× ××× ××× ×××(职务)等。
2. 会议决定:
15层楼盖结构于×月×日前完成。
3. 安全生产方面:
由公司安全部部长带领2人对工地进行安全大检查,重点是“三宝四口五临边”,检查全面到位,无安全隐患。</td></tr>
<tr><td colspan="6">材料、构配件进场记录:
今日进场HRB335钢筋20 t,HRB400钢筋20 t。</td></tr>
<tr><td>工程负责人</td><td>×××</td><td>记录人</td><td>×××</td><td>日期</td><td>××年×月×日星期×</td></tr>
</table>

3. 填写注意事项

(1)施工日志是重要的工程施工技术履历档案,由单位工程技术负责人按单位工程或单项工程分别进行记录,并纳入竣工文件;不得几项工程混合或交叉填写;人员调动时,应办理交接手续,确保施工日志的连续性。

(2)从单位工程开工至竣工逐日记录,其中开工前的准备工作,如征地拆迁、施工放线、原材料试验、机具设备进场等,可于开工日前进行一次详细记录。

(3)填写人应随工程进度及时搜集该工程日志的填写资料,同时要求测量、试验、材料、机电、安技、领代班人员等提供相关资料。

(4)填写要及时、准确、系统、全面,字迹清楚,一目了然,同时应绘制必要的图表,如孔桩图的桩号、涵洞图的分节、隧道岩层的分界等。

(5)施工日志记录应详略得当、突出重点,着重记录与工程质量形成过程有关的内容,确保工程质量具有可追溯性,与工程施工和质量形成无关的内容不得写入其中。

(6)施工日志中记录的问题必须有纠正和验证记录,做到问题闭合。

(7)记录过程中应妥善保管施工日志,不得随意涂改;工程竣工后,施工日志应作为一项重要的原始技术资料与其他竣工文件一并交建设单位存档。

3.3 质量控制管理资料

3.3.1 施工技术资料

施工技术资料是施工单位在施工过程中形成的,用于指导正确、规范、科学施工的文件以及反映工程变更情况的正式文件,包括单位工程施工组织设计(施工方案)报审表、专项施工方案及专项施工方案专家论证审查报告、技术和质量交底记录、设计交底与图纸会审记录、设计变更通知单、工程洽商记录、技术联系(通知)单等。

1. 单位工程施工组织设计(施工方案)报审表

施工组织设计是承包单位在工程开工前为工程所做的施工组织、施工工艺、施工计划等方面的设计,是用于全面指导工程施工过程中各项活动的技术、经济和组织的综合性文件。施工组织设计的内容主要有:①工程概况;②施工部署;③施工方案;④施工进度计划;⑤资源需求计划;⑥施工准备工作计划;⑦施工平面图;⑧施工技术组织措施计划;⑨项目风险管理计划;⑩项目信息管理;⑪技术经济指标的计算与分析。

施工组织设计应内容齐全,步骤清楚,层次分明,反映工程特点,编制及时,有保证工程质量的技术措施,必须在开工前编制并报审完成,报审同意后执行并下发交底。施工组织设计(施工方案)报审表形式见表 1.3.4。

表 1.3.4　施工组织设计(施工方案)报审表

<table>
<tr><td>工程名称</td><td colspan="2">×××工程</td><td colspan="2">施工单位</td><td>×××建筑公司</td></tr>
<tr><td rowspan="3">编制单位</td><td colspan="2" rowspan="2">现报上×××工程施工组织总设计/施工组织设计/施工方案文件,请予以审查</td><td colspan="2">主　编</td><td>×××</td></tr>
<tr><td colspan="2">编制人</td><td>×××</td></tr>
<tr><td colspan="2">工程项目部/专业分包施工单位(盖章)</td><td colspan="2">技术负责人</td><td>×××</td></tr>
<tr><td rowspan="2">审核单位</td><td colspan="5">总承包单位审核意见:
本工程施工组织设计已经过项目部自审和修改,公司技术负责人已审查和签字,且已盖公司公章,资料规范,手续完备。自审合格,请项目监理机构审查。
××年×月×日</td></tr>
<tr><td>总承包单位(盖章)</td><td>审核人</td><td>×××</td><td>审批人</td><td>×××</td></tr>
<tr><td rowspan="3">审查单位</td><td colspan="5">监理审查意见:
施工组织设计内容齐全,措施到位,针对性强,进度安排合理,签字、盖章手续完备,同意按此施工组织设计实施。
监理审查结论:　■同意实施　□修改后报　□重新编制</td></tr>
<tr><td rowspan="2">监理单位(盖章)</td><td>专业监理工程师</td><td colspan="2">×××</td><td>日期:××年×月×日</td></tr>
<tr><td>总监理工程师</td><td colspan="2">×××</td><td>日期:××年×月×日</td></tr>
</table>

2. 专项施工方案及专项施工方案专家论证审查报告

依据《建设工程安全生产管理条例》第 26 条的规定:“施工单位应当在施工组织设计中编制安全技术措施和施工现场临时用电方案。”《危险性较大工程安全专项施工方案编制及专家论证审查办法》(建质〔2004〕213 号)规定,对下列达到一定规模的危险性较大的分部分项工程应编制专项施工方案,并附安全验算结果,经施工单位技术负责人、总监理工程师签字后实施,由专职安全生产管理人员进行现场监督:①基坑支护与降水工程;②土方开挖工程;③模板工程;④起重吊装工程;⑤脚手架工程;⑥拆除、爆破工程;⑦国务院建设行政主管部门或者其他有关部门规定的其他危险性较大的工程。

对于上述所列工程中涉及深基坑、地下暗挖工程、高大模板工程、爆破工程等危险性较大的专项施工方案,施工单位还应当组织专家进行论证、审查。

建筑施工企业应当组织专家组进行论证、审查的工程有以下几种情况。

(1)深基坑工程,指开挖深度超过 5 m(含 5 m)或地下室 3 层以上(含 3 层),或深度虽未超过 5 m(含 5 m),但地质条件和周围环境及地下管线极其复杂的工程。

(2)地下暗挖工程,指地下暗挖及遇有溶洞、暗河、瓦斯、岩爆、涌泥、断层等地质复杂的隧道工程。

(3)高大模板工程,指水平混凝土构件模板支撑系统高度超过 8 m 或跨度超过 18 m,施工总荷载大于 10 kN/m^2 或集中线荷载大于 15 kN/m 的模板支撑系统。

(4)30 m 及以上高空作业的工程。

(5)大江、大河中深水作业的工程。

(6)城市房屋拆除爆破和其他土石大爆破工程。

建筑施工企业应当组织不少于 5 人的专家组,对已编制的安全专项施工方案进行论证审查。安全专项施工方案专家组必须提出书面论证审查报告,施工企业应根据论证审查报告进行完善,施工企业技术负责人、总监理工程师签字后,方可实施。专家组书面论证审查报告应作为安全专项施工方案的附件,在实施过程中,施工企业应严格按照安全专项施工方案组织施工。

危险性较大分部分项工程安全专项施工方案专家论证审查表格式见表 1.3.5。

表 1.3.5　危险性较大分部分项工程安全专项施工方案专家论证审查表

<table>
<tr><td colspan="8">一、工程基本情况</td></tr>
<tr><td>工程名称</td><td colspan="3">×××工程</td><td>地点</td><td colspan="3">××市××区××路××号</td></tr>
<tr><td>建筑面积</td><td>××</td><td>m^2</td><td>结构</td><td>框架</td><td>层数</td><td>18</td><td>层</td></tr>
<tr><td>建设单位</td><td colspan="2">××开发公司</td><td>施工总承包单位</td><td colspan="2">××建筑集团公司</td><td>专业承包单位</td><td>××建筑公司</td></tr>
<tr><td colspan="8">超过一定规模的危险性较大的分部分项工程类别:开挖深度超过 5 m 的深基坑工程</td></tr>
<tr><td>■深基坑</td><td colspan="2">□模板工程及支撑体系</td><td colspan="2">□起重吊装及安装拆卸工程</td><td>□脚手架</td><td>□拆除、爆破工程</td><td>□其他</td></tr>
<tr><td colspan="2">危险性较大工程基本情况</td><td colspan="6">基坑深度达到 8 m,三面有高层建筑,一面临市政道路</td></tr>
<tr><td colspan="8">拟采用深基坑支护体系进行支撑和开挖施工,已编制深基坑支护及开挖专项施工方案</td></tr>
<tr><td colspan="8">二、参加专家论证会的有关人员(签名)
×××　×××　×××　×××　×××</td></tr>
</table>

续表

类别	姓名	单位(全称)	学历与专业	职务、职称	手机
专家组组长	×××	×××	×××	×××	×××
专家组成员	×××	×××	×××	×××	×××
	×××	×××	×××	×××	×××
	×××	×××	×××	×××	×××
	×××	×××	×××	×××	×××
建设单位项目负责人或技术负责人	×××	×××		×××	×××
监理单位项目总监理工程师	×××	×××		×××	×××
监理单位专业监理工程师	×××	×××		×××	×××
施工单位安全管理机构负责人	×××	×××		×××	×××
施工单位工程技术管理机构负责人	×××	×××		×××	×××
施工单位项目负责人	×××	×××		×××	×××
施工单位项目技术负责人	×××	×××		×××	×××
专项方案编制人员	×××	×××		×××	×××
项目专职安全生产管理人员	×××	×××		×××	×××
设计单位项目技术负责人	×××	×××		×××	×××
其他有关人员	×××	×××		×××	×××

三、专家组审查综合意见及修改完善情况

专家组审查意见	同意修改后实施。

略

论证结论	□通过	■修改通过	□不通过
专家签名		专家组组长(签名)	×××
××× ××× ××× ××× ×××			××年×月×日

续表

施工单位就专家论证意见对专项方案的修改情况(对专家提出的意见逐条回复,可另附页):
略

专业承包单位(公章)	×××公司	施工总承包单位(公章)	×××建筑公司
项目负责人(签名)	×××	项目负责人(签名)	×××
单位技术负责人(签名)	×××	单位技术负责人(签名)	×××
日期	××年×月×日	日期	××年×月×日

监理单位对修改情况的审核意见:
同意按专家组意见进行修改,修改后报监理机构审批。

专业监理工程师(签名)	×××	总监理工程师(注册章)	×××
日期	××年×月×日	日期	××年×月×日

建设单位对修改情况的核验意见:
同意专家组修改意见,修改后按程序报监理机构审批,监理机构审批后再报建设单位审批。

项目负责人(签名)	×××	(公章)	
		日期	××年×月×日

3. 技术和质量交底记录

为了保证分部分项工程质量,在施工过程中,承包单位技术管理人员要向分包单位技术管理人员进行技术和质量交底,分包单位技术管理人员要向劳务公司操作人员进行技术和质量交底。交底的目的主要是向分包单位技术管理人员及施工操作人员交代清楚工作的范围、内容、程序、标准及验收要求,具体包括:工程中的关键性施工技术问题;保证施工质量的施工方法、技术措施和安全措施、施工质量标准及验收规范的有关条文;施工图中必须注意的尺寸、标高、轴线及预埋件、预留孔位置;设计变更的具体情况;质量和安全操作要求等。交底完成后,交底人员和接受交底人员要在交底记录上签字。质量技术交底记录格式见表1.3.6。

表1.3.6　质量技术交底记录

建设单位名称	×××房地产开发有限公司	交底人	×××
工程项目名称	×××花园2#楼	接受交底班组长	×××
施工单位名称	×××建筑有限公司	记录人	×××
分部分项名称	钢筋加工与安装工程	交底日期	××年×月×日

续表

交底内容：

1. 钢筋的制作及安装应严格按照设计图纸和有关变更通知书进行下料、制作和绑扎。

2. 钢筋工程要严格按照国家相应标准和行业规范进行施工，严格按照《工程建设标准强制性条文》进行施工。

3. 严禁钢筋承包班组以次充优、以长充短、以小充大和以疏充密，不得有偷工减料等有损职业道德的丑行。

4. 钢筋的级别和规格需变更时，应征得设计人员的同意并办理设计变更正式手续。

5. 钢筋采购进场应有出厂合格证，并应在监理工程师见证下，按规定数量随机抽样并送有资质的检测中心检验。

6. 钢筋试件通过力学性能检验后，其结果符合质量标准（包括一、二级抗震结构的强屈比）后方可使用。

7. 所有钢筋应平直、无损伤，表面不得有裂纹、油污、颗粒状或片状老锈。

8. Ⅰ级钢筋末端应制成180°弯钩，其弯弧内径不应小于钢筋直径的2.5倍，平直段长度不小于钢筋直径的3倍。

9. 所有框架和非框架的柱、梁箍筋的弯钩均应制成135°的抗震弯钩，弯钩的平直段长度不得小于钢筋直径的10倍。

10. 同一纵向受力钢筋不得设置2个接头（接头应设置在结构受内力较小的部位），接头末端至钢筋弯起点的距离不应小于钢筋直径的10倍。

11. 同一连接区段，纵向受力钢筋接头面积百分率在受拉区不超过50%，接头不设在梁端、柱端的箍筋加密区。

12. 纵向受力钢筋搭接接头连接区段长度为1.3倍搭接长度，该区段内梁板接头面积不超过25%，柱不超过50%。

13. 钢筋焊接前必须根据施工条件进行试焊，合格后方可施焊，焊工必须持证上岗。

14. 安装钢筋时，配置的钢筋级别、直径、根数和间距均应符合设计要求。

15. 绑扎或焊接的钢筋骨架不得有变形、松脱和开焊，钢筋绑扎接头处应在中心和两端扎牢（即绑扎三步）。

16. 钢筋保护层应采用预制的水泥砂浆垫块或钢筋制成的垫椅进行垫置（梁侧和柱侧均要绑上砂浆垫块）。

17. 板主筋应全长伸入梁支座，梁钢筋末端90°锚固段长度应足够，柱梁交接处的柱加密箍筋间距应均匀且足量。

18. 钢筋制作与安装的误差应控制在施工规范允许的范围内，要求班组做到该分项实测合格率达到90%及以上。

19. 每次钢筋的验收，班组长（承包人）均应自觉参加，并对存在的问题及时进行整改，不得延误工程进度。

技术负责人	×××	交底人	×××	接受交底人	×××

本表由施工单位填写，交底单位与接受交底单位各保存一份。

4. 设计交底与图纸会审记录

1）设计交底与图纸会审的目的

为了使参与工程建设的各方了解工程设计的主导思想、建筑构思和要求、采用的设计规范、确定的抗震设防烈度和防火等级、基础、结构、内外装修及机电设备设计，对主要建筑材料、构配件和设备的要求，所采用的新技术、新工艺、新材料、新设备的要求以及施工中应特别注意的事项，掌握工程关键部分的技术要求，保证工程质量，设计单位必须依据国家设计技术管理的有关规定，对提交的施工图纸进行系统的设计技术交底。同时，为了减少图纸中的差错、遗漏和矛盾，将图纸中的质量隐患与问题消除在施工之前，使设计施工图纸更符合施工现场的具体要求，避免返工浪费。在施工图设计技术交底的同时，监理部、设计单位、建设单位、施工单位及其他有关单位需对设计图纸在自审的基础上进行会审。设计交底与图纸会审是保证工程质量的重要环节，是保证工程质量的前提，也是保证工程顺利施工的主要步骤。监理单位和各有关单位应当充分重视。

2）设计交底与图纸会审应遵循的原则

（1）设计单位应提交完整的施工图纸：各专业相互关联的图纸必须提供齐全、完整，对施工单位急需的重要分部分项专业图纸也可提前交底与会审，但在所有成套图纸到齐后需再统一交底与会审。图纸会审不可遗漏，施工过程中另补的新图也应进行交底和会审。

（2）在设计交底与图纸会审之前，建设单位、监理部及施工单位和其他有关单位必须事先指定主管该项目的有关技术人员看图自审，初步审查本专业的图纸，进行必要的审核和计算工作，各专业图纸之间必须核对。

（3）设计交底与图纸会审时，设计单位必须派负责该项目的主要设计人员出席。进行设计交底与图纸会审的工程图纸，必须经建设单位确认；未经确认不得交付施工。

（4）凡直接涉及设备制造厂家的工程项目及施工图，应由订货单位邀请制造厂家代表到会，并请建设单位、监理部与设计单位的代表一起进行技术交底与图纸会审。

3）设计交底与图纸会审会议的组织

（1）时间：设计交底与图纸会审在项目开工之前进行，开会时间由监理部决定并发通知。参加人员应包括监理、建设、设计、施工等单位的有关人员。

（2）会议组织：根据《建设工程监理规范》的要求，项目监理人员应参加由建设单位组织的设计技术交底会，一般情况下设计交底与图纸会审会议由总监理工程师主持，监理部和各专业施工单位（含分包单位）分别编写会审记录，由监理部汇总和起草会议纪要，总监理工程师应对设计技术交底会议纪要进行签认，并提交建设、设计和施工单位会签。

4）设计交底与图纸会审工作的程序

（1）由设计单位介绍设计意图、结构设计特点、工艺布置与工艺要求、施工中的注意事项等。

（2）各有关单位对图纸中存在的问题进行提问。

（3）设计单位对各方提出的问题进行答疑。

（4）各单位针对问题进行研究与协调，制定解决办法，写出会审纪要，并经各方签字认可。

5）设计交底与图纸会审的重点

（1）设计单位资质情况，是否无证设计或越级设计；施工图纸是否经过设计单位各级人员签署，是否通过施工图审查机构审查。

（2）设计图纸与说明书是否齐全、明确，坐标、标高、尺寸、管线、道路等交叉连接是否相符，图纸内容、表达深度是否满足施工需要，施工中所列各种标准图册是否已经具备。

（3）施工图与设备、特殊材料的技术要求是否一致；主要材料来源有无保证，能否代换；新技术、新材料的应用是否落实。

（4）设备说明书是否详细，与规范、规程是否一致。

（5）土建结构布置与设计是否合理，是否与工程地质条件紧密结合，是否符合抗震设计要求。

（6）几家设计单位设计的图纸之间有无相互矛盾；各专业之间、平立剖面之间、总图与分图之间有无矛盾；建筑图与结构图的平面尺寸及标高是否一致，表示方法是否清楚；预埋件、预留孔洞等设置是否正确；钢筋明细表及钢筋的构造图表示是否清楚；混凝土柱、梁接头的钢筋布置是否清楚，是否有节点图；钢构件安装的连接节点图是否齐全；各类管沟、支吊架（墩）等间是否协调统一；是否有综合管线图，通风管、消防管、电缆桥架是否相碰。

（7）设计是否满足生产要求和检修需要。

（8）施工安全和环境卫生有无保证。

（9）建筑与结构是否存在不能施工或不便施工的技术问题，或导致质量、安全及工程费用增加等问题。

（10）防火、消防设计是否满足有关规程要求。

6）纪要与实施

（1）项目监理部应将施工图会审记录整理汇总并负责形成会议纪要，经与会各方签字同意后，该纪要即被视为设计文件的组成部分（施工过程中应严格执行），发送建设单位和施工单位，抄送有关单位，并予以存档。

（2）如有不同意见，通过协商仍不能取得统一时，应报请建设单位定夺。

（3）对会审会议上决定必须进行设计修改的，由原设计单位按设计变更管理程序提出修改设计，一般性问题经监理工程师和建设单位审定后，交施工单位执行；重大问题报建设单位及上级主管部门与设计单位共同研究解决。施工单位拟施工的一切工程项目设计图纸，必须经过设计交底与图纸会审，否则不得开工。已经交底和会审的施工图以下达会审纪要的形式确认。设计交底记录和图纸会审记录的格式见表1.3.7和表1.3.8。

表1.3.7　设计交底记录

编号：××

工程名称	×××工程	共×页　　第×页	
地　　点	××市××区××路××号	日期	××年×月×日

续表

交底内容：

（包括工程中的关键性施工图纸存在的问题；保证工程施工质量的施工方法、技术措施和安全措施；施工质量标准及验收规范的有关条文；施工图中必须注意的尺寸、标高、轴线及预埋件、预留孔位置；设计变更的具体情况；质量和安全操作要求等）

例如：

一、提出图纸的问题

1. 事务所结施03新增楼梯处XZJC5基础柱无具体轴线尺寸，请明确。

2. 事务所结施03新增楼梯处XZJC5基础墙体转角处无构造柱，建施图中有，是否以结施为准？

3. 事务所结施08中一层顶Ⓕ轴向Ⓓ轴线700 mm为JGL，根据二期结构图纸Ⓕ轴线梁宽度为300 mm，现三期加固梁宽250 mm、轴线均向内，扣除粉刷层60 mm，实际两梁中间只有90 mm宽空隙。

4. 此道梁按照结构图纸无法进行加固，建议是否取消？或取消中间侧面加固？

5. 事务所结施03、结施08中，已标示加固梁的需加固，未标加固梁的是否不需要加固？

6. 事务所建施02中，玻璃幕墙的颜色为白色，且内侧有砖墙，从外面看是否影响美观？

根据业主要求事务所一层原卫生间、茶水间、无障碍厕所、会议室1、会议室2布局尺寸按照原有设计不变，若有变化请尽快提供平面布置图。

二、图纸修订意见

1. Ⓓ轴向Ⓕ轴方向移800 mm，TZ2柱中离轴线800 mm。

2. 按图施工。

3. 等待设计确认。

4. 未标加固梁的不需要加固。

5. 颜色业主定。

6. 等待业主确认。

各单位技术负责人签字	建设单位	××房地产开发公司	×××	（建设单位公章）
	设计单位	××建筑设计院	×××	
	监理单位	××监理公司	×××	
	施工单位	××建筑公司	×××	

表1.3.8　图纸会审记录

编号：××

工程名称	×××工程			共×页　第×页	
地点	项目部会议室	记录整理人	×××	日期	××年×月×日
参加人员	×××　×××　×××　×××　×××　×××				

序号	提出的图纸问题	图纸修订意见
1	筏板①、②钢筋不到筏板边，只到剪力墙位置，是否将钢筋伸至筏板基础边？	伸至筏板基础边外缘

续表

序号	提出的图纸问题	图纸修订意见
2	图中标注的JK1、JK2尺寸与房间对应尺寸不一致,具体以哪张图标注为准?	按防建03(修)标注施工
3	××××××	××××××
4	××××××	××××××

建设单位(盖章) 技术负责人:××× ××年×月×日	设计单位(盖章) 技术负责人:××× ××年×月×日	监理单位(盖章) 技术负责人:××× ××年×月×日	施工单位(盖章) 技术负责人:××× ××年×月×日

5. 设计变更通知单

参与工程建设的任何一方提出设计变更申请后,监理单位应对设计变更引起的合同工期、质量、进度、造价等要素改变进行审查后,提出书面设计变更方案意见,交建设单位审查同意后,由建设单位交原设计单位提出设计方案及估算,然后由建设单位召集财务、监察等相关人员现场签认、核准变更事项(若单项设计变更引起工程造价增加额在5万元以下,可由建设单位自行研究确定、核准变更事项),经建设单位同意后,由原设计单位负责完成具体的设计变更工作,并签发正式的设计变更通知单(包括施工图纸)。监理单位对设计变更通知单进行核实并经建设单位批准后,对承包单位下达工程变更令,由承包单位组织实施。设计变更通知单及其汇总表的格式见表1.3.9和表1.3.10。

表1.3.9 设计变更通知单

编号:××

工程名称	××市××广场景观工程	设计单位	××建筑设计事务所
变更部位	篮球场结构	施工单位	××建筑工程有限公司
提出变更单位	××建筑设计事务所	项目负责人	×××

变更原因和内容:

1. 篮球场设计标高59.14 m,其结构层厚24 cm,也就是说结构层底标高应为58.90 m,而实际原有地面(旧篮球场)标高为58.82 m,即现地面到结构层底还有8 cm,其厚度不是一个结构层,为此基底采取加大碎石垫层的做法,即篮球场原设计为10 cm厚碎石垫层改为18 cm厚碎石垫层。

2. 考虑到混凝土基础极易受温度变化影响而开裂、变形,经甲方、现场监理、设计人员共同研究决定将篮球场混凝土基层改为沥青混凝土基层。

3. 篮球场的东侧、北侧、西侧增加排水沟,南侧增设300 mm×500 mm×80 mm(厚)混凝土路侧石。

4. 排水沟在东西两侧用ϕ150PVC管与主排水管连接,长度分别为×××和×××。

5. 篮球场围网围在排水沟的外侧,结构不变,平面尺寸为52.66+52.66+37.66+37.66=180.64 m。

6. 增加灯光球场照明灯12盏,专用线路长××m,配电箱一个。

7. 双层坐凳观光台28 m,两用垃圾箱6个。

其结构详见附图。

续表

设计单位(公章) 项目负责人:××× ××年×月×日	建设单位(公章) 项目负责人:××× ××年×月×日	监理单位(公章) 总监理工程师:××× ××年×月×日	施工单位(公章) 项目经理:××× ××年×月×日

表 1.3.10　设计变更汇总表

共×页　第×页

工程名称		×××工程	工程地点	××市××区××路××号
施工单位		×××建筑公司		
序号	变更单日期	变更主要内容		变更提出单位
1	××年×月×日	结构尺寸		建设单位
2	××年×月×日	钢筋代换		施工单位
3	××年×月×日	×××		设计单位

整理人:×××

6. 工程洽商记录

工程洽商记录由提出方填写,各参加方签字盖章认可。经各方认可的工程洽商记录与设计变更通知单具有同等效力。工程洽商记录样式见表 1.3.11。

表 1.3.11　工程洽商记录

共×页　第×页

工程名称	×××工程	编号	×××
变更部位	综合厂房一、二的墙体部分	提出日期	××年×月×日

变更原因、内容及草图:

应建设单位要求暂停综合厂房一、综合厂房二的砌体施工,其各楼层墙体将有变动(以设计变更为准)。按设计变更图对已施工完成的砌体及安装完成的构造柱、圈梁钢筋模板进行拆除。经建设、监理及施工单位三方根据实际情况及进行市场调查后协商同意,对拆除分项工程量按下列要求进行计费:

1. 墙体拆除单价套用定额计算;
2. 模板安装、拆除按每米 70 元计算(按圈梁、构造柱长度计量);
3. 钢筋安装、拆除按每米 20 元计算(按圈梁、构造柱长度计量);
4. 拆除墙体将占用工期,所产生的工期按实际情况签证(详见工期签证单)。

提出单位(公章):××建设工程有限公司
技术负责人:×××
××年×月×日

续表

	监理单位审查意见	建设单位审查意见	设计单位核定意见
签字 盖章栏	监理单位(公章) 同意变更。 总监理工程师:××× ××年×月×日	建设单位(公章) 同意变更。 项目负责人:××× ××年×月×日	设计单位(公章) 同意变更。 专业负责人:××× 项目负责人:××× ××年×月×日

本表由工程洽商提出方填写并注明原图纸号,有关单位会签并保存一份。

7. 技术联系(通知)单

技术联系(通知)单是施工单位与建设、设计、监理等单位进行技术联系与处理时使用的文件。技术联系(通知)单应写明需解决或交代的具体内容,经协商,各方同意签字后,可代替设计变更通知单。技术联系(通知)单样式见表1.3.12。

表1.3.12　技术联系(通知)单

共×页　第×页

工程名称	××工程	编号	××
施工单位	××建筑公司	日期	××年×月×日
事项	配电及消防线路布置事项		
提出内容: 1. 一层配电干线及消防布置平面图(需提供)。 2. 一至三层消报直接到泵房起泵,控制线回不回控制室?			
建设(监理)单位意见: 同意。按设计变更通知单实施。 (公章): 建设(监理)单位代表签字:××× ××年×月×日	设计单位意见: 已发出设计变更通知单,请按设计变更通知单施工。 (公章): 设计单位代表签字:××× ××年×月×日	施工单位意见: 同意。按设计变更要求抓紧施工。 (公章): 技术负责人签字:××× ××年×月×日	

×××省工程建设质量监督管理协会　×××工程质量监督站　　联合监制

3.3.2　施工测量记录

施工测量记录是在施工过程中形成的,确保建筑工程定位、尺寸、标高、位置和沉降量等满足设计要求和规范规定的资料的统称,包括工程定位测量记录,基槽(孔)验线记录,楼层平面放线记录,楼层标高抄测记录,建筑物垂直度、标高、全高测量记录,建筑物沉降观测记录等。

1. 工程定位测量记录

工程定位测量记录的样式见表 1.3.13 和表 1.3.14。

表 1.3.13　建筑物(构筑物)定位(放线)测量记录

<table>
<tr><td>工程名称</td><td colspan="4">×××工程</td><td>施工单位</td><td colspan="3">×××建筑公司</td></tr>
<tr><td>测量依据</td><td colspan="4">××施工图</td><td>测量日期</td><td colspan="3">××年×月×日</td></tr>
<tr><td rowspan="2">使用仪器</td><td>水平仪</td><td>×××</td><td rowspan="2">水准点
标高(m)</td><td>相对</td><td>×××</td><td rowspan="2">地坪
标高(m)</td><td>室内</td><td>×××</td></tr>
<tr><td>全站仪</td><td>GTS-102N</td><td>绝对</td><td>×××</td><td>室外</td><td>×××</td></tr>
</table>

定位(放线)示意图:

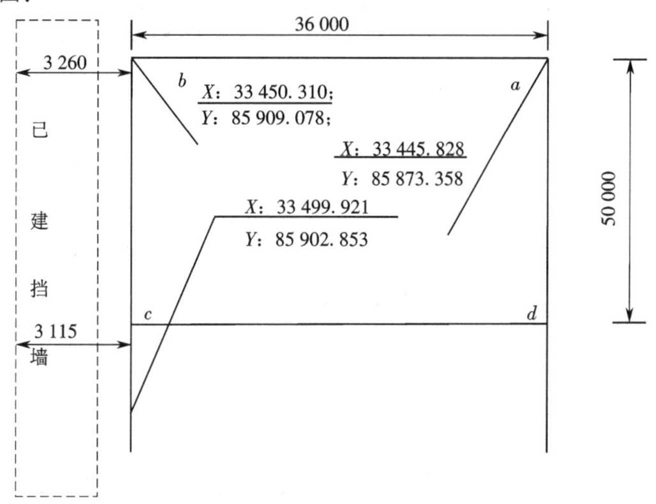

建设单位现场代表(签字):××× ××年×月×日	监理工程师注册方章(签字):××× ××年×月×日	总承包单位现场代表(签字):××× ××年×月×日	施工单位技术负责人(签字):××× 测量员(签字):××× ××年×月×日

注:本表一式四份,建设单位、监理单位、施工单位、城建档案馆各一份。

表 1.3.14　工程定位测量记录

编号:××

工程名称	×××工程	测量单位	×××测绘公司
图纸编号	×××	施测日期	××年×月×日
坐标依据	×××	复测日期	××年×月×日
高程依据	×××	使用仪器	×××
闭合差	×××	仪器检定日期	××年×月×日

续表

<table>
<tr><td colspan="6">定位示意图：
略</td></tr>
<tr><td colspan="6">抄测结果：
略</td></tr>
<tr><td rowspan="3">参加人员签字</td><td>建设(监理)单位</td><td>施工单位</td><td colspan="3">×××建筑公司</td></tr>
<tr><td rowspan="2">×××监理公司</td><td>技术负责人</td><td>测量负责人</td><td>复测人</td><td>施测人</td></tr>
<tr><td>×××</td><td>×××</td><td>×××</td><td>×××</td></tr>
</table>

本表由测量单位提供，城建档案馆、建设单位、监理单位、施工单位各保存一份。

2. 基槽(孔)验线记录

基槽(孔)验线记录是施工单位在基槽(孔)开挖完成后，进行下道工序施工前，为了确保基槽(孔)的开挖位置、尺寸、标高以及成形质量符合施工图要求，而请勘察、设计、监理、建设等单位进行复查和验收时所填写的记录。该记录表填写完成并检查无误后，要经各参与单位代表签字盖章认可。基槽(孔)验线记录的格式见表 1.3.15。

表 1.3.15　基槽(孔)验线记录

编号：××

<table>
<tr><td>工程名称</td><td colspan="4">×××工程塑胶项目 11#厂房</td><td colspan="2">日期</td><td colspan="3">××年×月×日</td></tr>
<tr><td rowspan="3">轴线部位</td><td colspan="4">平面位置</td><td rowspan="3">槽底
标高(m)</td><td rowspan="3">槽底土
质类别</td><td rowspan="3">边坡
坡度</td><td rowspan="3">积水
状况</td><td rowspan="3">备注</td></tr>
<tr><td rowspan="2">槽底
长度(cm)</td><td rowspan="2">槽底
宽度(cm)</td><td colspan="2">中心轴线偏移</td></tr>
<tr><td>偏值(mm)</td><td>方位</td></tr>
<tr><td>基础Ⓐ~Ⓓ轴</td><td>××</td><td>××</td><td>2</td><td>南</td><td>-3.5</td><td>三类</td><td>1:0.33</td><td>无</td><td></td></tr>
<tr><td>基础①~⑪轴</td><td>××</td><td>××</td><td>3</td><td>西</td><td>-3.5</td><td>三类</td><td>1:0.33</td><td>无</td><td></td></tr>
<tr><td></td><td></td><td></td><td></td><td></td><td></td><td></td><td></td><td></td><td></td></tr>
<tr><td colspan="5">存在问题及处理结果</td><td colspan="5">验槽结论</td></tr>
<tr><td colspan="5"></td><td colspan="5">各项均符合设计要求，钎探及表露地基土均与地基报告提供的一致，可以进行下一步施工。</td></tr>
</table>

续表

参加单位签字盖章	勘察单位： 项目负责人： ××年×月×日	建设单位： 项目负责人： ××年×月×日	设计单位： 项目负责人： ××年×月×日	监理单位： 总监理工程师： ××年×月×日	施工单位： 项目负责人： ××年×月×日

本表由施工单位填写，城建档案馆、建设单位、监理单位、施工单位各存一份。

3. 楼层平面放线记录

楼层平面放线记录是施工单位在下一层楼板完成并达到规定的养护强度后，在上一层墙、柱施工前对构件轴线、边线等定位尺寸施测时所填写的记录。其格式见表1.3.16。

表1.3.16　楼层平面放线记录

共×页　第×页

工程名称	××市××区综合整治项目 一期A－2#楼	日期	××年×月×日
施工单位	××市建筑安装集团有限公司	放线部位	一层
测量仪器	仪器名称：×××	检定证书编号：×××	

放线依据：

1. 定位控制点；
2. 施工图纸结施06。

放线简图：

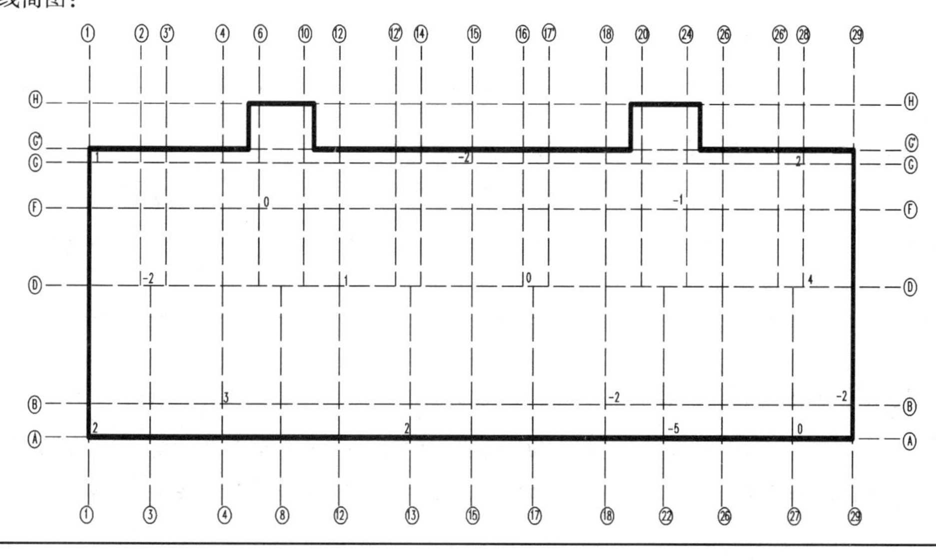

续表

检查结论： ■同意　　　□重新放样 具体意见： 符合设计和规范要求，验收合格。					
参加人员签字	建设(监理)单位	施工单位	×××建筑公司		
	×××监理公司	技术负责人	测量负责人	复测人	施测人
		×××	×××	×××	×××

本表由测量单位提供，施工单位保存。

4. 楼层标高抄测记录

楼层标高抄测记录是施工单位在进行楼层上某些部位或工序的施工时，为了保证标高上的统一性，而在墙、柱上进行测量并弹出标高控制线时所填写的记录。其格式见表1.3.17。

表1.3.17　楼层标高抄测记录

工程名称	×××工程		日期	××年×月×日	
抄测部位	地上一层①～⑬轴框架柱		抄测内容	楼层+1.000 m水平控制线	
放线依据： 1. 施工图纸及设计变更/洽商； 2. 已放好的控制桩点。					
抄测说明： 地上一层①～⑬轴柱+100 cm水平控制线，标高=1.000 m，标注点的位置设在柱上。 测量工具： 自动安平水准仪，型号DZS3-1。					
检查意见： 测量的标高数据准确，误差在允许范围内，符合设计及规范要求。					
签字栏	建设(监理)单位	施工单位	×××建筑有限责任公司		
		专业技术负责人	专业质检员		施测人
	×××监理公司	×××	×××		×××

5. 建筑物垂直度、标高、全高测量记录

建筑物竣工后，施工单位要进行建筑物垂直度、标高、全高测量并进行记录，以检查和证明建筑物空间位置的准确性及其与图纸的符合性。其形式见表1.3.18和表1.3.19。

表 1.3.18　单位工程垂直度观测记录

单位工程名称：××住宅小区 3#楼　　　　编号：××

轴线名称：Ⓐ轴				轴线名称：Ⓖ轴				轴线名称：①轴				轴线名称：⑰轴			
楼层	观测日期	本层偏差	累计偏差	楼层	观测日期	本层偏差	累计偏差	楼层	观测日期	本层偏差	累计偏差	楼层	观测日期	本层偏差	累计偏差
一层	××年×月×日	0	0	一层	××年×月×日	0	0	一层	××年×月×日	0	0	一层	××年×月×日	0	0
二层	××年×月×日	2	2	二层	××年×月×日	1	1	二层	××年×月×日	2	2	二层	××年×月×日	1	1
…	…	…	…	…	…	…	…	…	…	…	…	…	…	…	…
n 层															

轴线层间最大偏差：15 mm

施工单位	×××建筑有限责任公司		建设（监理）单位
技术负责人	测量人	质检员	×××监理公司
×××	×××	×××	

表 1.3.19　建筑物标高测量记录

工程名称	×××工程	结构形式				框架结构
测量仪器	水准仪、经纬仪	测量人				×××
测量日期	层次设计标高(m)	位置	标高(m)	全高	位置	垂直度
××年×月×日	7.2	⑫/Ⓙ	7.203			
××年×月×日	7.2	⑫/Ⓐ	7.200			
××年×月×日	7.2	①/Ⓙ	7.200			
××年×月×日	7.2	①/Ⓐ	7.203			

监理工程师(建设单位项目负责人):×××　　　　技术负责人:×××

6. 建筑物沉降观测记录

建筑物沉降观测记录是施工单位在建筑物施工过程中以及整幢建筑施工完成后对建筑物沉降情况进行观测和填写的记录。其目的主要是检查建筑物沉降变形情况,从而为判断地基变形和工作状况、建筑物下沉稳定状况以及合理采用处置方案提供测量数据。其形式见表 1.3.20。

表 1.3.20　建筑物沉降观测记录

编号:××

工程名称	×××工程		水准点编号	×××		测量仪器	×××
水准点所在位置	×××		水准点高度	×××		仪器检定日期	××年×月×日
观测日期	自　××年×月×日　至　××年×月×日						
观测点布置简图: 略							
观测点编号	观测日期	荷载累加情况描述	实测标高(m)	本期沉降量(mm)	总沉降量(mm)	仪器型号	仪器检定日期
1	××年×月×日	××	××	××	××	××	××年×月×日
2	××年×月×日	××	××	××	××	××	××年×月×日
观测单位名称		×××建筑公司				观测单位印章	
技术负责人		审核人		施测人			
×××		×××		×××			

本表由测量单位填写,城建档案馆、建设单位、监理单位、施工单位各存一份。

3.3.3　施工物资资料

施工物资资料是反映工程所用物资质量和性能指标等的各种证明文件和相关配套文件（如使用说明书、安装维修文件等）的统称，具体包括建筑材料、成品、半成品、构配件、器具、设备及附件等的出厂质量证明文件，材料、构配件进场检验记录，试样委托单及试验报告，设备开箱检验记录等。

（1）出厂质量证明文件包括产品合格证、质量认证书、检验报告、产品生产许可证、特定产品核准证和进口物资商检证、中文版质量证明及安装、使用、维修说明书等，由供应单位提供。施工、监理单位有关人员应在出厂质量证明文件背面“标注章”内签字确认。

（2）材料、构配件进场检验记录是指在主要物资进场时，施工、供应单位（必要时应有监理、建设单位参加）应共同对其品种、规格、数量、外观质量及出厂质量证明文件进行检验并记录，其形式见表1.3.21和表1.3.22。

表1.3.21　材料、构配件进场检验记录

编号：××

工程名称	××住宅小区3#楼			检验日期	××年×月×日	
施工单位	××建筑有限责任公司					
序号	名称	规格型号	进场数量	生产厂家 合格证号	外观质量	结果
1	釉面内墙砖	300×450	1 000箱	广东佛山××	抽检	合格
2	釉面内墙砖	800×800	1 500箱	广东佛山××	抽检	合格
3	釉面内墙砖	300×300	3 000箱	广东佛山××	抽检	合格
施工技术负责人：×××			施工质检员：×××		材料员：×××	

表1.3.22　材料进场抽样检查记录

单位（子单位）工程名称					××家具工艺城				
施工单位	××建筑有限责任公司				分部工程	建筑电气			
名称	规格（mm）	外观质量	外径（mm）	内径（mm）	壁厚（mm）	进场数量	进场日期	抽检数量	抽检结论	备注

续表

电工套管	16	管壁厚度均匀，色泽一致，无弯扁变形现象	16	13.8	1.2	2 500 根	××年×月×日	250 根	合格	
电工套管	20	管壁厚度均匀，色泽一致，无弯扁变形现象	20	17.8	1.2	5 000 根	××年×月×日	500 根	合格	
电工套管	25	管壁厚度均匀，色泽一致，无弯扁变形现象	25	22.2	1.4	1 250 根	××年×月×日	125 根	合格	
专业监理工程师（建设单位项目专业技术负责人）		×××	施工单位	质检员			施工员		材料员	
				×××			×××		×××	

(3)设备及附件进场时，建设、监理、施工和供应单位有关专业技术人员应共同开箱检验，填写设备开箱检验记录，其形式见表 1.3.23。

表 1.3.23　设备开箱检验记录

单位(子单位)工程名称			×××工程	
施工单位		××建筑有限责任公司	分部工程	室外给排水
设备名称		水泵控制柜	装箱单号	×××
型号规格		SK-KT-15	设备位号	×××
出厂编号		×××	出厂日期	××年×月×日
制造厂名		×××	检查日期	××年×月×日
设备主要技术性能		见说明书		
技术文件	装箱单	1 份，1 页	合格证	1 份，2 页
	说明书	1 份，2 页	装箱图纸	1 份，1 页
	其他			
设备检查情况	包装	硬纸箱包装，包装良好		
	设备外观	良好		
	零部件	良好		
	其他			
存在问题及处理意见		无	处理情况	无
结论		外包装良好，随机文件齐全，水泵外观情况良好，满足设计安装要求。		

续表

专业监理工程师（建设单位项目专业技术负责人）	×××	施工单位	质检员	×××
			施工员	×××

(4)施工物资进场,经施工单位自检合格后,施工单位应填写工程进场物资报验表,其形式见表1.3.24。

表1.3.24　工程进场物资报验表

(A4监)

工程名称	××大学综合楼				编号	××
致:×××监理有限公司(监理单位) 现报上关于钢筋工程的物资进场检验记录,该批物资经我方检验符合设计、规范及合同要求,请予以批准使用。						
物资名称	主要规格	单位	数量	委托单编号	使用部位	
热轧带肋钢筋	HRB335/20	t	××	××	地上1~3层框架柱	
热轧带肋钢筋	HRB335/18	t	××	××	地上1~3层框架柱	
附件: 名称　页数　编号 1.出厂质量证明文件　2页　×× 2.进场检验记录　2页　××						
施工单位检验意见: 报验的工程材料质量证明文件齐全,进场复试合格,同意报项目监理部审批。 施工单位名称:×××建筑公司　技术负责人(签字):×××　××年×月×日						
审查意见: 物资质量控制资料齐全、有效;材料试验合格,验收合格。 监理单位名称:×××监理有限公司　监理工程师(签字):×××　××年×月×日						

(5)质量证明文件幅面小于A4纸时,可将质量证明文件按先后顺序粘贴在质量证明文件粘贴表(见表1.3.25)内。

表 1.3.25　质量证明文件粘贴表

编号：××

质量证明文件编号	产品质量证明文件××××××

抄测内容及依据：

（粘贴页）

施工技术负责人	×××	整理人	×××

3.3.4　施工试验记录

施工试验记录是根据设计要求和规范规定进行试验，记录原始数据和计算结果（试验单位应向委托单位提供电子版试验数据），并得出试验结论的资料的统称。其样式见表 1.3.26。

表 1.3.26　施工试验记录（通用）

编号：××

工程名称	××工程	试验日期	××年×月×日
试验部位	卫生间管道	规格、材质	公称外径 110 mm、壁厚 3.2 mm 的 PVC 管道

试验要求：

排水管道在隐蔽前必须做灌水试验，其灌水高度应不低于底层卫生器具的上边缘或底层的地面高度。具体方法是满水 15 min 水面下降后，再灌满观察 5 min，液面不降、管道及接口无渗漏为合格。

试验情况记录：

对试验管段敞口用盲板封闭，从上层地面向地漏处灌水，满水 20 min 液面不下降，经检查管道及接口不渗漏。

试验结论：

试验结果符合设计要求及《建筑给水排水及采暖工程施工质量验收规范》（GB 50242—2002）规定，同意进行下道工序。

施工单位	×××建筑有限公司				
技术负责人	×××	质检员	×××	工长	×××

本表由施工单位填写，城建档案馆、建设单位、施工单位各保存一份。

3.3.5　隐蔽工程检查验收记录

隐蔽工程检查验收记录见表 1.3.27。

表1.3.27　隐蔽工程检查验收记录

编号：××

<table>
<tr><td>工程名称</td><td>××大学综合楼</td><td>隐蔽日期</td><td colspan="2">××年×月×日</td></tr>
<tr><td colspan="5">致：××监理公司(监理单位)
我方已完成 3 (层) ①~⑯轴线 (轴线或房间) ×× (高程) 基础 (部位)的 钢筋 工程，经我方检验，符合设计、规范要求，特申请进行隐蔽验收。</td></tr>
<tr><td colspan="5">依据：
施工图纸(施工图纸编号：结施3，结施4 ，结施8)及GB 50204—2015、设计变更/洽商和有关规范、规程。
材质：
主要材料：钢筋
规格/型号：ϕ8、ϕ12、ϕ20
申报人：×××</td></tr>
<tr><td colspan="5">审核意见：
1. 钢筋品种、级别、规格、配筋数量、位置间距符合设计要求；
2. 钢筋绑扎、安装牢固，无漏扣现象，观感质量符合要求；
3. 保护层厚度符合要求；
4. 钢筋无锈蚀、无污染，进场复试合格，符合规定。
■同意隐蔽　　□ 修改后自行隐蔽　　□不同意，修改后重新报验
质量问题：无</td></tr>
<tr><td rowspan="3">参加人员签字</td><td>建设(监理)单位</td><td>施工单位</td><td colspan="2">××建筑工程公司</td></tr>
<tr><td rowspan="2">×××</td><td>技术负责人</td><td>质检员</td><td>工长</td></tr>
<tr><td>×××</td><td>×××</td><td>×××</td></tr>
</table>

本表由施工单位填写，城建档案馆、建设单位、监理单位、施工单位各存一份。

3.3.6　施工记录

施工记录是在施工过程中形成的，确保工程质量、安全的各种检查、记录的统称，包括通用施工记录和专用施工记录。施工记录主要包括以下内容：

(1)施工中发生的工程质量事故和处理情况记录；

(2)工程质量、安全、环保情况，相关领导、监察人员检查意见和采取措施的记录；

(3)工程与相关单位的协调；

(4)施工中采取的新工艺、新材料、新设备、新技术情况；

(5)其他主要事项记录等。

工程施工进度和各分部分项工程的施工内容不同，施工记录的具体内容也有所不同。例如，在地基基础与主体工程施工阶段，施工记录包括地基验槽(孔)记录、地基处理记录、预拌混凝土运输交接记录、混凝土开盘鉴定、混凝土工程施工记录、混凝土拆模申请批准单、混凝土养护测温记录、大体积混凝土养护测温记录、混凝土结构同条件养护试件测温记录、构件安装记录、焊接材料烘焙记录、木结构施工记录、涂料施工记录等。施工通用记录表格式见表1.3.28,混凝土开盘鉴定见表1.3.29,混凝土工程(预拌)施工记录见表1.3.30,混凝土施工记录见表1.3.31。

表1.3.28　施工通用记录表

编号:××

<table>
<tr><td>工程名称</td><td colspan="2">××段高速公路</td><td>日期</td><td>××年×月×日</td></tr>
<tr><td colspan="5">施工内容:
铺筑改性沥青混凝土路面。</td></tr>
<tr><td colspan="5">施工依据与材质:
由于改性沥青混合料黏结度较高,摊铺温度较高,阻力较大,故选用履带式摊铺机均匀、连续摊铺,纵向缝采用热接缝。</td></tr>
<tr><td colspan="5">审核意见:
经检查,拌和后的沥青混合料均匀一致,无花白、粗细料分离现象,摊铺厚度和平整度符合要求,压实表面干燥、清洁、无浮土,路面平整度和路拱度符合要求,搭接处紧密、平顺。</td></tr>
<tr><td colspan="5">质量问题:
经检查,各项指标均符合规范要求。</td></tr>
<tr><td rowspan="3">参加人员签字</td><td>建设(监理)单位</td><td colspan="3">施工单位</td></tr>
<tr><td rowspan="2">×××</td><td>技术负责人</td><td>质检员</td><td>工长</td></tr>
<tr><td>×××</td><td>×××</td><td>×××</td></tr>
</table>

表1.3.29　混凝土开盘鉴定

质控(建)表×××　　　　共×页　第×页

<table>
<tr><td colspan="2">工程名称</td><td colspan="3">×××市南湖商业广场13#楼</td><td colspan="2">施工单位</td><td colspan="2">×××建筑工程有限责任公司</td></tr>
<tr><td colspan="2">搅拌单位</td><td colspan="3">×××商品混凝土公司</td><td colspan="2">试配单位</td><td colspan="2">××建设工程质量监督站试验室</td></tr>
<tr><td colspan="2">施工部位</td><td colspan="3">地基与基础</td><td colspan="2">试验配合比编号</td><td colspan="2">No:2012-058</td></tr>
<tr><td rowspan="2">基本要求</td><td>强度等级</td><td colspan="2">C30</td><td colspan="2">坍落度(mm)</td><td colspan="3">100</td></tr>
<tr><td>水灰比</td><td>0.65</td><td colspan="2">砂率</td><td>0.36%</td><td>其他</td><td colspan="2"></td></tr>
<tr><td rowspan="4">配合比</td><td>材料名称</td><td>水泥</td><td>砂</td><td>石子</td><td>水</td><td>外加剂</td><td>掺合料</td><td></td></tr>
<tr><td>每立方米用量(kg)</td><td>285</td><td>852</td><td>1 418</td><td>185</td><td></td><td></td><td></td></tr>
<tr><td rowspan="2">调整后每盘用量(kg)</td><td colspan="7">砂含水率4%,石子含水率2%</td></tr>
<tr><td>75</td><td>207</td><td>346</td><td>76</td><td></td><td></td><td></td></tr>
</table>

续表

鉴定结果	原材料	□符合 □不符合	□符合 □不符合	□符合 □不符合	□符合 □不符合	□符合 □不符合	□符合 □不符合	□符合 □不符合
	配合比	□符合	□不符合	施工配合比	□经调整	□未经调整		
	搅拌机型号、容量、状态	JZC350	计量方式	m^3	运输方式	混凝土搅拌运输车		
	混凝土性能	坍落度(mm)	黏聚性	保水性	混凝土试块抗压强度			
					试验编号	f_{cu}28(MPa)		
	设计	100				27		
	实测	100	良好	良好				
	鉴定意见	原材料与配合比报告相符,符合要求。						

混凝土拌制单位	施工单位	监理(建设)单位	鉴定日期
(签字)	(签字)	(签字)	

表1.3.30　混凝土工程(预拌)施工记录

质控(建)表××　　　　共×页　第×页

工程名称	××污水厂氧化沟加固工程								施工单位	××建设工程有限公司
搅拌单位	××混凝土搅拌有限公司								开盘鉴定编号	20130321
混凝土组分	水	水泥	砂	石子	掺合料		外加剂		配合比编号	
试验配合比	172	302	783	1 004	55			7.3	强度等级	C30
施工配合比	110	302	845	1 004	55			7.3	水灰比	0.57
浇筑部位	沟底板加固				浇捣方式		机械		施工缝位置	
浇筑时间	××年×月×日×时 至××年×月×日×时				延续时数(h)		16		气候条件	晴天
本时间段浇筑混凝土数量(m^3)					298				工作班数	2
实测坍落度(mm)	1	2	3	4	5					养护方式
	152	160	165	158	160					标养

混凝土试块留置	取样时间	××年×月×日				
	试块编号	03				
	取样时间					
	试件编号					

续表

施工过程异常记录及处理	无异常	
施工员	记录员	日期
×××	×××	××年×月×日

表 1.3.31　混凝土施工记录

编号：××

工程名称	××住宅小区 9＃楼			施工单位	××建筑公司
浇筑部位及结构名称	四层西段楼板			混凝土数量(m^3)	170
水泥品种及等级	P. O32.5			当班完成量(m^3)	170
混凝土(标号)	C30			捣固方法	振捣棒
拌和方法	机械			施工日期	××年×月×日
养护情况	良好	气温	××℃	拆模日期	××年×月×日

混凝土配合比(混凝土配合比设计报告单编号)

材料	水泥	砂	石子	水	外加剂名称及数量	外掺混合材料名称及用量
每盘数量	100	269	376	62	—	—
每立方米数量	294	791	1 093	180	—	—

试块数量、编号及试验结果

试块	留置组数	试压结果						
		3						
试压报告编号及龄期								
同条件养护								
标准养护	√							

备注：
坍落度为 41 mm。

技术负责人	试验员	工长
×××	×××	×××

本表由施工单位填写并保存。

3.3.7　工程质量事故报告及事故调查处理资料

1. 工程质量事故

工程质量事故是指由于建设、勘察、设计、施工、监理等单位违反工程质量有关法律法规和工程建设标准，使工程产生结构安全、重要使用功能等方面的质量缺陷，造成人员伤亡或者重大经济损失的事故。

2. 事故等级划分

根据工程质量事故造成的人员伤亡或者直接经济损失，工程质量事故分为4个等级。

(1)特别重大事故，指造成30人以上死亡，或者100人以上重伤，或者1亿元以上直接经济损失的事故。

(2)重大事故，指造成10人以上30人以下死亡，或者50人以上100人以下重伤，或者5 000万元以上1亿元以下直接经济损失的事故。

(3)较大事故，指造成3人以上10人以下死亡，或者10人以上50人以下重伤，或者1 000万元以上5 000万元以下直接经济损失的事故。

(4)一般事故，指造成3人以下死亡，或者10人以下重伤，或者100万元以上1 000万元以下直接经济损失的事故。

注：本部分所称的“以上”包括本数，“以下”不包括本数。

3. 事故报告

(1)工程质量事故发生后，事故现场有关人员应当立即向工程建设单位负责人报告；工程建设单位负责人接到报告后，应于1小时内向事故发生地县级以上人民政府住房和城乡建设主管部门及有关部门报告。情况紧急时，事故现场有关人员可直接向事故发生地县级以上人民政府住房和城乡建设主管部门报告。

(2)住房和城乡建设主管部门接到事故报告后，应当依照下列规定上报事故情况，并同时通知公安、监察机关等有关部门。

①较大、重大及特别重大事故逐级上报至国务院住房和城乡建设主管部门，一般事故逐级上报至省级人民政府住房和城乡建设主管部门，必要时可以越级上报事故情况。

②住房和城乡建设主管部门上报事故情况，应当同时报告本级人民政府；国务院住房和城乡建设主管部门接到重大和特别重大事故报告后，应当立即报告国务院。

③住房和城乡建设主管部门逐级上报事故情况时，每级上报时间不得超过2小时。

4. 事故报告的内容

(1)事故发生的时间、地点，工程项目名称、工程各参建单位名称。

(2)事故发生的简要经过、伤亡人数(包括下落不明的人数)和初步估计的直接经济损失。

(3)事故的初步原因。

(4)事故发生后采取的措施及事故控制情况。

(5)事故报告单位、联系人及联系方式。

(6)其他应当报告的情况。

事故报告后出现新情况以及事故发生之日起30日内伤亡人数发生变化的，应当及时补报。

5. 事故调查

（1）住房和城乡建设主管部门应当按照有关人民政府的授权或委托，组织或加入事故调查组对事故进行调查，并履行下列职责：

①核实事故基本情况，包括事故发生的经过、人员伤亡情况及直接经济损失；

②核查事故项目基本情况，包括项目履行法定建设程序情况、工程各参建单位履行职责的情况；

③依据国家有关法律法规和工程建设标准分析事故的直接原因和间接原因，必要时组织对事故项目进行检测鉴定和专家技术论证；

④认定事故的性质和事故责任；

⑤依照国家有关法律法规提出对事故责任单位和责任人员的处理建议；

⑥总结事故教训，提出防范和整改措施；

⑦提交事故调查报告。

（2）事故调查报告应当包括下列内容：

①事故项目及各参建单位概况；

②事故发生经过和事故救援情况；

③事故造成的人员伤亡和直接经济损失；

④事故项目有关质量检测报告和技术分析报告；

⑤事故发生的原因和事故性质；

⑥事故责任的认定和事故责任者的处理建议；

⑦事故防范和整改措施。

事故调查报告应当附有关证据材料。事故调查组成员应当在事故调查报告上签名。

6. 事故处理

（1）住房和城乡建设主管部门应当依据有关人民政府对事故调查报告的批复和有关法律法规的规定，对事故相关责任者实施行政处罚。处罚权限不属本级住房和城乡建设主管部门的，应当在收到事故调查报告批复后15个工作日内，将事故调查报告（附有关证据材料）、结案批复、本级住房和城乡建设主管部门对有关责任者的处理建议等转送有权限的住房和城乡建设主管部门。

（2）住房和城乡建设主管部门应当依据有关法律法规的规定，对对事故负有责任的建设、勘察、设计、施工、监理等单位和施工图审查、质量检测等有关单位分别给予罚款、停业整顿、降低资质等级、吊销资质证书其中一项或多项处罚，对对事故负有责任的注册执业人员分别给予罚款、停止执业、吊销执业资格证书、终身不予注册其中一项或多项处罚。

工程质量事故报告格式见表1.3.32，工程质量事故调查处理记录格式见表1.3.33，工程质量事故处理方案报审表格式见表1.3.34。

表 1.3.32 工程质量事故报告

质控(建)表×× 共×页 第×页

<table>
<tr><td colspan="2">工程名称</td><td colspan="5">×××工程</td></tr>
<tr><td colspan="2">施工单位</td><td colspan="5">×××建筑公司</td></tr>
<tr><td colspan="2">事故部位</td><td colspan="5">车库顶板</td></tr>
<tr><td colspan="2">事故性质</td><td colspan="5">车库顶板局部垮塌</td></tr>
<tr><td colspan="2">死亡人数</td><td>0</td><td>重伤人数</td><td>4</td><td>轻伤人数</td><td>2</td></tr>
<tr><td rowspan="4">预计损失</td><td>材料费</td><td colspan="5">18.8万元</td></tr>
<tr><td>人工费</td><td colspan="5">8.6万元</td></tr>
<tr><td>其他</td><td colspan="5">5.4万元</td></tr>
<tr><td>总计金额</td><td colspan="5">32.8万元</td></tr>
<tr><td colspan="2">事故对工程质量的影响</td><td colspan="5">拆除垮塌部分,重新制作,对后续工程质量无影响</td></tr>
<tr><td colspan="2">事故经过和原因分析</td><td colspan="5">车库顶板堆载过重</td></tr>
<tr><td colspan="2">事故发生后采取的措施</td><td colspan="5">立即停工,将受伤人员送医院救治,转移顶板上的过多材料和土方</td></tr>
<tr><td colspan="2">事故发生时间</td><td>××年×月×日×时</td><td>报告时间</td><td>××年×月×日×时</td><td>事故报告编号</td><td>××</td></tr>
<tr><td colspan="2">项目经理</td><td colspan="2">×××</td><td>填表时间</td><td colspan="2">××年×月×日</td></tr>
</table>

表 1.3.33 工程质量事故调查处理记录

质控(建)表×× 共×页 第×页

<table>
<tr><td>工程名称</td><td colspan="2">×××工程</td><td>建设单位</td><td colspan="2">×××开发公司</td></tr>
<tr><td>施工单位</td><td colspan="2">×××建筑公司</td><td>项目经理</td><td colspan="2">×××</td></tr>
<tr><td>监理单位</td><td colspan="2">×××监理公司</td><td>总监理工程师</td><td colspan="2">×××</td></tr>
<tr><td>设计单位</td><td colspan="2">×××建筑设计院</td><td>勘察单位</td><td colspan="2">×××勘察公司</td></tr>
<tr><td>发现时间</td><td>××年×月×日×时</td><td>事故等级</td><td>一般事故</td><td>事故部位</td><td>车库顶板</td></tr>
<tr><td>调查组名单
(含职务、职称)</td><td colspan="5">××× ××× ××× ×××</td></tr>
<tr><td>死亡人数</td><td>0</td><td>重伤人数</td><td>4</td><td>损失金额</td><td>32.8万元</td></tr>
<tr><td>事故报告编号</td><td colspan="2">××</td><td colspan="2">报告时间</td><td>××年×月×日×时</td></tr>
<tr><td>事故概况</td><td colspan="5">车库顶板局部垮塌</td></tr>
<tr><td>事故原因分析</td><td colspan="5">车库顶板堆载过重</td></tr>
<tr><td rowspan="2">事故发生后采取的措施</td><td>报送部门</td><td colspan="4">已报送质监、安监等部门</td></tr>
<tr><td>技术措施</td><td colspan="4">转移顶板上的过多材料和土方,拆除垮塌部分</td></tr>
</table>

续表

处理意见	停工整顿,实施××万元处罚		
实体质量处理结果	已拆除垮塌部分,并进行了重新制作		
事故造成永久缺陷情况	未造成永久缺陷		
项目经理	×××	填表时间	××年×月×日

表 1.3.34　工程质量事故处理方案报审表

编号:××

单位(子单位)工程名称	×××工程

致:　×××监理公司　(项目监理机构)

　××年×月×日×时　,在　车库顶板部位　发生　车库顶板局部垮塌　的工程质量事故,已于　××年×月×日　提出工程质量事故调查处理报告,现报上处理方案,请予以审查。

附件:

1. 工程质量事故调查处理报告(盖施工单位法人章)
2. 工程质量事故处理方案(盖施工单位法人章)

项目经理部(项目章):
项目负责人:×××
日　　期:××年×月×日

设计单位意见: 同意按施工单位提出的处理方案进行处理。 设计单位(章):×××建筑设计院 负责人:××× 日　　期:××年×月×日	总监理工程师批复意见: 同意按处理方案进行处理。 项目监理机构(项目章): 总监理工程师:××× 日　　期:××年×月×日

3.4　安全及使用功能管理资料

3.4.1　地下工程防水效果检查记录

1. 资料表式

资料表式见表 1.3.35。

表1.3.35　地下工程防水效果检查记录

工程名称：××厂第二期经济适用住房工程

<table>
<tr><td>试水方法</td><td>蓄水试验</td><td>试验日期</td><td>××年×月×日</td></tr>
<tr><td>工程试验
部位及情况</td><td colspan="3">工程部位：地下三层
蓄水水位高程为××m，蓄水时间为××小时
检查方法及内容：依据《地下防水工程质量验收规范》(GB 50208—2011)及施工方案，检查人员用干手触摸墙面及用吸墨纸(报纸)贴附背水墙面检查；检查有无裂缝、渗水现象。
附件：背水墙面的结构工程展开图</td></tr>
<tr><td>试验结果</td><td colspan="3">经检查，基础底板、地下三层墙面不存在渗水、漏水现象，观感质量合格。</td></tr>
<tr><td>复查意见</td><td colspan="3">符合设计要求及施工质量验收规范要求，通过验收。
复查人：×××
复查日期：××年×月×日</td></tr>
<tr><td>施工单位</td><td>试验人员：×××
项目专业质量检查员：×××
项目(专业)技术负责人：×××
××年×月×日</td><td>监理
(建设)
单位</td><td>监理工程师(建设单位项目负责人)：×××
××年×月×日</td></tr>
</table>

2. 资料要求

(1)凡有防水要求的地下室必须做蓄水试验，并有详细记录。

(2)地下室的防水工程验收应有检查结果，写明有无渗漏。

(3)设计对混凝土有抗渗要求时，应提供混凝土抗渗试验报告单。

(4)按要求检查，内容、签章应齐全、正确。

有防水要求的地面，蓄水试验记录按试水试验记录(通用)表执行。

3.4.2　防水工程试水检查记录

1. 资料表式

资料表式见表1.3.36。

表1.3.36　防水工程试水检查记录

<table>
<tr><td>工程名称</td><td colspan="3">××新城综合楼A座</td></tr>
<tr><td>检查部位</td><td>四层卫生间</td><td>检查日期</td><td>××年×月×日</td></tr>
<tr><td>检查方式</td><td>一次蓄水试验</td><td>蓄水时间</td><td>从××年×月×日×时
至××年×月×日×时</td></tr>
</table>

续表

<table>
<tr><td colspan="5">检查方法及内容：卫生间一次蓄水试验，将地漏堵密实，然后放水，蓄水最浅水位为 250 mm，蓄水时间为 24 小时（蓄水高度及时间均应满足规范要求）</td></tr>
<tr><td colspan="5">检查结果：卫生间一次蓄水试验，蓄水最浅水位为 250 mm，蓄水时间为 24 小时，无渗漏现象，检查合格，符合标准</td></tr>
<tr><td colspan="5">复查意见：符合设计要求及施工质量验收规范要求，通过验收
复查人：×××　　　　复查日期：××年×月×日</td></tr>
<tr><td rowspan="3">签字栏</td><td rowspan="2">建设（监理）单位</td><td>施工单位</td><td colspan="2">×××建筑公司</td></tr>
<tr><td>技术负责人</td><td>质检员</td><td>测试人</td></tr>
<tr><td>×××监理公司</td><td>×××</td><td>×××</td><td>×××</td></tr>
</table>

本表由施工单位填写，建设单位、施工单位各保存一份。

2. 资料要求

（1）防水工程试水前应检查的施工技术资料如下。

①原材料、半成品和成品的质量证明文件，分项工程质量验收资料以及试验报告和现场检查记录。

②应用沥青、卷材等防水材料、保温材料的防水工程的现场检查记录。

③混凝土自防水工程应检查混凝土试配、实际配合比、防水等级、试验结果等。

④施工过程中重大技术问题的处理记录和工程变更记录。

在检查以上资料的基础上，对防水工程进行蓄水和浇水试验，以检查防水工程的实际防水效果，并按照表 1.3.36 填写验收记录，作为验收的依据。

（2）验收记录应有检查结果，写明有无渗漏。

（3）设计对混凝土有抗渗要求时，应提供混凝土抗渗试验报告单。

（4）按要求检查，内容、签章应齐全、正确。

3. 工作要求

（1）一般规定：防水工程必须严格选择、认真认证检测材料，应使用性能、质量可靠的防水材料，特别是新型防水材料应采取相应的施工技术。凡有防水要求的建筑工程，完成后均应有蓄水、淋水或浇水试验。

（2）蓄水试验：凡浴室、厕所等有防水要求的房间必须进行蓄水试验。同一房间应做两次蓄水试验，分别在室内防水完成后及单位工程竣工后做蓄水试验；在有要求的房间做蓄水试验，蓄水时最浅水位不得低于 20 mm，蓄水 24 h 后撤水，检查无渗漏为合格。检查数量应为全部此类房间，检查时应邀请建设单位参加并签章认可；有女儿墙的屋面防水工程，能做蓄水试验的应按要求做。

（3）屋面工程一般应全部进行浇水试验，可在屋脊处设干管向两边喷淋水至少 2 h，浇水试验后检查屋面有无渗漏。检查的重点是管子根部、烟囱根部、女儿墙根部等屋面部分的泛水及下口等细部构造点。浇水试验的方法和试验后的检验都必须做详细的记录，并邀请建设单位检查签字，最好检查二次浇水试验，记录要存入施工技术资料施工记录中。

(4)空腔防水外墙板竣工后都应做淋水试验。淋水试验是用花管在所有外墙上喷淋，淋水时间不得少于2 h，淋水后检查有无渗漏，并邀请建设单位参加并签认。

(5)无条件做浇水试验的屋面工程，应做好雨季观察记录。每次较大降雨时施工单位应邀请建设单位对屋面进行检查，特别是上述重点部位，检查有无渗漏，并做好记录，经双方签认。经过一个雨季，如屋面无渗漏现象视为合格。

3.4.3 建筑物垂直度、全高测量记录

建筑物垂直度、全高测量记录是对建筑物的垂直度、全高在施工过程中和竣工后进行的测量记录。

1. 资料表式

资料表式如表1.3.18、表1.3.19所示。

2. 资料要求

(1)现场测量项目必须在测量现场进行测量。由施工单位的专业技术负责人牵头，专职质量检查员详细记录，建设单位代表和项目监理机构的专业监理工程师参加。现场原始记录须经施工单位的技术负责人和专职质量检查员、建设监理单位的参加人员签字后方有效并归存，作为整理资料的依据备用。

(2)测量单内的主要项目应齐全，不齐全时应重新进行复测。

3. 工作要求

(1)施工过程中的垂直度测量：

①测量次数，原则上每加高1层测量1次，整个施工过程不得少于4次；

②轴线测量按基线及各层放线、测量与复测执行。

(2)竣工后的测量：

①建筑物垂直度、标高、全高测量选定应在建筑物四周转角处和建筑物的凹凸部位，单位工程每项选定不应少于10点，其中前沿、背沿各4点，两个侧面各1点；

②标高测量应按层进行，高层建筑可每2层为1测点，多层建筑可1层为1测点，可按测点的平均差值填写；

③建筑物的垂直度、标高、全高测量是建筑物已竣工、观感质量检查完成后对建筑物进行的测量工作，由施工单位测量，测量时项目监理机构派专业监理工程师参加监督测量。

3.4.4 沉降观测记录

1. 资料表式

资料表式如表1.3.20所示。

2. 资料要求

(1)施工单位提前做出沉降观测计划，上报现场监理与测量专业监理工程师，每次的沉降

观测要提前通知监理,观测要有监理旁站才能进行。施工单位对测量数据的真实性负责。

(2)监理要对所形成的资料进行签认,每次旁站均要填写旁站记录,做好旁站台账,月报时进行上报。

3. 工作要求

(1)根据规范规定,需要进行沉降观测的对象,必须在施工及使用期间进行沉降观测。观测点的布设也应按规范要求,布设在能全面反映建筑物地基变形特征的点位,比如建筑物的四角、转角及沿外墙每隔一定距离的桩基上等。

(2)对沉降变形的精度有严格要求时,应优先使用精密水准仪,最低使用DS1水准仪。承担观测任务的单位应具有相应主管部门批准的资质,测量人员应具有主管部门颁发的上岗证。

(3)沉降观测的周期和时间。

①初测。首次观测必须按时进行,否则整个观测得不到完整的观测意义,初测应增加观测量,以提高初始值的可靠性。

②施工阶段的沉降观测。应依据施测方案随施工进度及时进行,重要建筑物可在基础完工或地下室砌完后开始观测;大型、高层建筑物可在基础垫层或基础底部完成后开始观测,观测次数与实践应视地基与加荷情况而定,民用建筑可每增高1~2层观测一次,工业建筑可按施工阶段分别进行;停工及重新开工时应及时各观测一次,停工期间每隔2~3月观测一次,封顶后1~2月观测一次。

③建筑使用阶段的观测。应视地基类型和沉降速度大小而定,一般第一年观测3~4次,第二年2~4次,第三年及以后每年1次,直到沉降变形稳定为止。

④若沉降速度过大,应增加观测次数,超出规范规定时,应及时停止施工并采取措施;观测中应及时归集沉降观测成果,整理相关资料。

3.4.5 抽气(风)道检查记录

抽气(风)道检查记录是在施工过程中对抽气道、垃圾道的检查记录。

1. 资料表式

资料表式如表1.3.37所示。

表1.3.37 抽气(风)道检查记录

工程名称	××商业中心		检查试验方法	明火检查
施工单位	中国建筑××有限公司			
检查点布置简图:略				

部位(层、编号)	检查结果			检查人	检查时间	返修后结果	复检人	复检时间	备注
	通	不通	串气(烟)						
1层101	√			×××	××				
1层102	√			×××	××				

续表

施工单位	项目技术负责人	质 检 员	监理工程师 （建设单位项目专业技术负责人）
	×××	×××	×××

2. 资料要求及说明

(1)抽气道、风道、垃圾道必须100%检查，检查数量不足为不符合要求。

(2)按要求检查，内容完整、签章齐全为正确，无记录或后补记录的为不正确。

(3)检查应做好自检记录。可在抽气道、风口进口处划根火柴，观察火苗的转向和烟的去向，即可判别是否通风；也可采用其他适宜的方法。主抽气道、风道、垃圾道除应进行通风试验外，还应进行观感检查，两项检查均合格后，才可验收。

3.4.6　室内环境监测报告

室内环境监测报告是室内环境检测的重要文字材料。它的内容和结论具有科学性、权威性和法律效力。

1. 资料表式

资料表式如表1.3.38所示。

表1.3.38　室内环境监测报告

工程名称	××食品加工厂房		建设单位	××食品有限公司	
总承包单位	××市一建公司		装修分包单位	××建筑装饰公司	
检测单位	×××建设工程质量检测所			资质及证号	×××
序号	测试项目	测试报告结论		使用标准	
1	土壤中氡(Rn-222)浓度测定	23.13 Bq/m^3，小于一、二类民用工程限量值，不超标		GB 50325—2010	
2	游离甲醛浓度限量	0.036 mg/m^3，不超标		×××	
3	苯浓度限量	0.030 mg/m^3，不超标		×××	
4	氨浓度限量	0.130 mg/m^3，不超标		×××	
5	TVOC浓度限量	0.400 mg/m^3，不超标		×××	
6	放射性	无		×××	

续表

说明	检测单位的报告作为本表附件附后。		
总承包单位	对监测报告的意见： 经检测，该工程室内环境污染程度符合要求。 项目经理：××× 技术负责人：××× ××年×月×日	监理（建设）单位	对监测报告的结论： 检测合格。 总监理工程师（建设单位项目负责人）：××× ××年×月×日

2. 资料要求及说明

（1）主要检测因施工过程中在混凝土中添加高碱混凝土膨胀剂和含尿素的混凝土防冻剂等外加剂带来的氡、氨的污染指数以及总挥发性有机化合物（TVOC）的污染指标，附带检测甲醛、苯、甲苯、二甲苯。

（2）要认准检测报告的规范性，主要从以下几个方面理解。

①检测单位的资质要符合规范要求。要认准省级质量技术监督局颁发的 CMA（红色）、CAL（红色）以及国家认证认可监督管理委员会颁发的 CNACL（国家试验室国家认可，深蓝色）等标志。有上述标志的单位出具的检测报告才具有权威性，同时具有法律效力。上述标志检测单位不一定都具备，但必须有 CMA 一项认证。如无此标志，其他两项也不可能具备，不具备 CMA 的标志，说明该检测单位不具备检测资质，表明该检测报告不具备法律效力。若检测单位同时具有三个标志，则表明该检测单位具备国家级资质认可，它所出具的报告更有权威性和说服力。

②要查看报告所列各项数据是否符合国家有关标准。所谓国家标准，是指由国家相关部门颁发的最近的检测标准。如对室内空气的质量检测需执行由国家质量监督检验检疫总局、卫生部和国家环境保护总局制定的《室内空气质量标准》（GB/T 18883—2002）。此标准于 2002 年 11 月 19 日正式发布，2003 年 3 月 1 日正式实施，而在此之前颁发的相关标准如《住房内氡浓度控制标准》（GB/T 16146—1995）（1996 年 7 月 1 日实施）等相关标准将自行废除。这就是说，同样是检测甲醛的含量，还要注意查看它执行的是哪个标准。

③要注意查看检测报告是否有检测、标准、审批三级手续。

④要查看检测的方式、方法、措施以及使用的仪器是否符合国家相关标准的规定。国家对于各种有害物质的检测方式、方法以及使用的仪器都有较明确的规定。方式、方法不当，仪器不符合规定，都会直接影响结论的准确性、科学性。

⑤要注意查看报告结论，这点非常重要。报告的结论应是非常明确的，不能含糊其词、模棱两可，“不超标”或“超标”超多少都应有明确的文字及数字说明。

3. 工作要求

（1）民用建筑工程验收时，应抽检有代表性房间的室内环境污染物浓度，抽检数量不得少于 5%，并不得少于 3 间；房间总数少于 3 间时，应全数检测。

(2)民用建筑工程验收时,凡进行了样板间室内环境污染物浓度检测且检测结果合格的,抽检数量减半,但不得少于3间。

(3)民用建筑工程验收时,室内环境污染物浓度检测点应按房间面积设置。

①房间使用面积小于50 m^2 时,设1个检测点;房间使用面积大于100 m^2 时,设3~5个检测点。当房间内有2个及以上检测点时,应取各点检测结果的平均值作为该房间的检测值。

②民用建筑工程验收时,室内环境污染物浓度现场检测点距内墙面应不小于0.5 m,距楼地面的高度为0.8~1.5 m。检测点应均匀分布,避开通风道和通风口。

③民用建筑工程室内环境中,检测游离甲醛、苯、氨、总挥发性有机化合物(TVOC)浓度时,对采用集中空调的民用建筑工程,应在空调正常运转的条件下进行;对采用自然通风的民用建筑工程,应在房间的对外门窗关闭1 h后进行。

④检测民用建筑工程室内环境中的氡浓度时,对采用集中空调的民用建筑工程,应在空调正常运转的条件下进行;对采用自然通风的民用建筑工程,应在房间的对外门窗关闭24 h以后进行。

(4)当室内环境污染物浓度的检测结果不符合规范的规定时,应查找原因并采取措施进行处理,并可进行再次检测。再次检测时,抽检数量应增加1倍。室内环境污染物浓度再次检测的结果全部符合规范的规定时,可判定室内环境质量合格。

3.4.7　幕墙及外窗气密性、水密性、耐风压检测报告

幕墙及外窗气密性、水密性、耐风压检测报告是为确保装饰工程使用功能和质量,在幕墙施工完成后和外窗在施工前由试验单位对幕墙及外窗气密性、水密性、耐风压检测提供的报告。

1.资料表式

资料表式如表1.3.39所示。

表1.3.39　幕墙及外窗气密性、水密性、耐风压检测报告

<table>
<tr><td>工程名称</td><td colspan="2">××市法院办公大楼</td><td colspan="2">试验时间</td><td colspan="2">××年×月×日</td></tr>
<tr><td>幕墙类别</td><td colspan="2">玻璃幕墙</td><td colspan="2">试验编号</td><td colspan="2">×××</td></tr>
<tr><td colspan="3">风压变形性能</td><td colspan="4">雨水渗漏性能</td></tr>
<tr><td colspan="3">××kPa(结论为检测报告上的结论)合格</td><td colspan="4">××Pa(结论为检测报告上的结论)合格</td></tr>
<tr><td colspan="3">空气渗透性能</td><td colspan="4">平面内变形性能</td></tr>
<tr><td colspan="3">单位缝长每小时渗透量($m^3/(h\cdot m)$)(结论为检测报告上的结论)合格</td><td colspan="4">××(结论为检测报告上的结论)合格</td></tr>
<tr><td>性能结果评定</td><td colspan="6">依据GB/T 7106—2008,各项目均符合检测要求。</td></tr>
<tr><td rowspan="3">参加人员</td><td>监理(建设)单位</td><td colspan="5">施工单位</td></tr>
<tr><td rowspan="2">×××</td><td colspan="2">专业技术负责人</td><td colspan="2">质检员</td><td>记录人</td></tr>
<tr><td colspan="2">×××</td><td colspan="2">×××</td><td>×××</td></tr>
</table>

2. 资料要求

(1)必须实行见证送样的,试验室应在送样单上加盖公章,经手人、送样人签字,不执行见证送样为不符合要求。

(2)应检项目内容应全部检查,不得漏检,检查意见与结果要具体明确。

(3)责任制中的所有人员签字应齐全,不得漏签或代签。

3. 工作要求

(1)玻璃幕墙的性能一般包括下列项目:风压变形性能、雨水渗漏性能、空气渗透性能、平面内变形性能、保温性能、隔声性能、耐撞击性能。幕墙应进行风压变形、抗空气渗透、抗雨水渗漏三项基本性能检验,根据功能要求还可以进行其他性能检验。

(2)玻璃幕墙工程验收。

① 玻璃幕墙工程验收前应将其表面擦洗干净。

② 玻璃幕墙验收时应提交下列材料。

a. 设计图纸、文件、设计变更和材料代用文件。

b. 材料出厂质量证书、结构硅酮密封胶相容性试验报告及幕墙物理性能检验报告。

c. 预制构件出厂证明。

d. 隐蔽工程验收文件。

e. 施工安装自检记录。

③玻璃幕墙工程验收时应按要求进行隐蔽工程验收。

④玻璃幕墙工程质量验收应进行观感检验和抽样检验,并应以一幅玻璃幕墙为检验单元,每幅玻璃幕墙均应检验。

⑤玻璃幕墙观感检验应符合下列要求。

a. 明框幕墙框料应横平竖直;单元式幕墙的单元拼缝或隐框幕墙分格玻璃拼缝应横平竖直,缝宽应均匀,并符合设计要求。

b. 玻璃的品种、规格与色彩应与设计相符,整幅玻璃的色泽应均匀,不应有析碱、发霉和模脱落等现象。

c. 玻璃的安装应正确。

d. 幕墙材料的色彩应与设计相符,并应均匀,铝合金料不应有脱模现象。

e. 装饰压板表面平整,不应有肉眼可观察到的变形、波纹或局部压砸等现象。

f. 幕墙的上下边及侧边封口、沉降缝、伸缩缝、防震缝的处理及防雷体系应符合设计要求。

g. 幕墙隐蔽节点的遮缝装修应整齐美观。

h. 幕墙不得渗漏。

⑥玻璃幕墙工程的抽样检验应符合下列要求。

a. 铝合金料及玻璃表面不应有铝屑、毛刺、油斑和其他污垢。

b. 玻璃应安装或粘贴牢固,橡胶条和密封胶应嵌固密实,填充平整。

c. 钢化玻璃表面不得有伤痕。

3.5　建筑工程质量验收资料

3.5.1　检验批质量验收记录

1. 资料表式

资料表式如表1.3.40所示。

表1.3.40　检验批质量验收记录

<table>
<tr><td colspan="3">工程名称</td><td>××住宅小区9号楼</td><td>分项工程名称</td><td colspan="2">主体分部混凝土子分部钢筋分项工程</td><td>验收部位</td><td>一层顶板楼梯</td></tr>
<tr><td colspan="3">施工单位</td><td colspan="2">××建设有限公司</td><td>专业工长</td><td>×××</td><td>项目经理</td><td>×××</td></tr>
<tr><td colspan="3">施工执行标准名称及编号</td><td colspan="6">《建筑工程施工质量验收统一标准》(GB 50300—2013)</td></tr>
<tr><td colspan="3">分包单位</td><td colspan="2">—</td><td>分包项目经理</td><td>—</td><td>施工班组长</td><td></td></tr>
<tr><td colspan="4">验收规范规定</td><td colspan="3">施工单位检查评定记录</td><td colspan="2">监理(建设)单位验收记录</td></tr>
<tr><td rowspan="6">主控项目</td><td>1</td><td>力学性能检验</td><td>第5.2.1条</td><td colspan="3">钢筋有合格证及试验报告,合格</td><td colspan="2" rowspan="6">经检查验收,主控项目质量合格</td></tr>
<tr><td>2</td><td>抗震用钢筋强度实测值</td><td>第5.2.2条</td><td colspan="3">符合要求</td></tr>
<tr><td>3</td><td>化学成分及专项检验</td><td>第5.2.3条</td><td colspan="3">符合要求</td></tr>
<tr><td>4</td><td>受力钢筋的弯钩和弯折</td><td>第5.3.1条</td><td colspan="3">弯起距离符合要求</td></tr>
<tr><td>5</td><td>箍筋弯钩形式</td><td>第5.3.3条</td><td colspan="3">箍筋弯钩135°</td></tr>
<tr><td></td><td></td><td></td><td colspan="3"></td></tr>
<tr><td rowspan="2">一般项目</td><td>1</td><td>外观质量</td><td>第5.2.4条</td><td colspan="3">表面平直,无损伤,无裂纹与片状老锈</td><td colspan="2" rowspan="2">经检查验收,一般项目质量合格</td></tr>
<tr><td>2</td><td>钢筋调直</td><td>第5.3.3条</td><td colspan="3">冷拉调直,冷拉率符合要求</td></tr>
<tr><td colspan="2">施工单位检查评定结果</td><td colspan="7">主控项目、一般项目全部合格,符合设计及施工质量验收规范要求。
项目专业质量检查员:×××
××年×月×日</td></tr>
<tr><td colspan="2">监理(建设)单位验收结论</td><td colspan="7">同意验收。
专业监理工程师(建设单位项目专业技术负责人):×××
××年×月×日</td></tr>
</table>

2. 填表说明

(1)单位(子单位)工程名称,按合同文件上的单位工程名称填写,子单位工程应标出该部分的位置。分部(子分部)工程名称,按验收规范划定的分部(子分部)名称填写。验收部分是指一个分项工程中要验收的那个检验批的抽样范围,要标注清楚,如二层①~⑨轴线砖砌体。

(2)施工单位、分包单位要填写施工单位的全称,与合同公章名称一致。项目经理填写合同中指定的项目负责人。在装饰、安装分部分项工程施工中,有分包单位时,应填写分包单位全称,分包单位的项目经理应是合同中指定的项目负责人。这些人员由填写人填写,无须本人签字,只是表明他是项目负责人。

(3)企业标准应有编制人、批准人、批准时间、执行时间、标准名称及编号。填写时只要将标准名称及编号填写上,就能在企业标准系列中查到其详细情况,在施工现场要有这项标准,工人要执行这项标准。

(4)主控项目、一般项目施工单位检查评定记录。

①对定量项目直接填写检查的数据。

②对定性项目,当符合规范规定时,采用打"√"的方法标注;当不符合规范规定时,采用打"×"的方法标注。

③有混凝土、砂浆强度等级的检验批,按规定取试件后,可填写试件编号,待试件试验报告出来后,对检验批进行判定,并在分项工程验收时进一步进行强度评定及验收。

④"施工单位检查评定记录"栏,有数据的项目,将实际测量的数值填入格内,超过企业标准而没超国家验收规范的数字用"○"将其圈住;超过国家验收规范的数字用"△"圈住。

(5)监理(建设)单位验收记录。对符合验收规范规定的项目,填写"合格"或"符合要求";对不符合规范的项目,暂不填写,待处理后再验收,但应做标记。

(6)施工单位检查评定结果。施工单位自行检查评定合格后,应注明"主控项目全部合格,一般项目满足规范要求"。专业工长(施工员)和施工班组长栏由本人签字,以示承担责任。专业质量检查员代表企业逐项评定合格后,填写表格并写清楚结果,签字后,交专业监理工程师或建设单位项目专业技术负责人验收。

(7)监理(建设)单位验收结论。主控项目、一般项目验收合格,混凝土、砂浆试件强度待试验报告出来后判定,其余项目也已全部合格,注明"同意验收",由专业监理工程师或建设单位项目专业技术负责人签字。

3. 验收要求

1)检验批质量要求

检验批质量应符合下列规定:

(1)主控项目和一般项目的质量经抽样检验合格;

(2)具有完整的施工操作依据、质量检查记录。

2)主控项目要求

主控项目的条文必须达到要求,它是保证工程安全和使用功能的重要检验项目,是对安全、卫生、环境保护和公众利益起决定性作用的检验项目。如果达不到规定的质量指标,降低要求就相当于降低该项目的性能指标，会严重影响工程的安全性能；如果提高要求就等于提高性能指标，会增加工程造价。如混凝土、砂浆的强度等级是保证混凝土结构、砌体结构强度的重要性能，所以必须全部达到要求。

主控项目包括的内容如下。

(1)重要材料、构件及配件、成品及半成品、设备性能及附件的材质、技术性能等，如水泥、钢材的质量，预制楼板、墙板、门窗等构配件的质量，风机等设备的质量；检查出厂证明，其技术数据、项目应符合有关技术标准规定。

(2)结构的强度、刚度和稳定性等检验数据、工程性能的检测，如混凝土、砂浆的强度，钢结构的焊缝强度，管道的压力试验，风管的系统测定与调整，电气的绝缘、接地测试，电梯的安全保护、试运转结果等；检查测试记录，其数据及项目应符合设计要求和验收规范规定。

(3)一些重要的允许偏差项目，必须控制在允许偏差限值之内。

对一些有龄期限制的检测项目，在其龄期不到而不能提供数据时，可先评价其他评价项目，并根据施工现场的质量保证和控制情况，暂时验收该项目，待数据出来后再填入数据。如果数据达不到规定数值要求，或对一些材料、构配件质量及工程性能的测试数据有疑问，应进行复试、鉴定及现场检验。

3)一般项目要求

一般项目是除主控项目以外的检验项目，其条文也是应该达到的，只不过对不影响工程安全和使用功能的少数条文可以适当放宽一些。这些条文虽不像主控项目那样重要，但对工程安全、使用功能、重要部位的美观都是有较大影响的。这些项目在验收时，绝大多数抽查的处(件)，其质量指标都必须达到要求，虽有的专业质量验收规范规定有20%可以超过一定的指标，但也是有限的，通常不得超过规定值的150%，这样对工程质量的控制就更加严格，以进一步保证工程质量。

一般项目包括的内容如下。

(1)允许有一定偏差的项目放在一般项目中，用数据规定的标准，可以有个别偏差范围，最多可以有不超过20%的检查点超过允许偏差值，但也不能超过允许值的150%。

(2)对不能确定偏差值而又允许出现一定缺陷的项目，则以缺陷的数量来区分。如砖砌体预埋拉结筋的留置间距偏差，混凝土钢筋露筋的露出长度等。

(3)一些无法定量而定性描述的项目。如碎拼大理石地面颜色协调，无明显裂缝和坑洼；油漆工程中，中级油漆的光亮和光滑程度；卫生器具给水配件安装项目，接口严密，启闭部分灵活；管道接口项目，无外露油麻等。这些就要靠监理工程师来掌握。

3.5.2　分部(分项)质量验收记录

1. 资料表式

资料表式如表1.3.41和表1.3.42所示。

表 1.3.41　分部(子分部)工程质量验收表

工程名称		××住宅小区9#楼	项目技术负责人	×××
子分部工程名称		主体工程	项目质检员	×××
子分部工程施工单位		××建设有限公司	专业工长	×××
序号	分项工程名称	检验批数量	施工单位检查评定结果	监理(建设)单位验收结论
1	砌体工程	12	√	符合要求，同意验收
2	模板工程	28	√	符合要求，符合要求
3	钢筋工程	28	√	符合要求，符合要求
4	混凝土工程	28	√	符合要求，符合要求
…	…	…	…	…
质量管理			齐全，符合要求	同意验收
使用功能			符合要求，合格	同意验收
观感质量			好	同意验收
验收结论	专业施工单位	项目专业负责人：×××		××年×月×日
	总承包单位	项目负责人：×××		××年×月×日
	设计单位	项目负责人：×××		××年×月×日
	监理(建设)单位	监理工程师(建设单位项目专业负责人)：×××		××年×月×日

表 1.3.42　分项工程质量验收表

工程名称		××住宅小区9#楼	项目技术负责人	×××
子分部工程名称		一、二层混凝土结构	项目质检员	×××
分项工程名称		钢筋	专业工长	×××
分项工程施工单位		××建设有限公司	检验批数量	12
序号	检验批部位		施工单位检查评定结果	监理(建设)单位验收结论
1	一层东段柱		√	符合要求
2	一层东段梁板		√	符合要求
3	一层西段柱		√	符合要求
4	一层西段梁板		√	符合要求
5	二层东段		√	符合要求
6	二层西段		√	符合要求
…	…		…	…

续表

检查结论	符合设计及施工质量验收规范要求。 项目专业质量(技术)负责人：××× ××年×月×日	验收结论	同意验收。 监理工程师：××× (建设单位项目专业技术负责人) ××年×月×日

2. 验收要求

(1)分部(分项)工程质量验收合格应符合下列规定：

①分部(分项)工程所含分项工程及检验批均应验收合格；

②质量控制资料应完整；

③分项工程质量的验收是在检验批验收的基础上进行的，是一个统计过程，有时也有一些直接的验收内容，所以在验收分项工程时应注意资料的统一，一次进行登记整理，方便管理；

④地基与基础、主体结构和设备安装等分部工程有关安全及功能的检验和抽样检测结果应符合有关规定；

⑤观感质量验收应符合要求。

(2)验收内容：分部(分项)工程的验收内容、程序都是一样的。在一个分部工程中只有一个子分部工程时，子分部工程就是分部工程；当不是一个子分部工程时，可以逐个进行质量验收，然后应对各子分部工程的质量控制资料进行核查。地基与基础、主体结构和设备安装工程等分部工程中的子分部工程，对有关安全及功能的检验和抽样检测结果的资料进行核查，评价其观感质量。

(3)验收程序：分部(分项)工程应由施工单位将自行检查评定合格的表填写后，由项目经理交监理单位或建设单位验收。由总监理工程师组织施工项目经理及有关勘察(地基与基础部分)、设计(地基与基础及主体结构等)单位项目负责人进行验收，并按表的要求进行记录。

3. 填表说明

(1)表名：分部(分项)工程名称填写要具体。

(2)表头部分的工程名称填写工程全称，与检验批、分项工程、单位工程验收表的工程名称一致。

(3)施工单位填写全称。

(4)技术部门负责人及质量部门负责人多数情况下填写项目的技术及质量负责人，只有地基与基础、主体结构及重要设备安装分部(分项)工程填写施工单位的技术部门及质量部门负责人。

(5)“分包单位”栏有分包单位时才填，没有时不填，主体结构不应进行分包，分包单位名称要写全称，与合同或图章上的名称一致。分包单位负责人及分包单位技术负责人填写本项目的项目负责人及项目技术负责人。

(6)“分项工程名称”按分项工程第一个检验批施工先后的顺序填写，在第二栏内分别填写各分项工程实际的检验批数量及分项工程验收表上的检验批数量,并将各分项评定表按顺序附在表后。

(7)“施工单位检查评定结果”栏填写施工单位自行检查评定的结果。检查各分项工程是否都通过验收,有关有龄期试件的合格评定是否达到要求;有全高、垂直度或总标高的检验项目应进行检查验收。自检符合要求的,可打“√”标注,否则打“×”标注。有“×”的项目不能交给监理单位或建设单位验收,应进行返修,合格后再提交验收。监理单位或建设单位由总监理工程师或建设单位项目专业技术负责人组织审查,在符合要求后,在“验收结论”栏内标注“同意验收”。

(8)“质量控制资料核查”按资料核查的要求逐项进行核查。能基本反映工程质量情况,达到保证结构质量安全和使用功能的要求,即可通过验收。全部项目都通过,即可在“施工单位检查评定结果”栏内打“√”标注检查合格,并送监理单位或建设单位验收,由监理单位总监理工程师组织审查,在符合要求后,在“验收结论”栏内签注“同意验收”。

(9)安全及主要使用功能核查及抽查结果:在核查时要注意,在开工之前确定的项目是否都进行了检测;逐一检查每个检测报告,核查每个检测项目的检测方法、程序是否符合有关标准规定;检测结果是否达到规范的要求;检测报告的审批程序签字是否完整,在每个报告上标注“审查同意”。每个检测项目都通过审查,即可在“施工单位检查评定结果”栏内打“√”标注检查合格,由项目经理送监理单位或建设单位验收,由监理单位总监理工程师或建设单位项目专业技术负责人组织审查,在符合要求后,在“验收结论”栏内标注“同意验收”。

(10)观感质量:并非只检查外观质量,有能启动或运转的要启动或试运转,能打开看的要打开看,有代表性的房间、部位都应走到,并由施工单位项目经理组织进行现场检查,经检查合格后,将施工单位填写的内容填写好,由项目经理签字后交监理单位或建设单位验收。由监理单位总监理工程师或建设单位项目专业负责人组织验收,在听取参加人员意见的基础上,以总监理工程师或建设单位项目专业负责人为主导共同评价质量,即好、一般或差,由施工单位项目经理和总监理工程师或建设单位项目专业负责人共同签认。评价观感质量差的项目,能修理的尽量修理,如果确难修理,只要不影响结构安全和使用功能,可采取协商的方法进行验收,并在验收表上注明,然后将验收评价结论填写在分部(分项)工程“观感质量”栏内。

(12)验收单位签字认可。按列表参与工程建设单位的有关人员应亲自签名,以示负责,以便追查质量责任。

①勘察单位可只签认地基基础分部(分项)工程,由项目负责人亲自签认。

②设计单位可只签认地基基础、主体结构及重要设备安装分部(分项)工程,由项目负责人亲自签认。

③施工总承包单位必须签认,由项目经理亲自签认,有分包单位的分包单位也必须由分包项目经理亲自签认其分包的分部(分项)工程。

④监理单位作为验收方,由总监理工程师亲自签认验收。如果规定不委托监理单位的工程,可由建设单位项目专业负责人亲自签认验收。

3.5.3　地基、主体结构检验及抽样检查资料

1. 资料表式

资料表式如表1.3.43所示。

表1.3.43　地基、主体结构检验及抽样检查汇总表

工程名称	××住宅小区××楼			
结构类型	框架结构	地基基础类型	桩基础	
检测项目	检测部位	检测数量	检测日期	备注
混凝土同条件试块强度	地基基础	10	××年×月×日	
结构实体钢筋保护层厚度	地基基础	10	××年×月×日	
混凝土同条件试块强度	主体工程	12	××年×月×日	
结构实体钢筋保护层厚度	主体工程	12	××年×月×日	
…	…	…	…	…

项目(专业)技术负责人:×××　　　　质量检查员:×××

日　　期:××年×月×日

2. 验收要求及说明

1)地基与基础分部工程质量监督验收的程序和要求

(1)地基与基础分部(子分部)工程施工完成后,施工单位应组织相关人员检查,在自检合格的基础上报监理机构的项目总监理工程师(建设单位项目负责人)。

(2)地基与基础分部工程验收前,施工单位应将分部工程的质量控制资料整理成册报送项目监理机构审查,监理核查符合要求后由总监理工程师签署审查意见,并于验收前3个工作日通知质监站。

(3)总监理工程师(建设单位项目负责人)收到上报的验收报告应及时组织参建五方对地基与基础分部工程进行验收,验收合格后应填写地基与基础分部工程质量验收记录,并签注验收结论和意见,相关责任人签字并加盖单位公章,附分部工程观感质量检查记录。

(4)总监理工程师(建设单位项目负责人)组织对地基与基础分部工程验收时,必须有以下人员参加:总监理工程师、建设单位项目负责人、设计单位项目负责人、勘察单位项目负责人、施工单位技术质量负责人及项目经理等。

2)地基与基础分部工程验收应具备的条件

(1)地基与基础分部工程验收前,基础墙面上的施工孔洞须按规定镶堵密实,并做隐蔽工程验收记录;未经验收不得进行回填土分项工程的施工,对确需分阶段进行地基与基础分部工

程质量验收的,建设单位项目负责人应在质监交底会上向质监人员提交书面申请,并及时向质监站备案。

(2)混凝土结构工程模板应拆除,并将其表面清理干净,混凝土结构存在缺陷处应完成整改。

(3)楼层标高控制线应清楚弹出,竖向结构主控轴线应弹出墨线,并做醒目标志。

(4)工程技术资料存在的问题均已悉数整改完成。

(5)施工合同和设计文件规定的地基与基础分部工程施工的内容已完成,检验、检测报告(包括环境检测报告)应符合现行验收规范和标准的要求。

(6)安装工程中各类管道预埋结束,相应测试工作已完成,测试结果符合规定要求。

(7)地基与基础分部工程施工中,质监站发出整改(停工)通知书要求整改的质量问题都已整改完成,整改完成报告书已送质监站归档。

3)主体结构工程验收的程序和要求

(1)主体分部(子分部)工程施工完成后,施工单位应组织相关人员检查,在自检合格的基础上报监理机构的总监理工程师(建设单位项目负责人)。

(2)主体分部工程验收前,施工单位应将分部工程质量控制资料签注结论和意见并整理成册报送监理机构审查,符合要求后由总监理工程师签署审查意见,并于验收前3个工作日通知质监站。

(3)总监理工程师(建设单位项目负责人)收到上报的验收报告应及时组织参建四方对主体分部工程进行验收,验收合格后应填写主体分部工程质量验收记录,相关责任人签字并加盖公章,附分部工程观感质量检查记录。

(4)总监理工程师(建设单位项目负责人)组织对主体分部工程验收时,必须有以下人员参加:总监理工程师、建设单位项目负责人、设计单位项目负责人、施工单位技术质量负责人及项目经理。

4)主体分部工程验收应具备的条件

(1)主体分部工程验收前,墙面上的施工孔洞须按规定镶堵密实,并做隐蔽工程验收记录;未经验收不得进行装饰装修工程的施工,对确需分阶段进行主体分部工程质量验收的,建设单位项目负责人应在质监交底会上向质监人员提出书面申请,并经质监站同意。

(2)混凝土结构工程模板应拆除,并将其表面清理干净,混凝土结构存在缺陷处应完成整改。

(3)楼层标高控制线应清楚弹出墨线,并做醒目标志。

(4)工程技术资料存在的问题均已悉数整改完成。

(5)施工合同和设计文件规定的主体分部工程施工的内容已完成,检验、检测报告应符合现行验收规范和标准的要求。

(6)安装工程中各类管道预埋结束,位置尺寸准确,相应测试工作已完成,测试结果符合规定要求。

(7)主体分部工程验收前,可完成样板间或样板单元的室内粉刷。

(8)主体分部工程施工中,质监站发出整改(停工)通知书要求整改的质量问题都已整改完成,整改完成报告书已送质监站归档。

3. 工作要求

1)地基与基础分部工程监督抽查、检查的主要内容

(1)对实体质量抽查的一般规定如下。

①抽查施工作业面的施工质量,突出对强制性标准的执行情况的检查。

②重点检查结构质量、环境质量和使用功能,其中重点监督地基基础和涉及结构安全的关键部位。

③抽查涉及结构安全和使用功能的主要材料、构配件和设备的出厂合格证、试验报告、见证取样送检资料及结构实体检测报告。

④抽查结构混凝土及承重砌体施工过程的质量控制情况。

⑤实体质量检查要辅以必要的监督检测。

(2)检查地基与基础分部工程外观的观感质量。

(3)检查工程参建各方质量行为和质量制度履行情况。

2)主体分部工程监督抽查、检查的主要内容

(1)对实体质量抽查的一般规定如下。

①抽查施工作业面的施工质量,突出对强制性标准的执行情况的检查。

②重点检查结构质量和使用功能,其中重点监督涉及结构安全的关键部位。

③抽查涉及结构安全和使用功能的主要材料、构配件和设备的出厂合格证、试验报告、见证取样送检资料及结构实体检测报告。

(2)抽查结构混凝土及承重砌体施工过程的质量控制情况。

(3)实体质量检查要辅以必要的监督检测。

(4)检查主体分部工程外观的观感质量。

(5)检查工程参建各方质量行为和质量制度履行情况。

3.5.4　单位工程观感质量检查记录

单位工程观感质量检查记录是在分部工程验收合格的基础上进行观感质量检查的记录。

1. 资料表式

资料表式如表1.3.44所示。

表 1.3.44 单位(子单位)工程观感质量检查记录

工程名称		×××文化艺术中心							施工单位	×××建筑工程有限责任公司				
序号	项目		抽查质量状况										质量评价		
													好	一般	差
1	建筑与结构	室外墙面	√	√	√	√	√	√	○	√	√	√	√		
2		变形缝	√	√	√	√	√	√	√	√	√	√	√		
3		水落管、屋面	√	√	√	√	√	√	√	√	√	√	√		
4		室内墙面	√	√	√	√	√	√	√	√	√	√	√		
5		室内顶棚	√	√	√	√	√	○	√	√	√	√	√		
6		室内地面	√	√	√	√	√	√	√	√	√	√	√		
7		楼梯、踏步、护栏	√	√	√	○	○	○	√	√	√	√		√	
8		门窗	√	√	√	√	√	√	√	○	√	√	√		
1	给排水与采暖	管道接口、坡度、支架	√	√	√	√	√	√	√	√	√	√	√		
2		卫生器具、支架、阀门	√	√	√	√	√	√	○	√	√	√	√		
3		检查口、扫除口、地漏	√	√	√	√	√	√	√	√	√	√	√		
4		散热器、支架	√	√	√	√	√	○	√	√	√	√	√		
1	建筑电气	配电箱、盘、板,接线盒	√	√	○	○	√	○	√	○	√	√		√	
2		设备器具、开关、插座	√	√	√	√	√	√	√	√	√	√	√		
3		防雷、接地	√	√	○	√	√	√	√	√	√	√	√		
1	通风与空调	风管、支架	√	√	√		√	√	√	√	√	√	√		
2		风口、风阀	√	√	√	√	√	√	√	√	√	√	√		
3		风机、空调设备	√	√	√	○	√	○	√	○	√	√		√	
4		阀门、支架	√	√	√	√	√	√	√	√	√	√	√		
5		水泵、冷却塔	√	√	√	√	√	√	○	√	√	√	√		
6		绝热	√	√	√	√	√	√	√	√	√	√	√		
1	电梯	运行、平层、开关门	√	√	√	√	√	√	√	√	√	√	√		
2		层门、信号系统	√	√	√	√	○	√	√	√	√	√	√		
3		机房	√	√	√	√	√	√	√	√	√	√	√		
1	智能建筑	机房设备安装及布局													
2		现场设备安装													
观感质量综合评价			好												

续表

检查结论	工程观感质量综合评价为好，验收合格。 施工单位项目经理：×××　　　　总监理工程师：××× 　　　　　　　　　　　　　　　　（建设单位项目负责人） ××年×月×日　　　　　　　　　××年×月×日

2. 资料要求

(1)应检查的内容齐全，无应检未检项目，各专业质量等级评定结论正确。

(2)责任制签字齐全。

(3)填写内容齐全、评定正确为符合要求；应检项目不全为不符合要求。

3. 填表说明

(1)"施工单位"填写合同法人的施工单位名称，按实际填写。

(2)"项目"栏中工程观感质量检查共5项：建筑与结构、给排水与采暖、建筑电气、通风与空调、电梯、智能建筑。检查项目不得增加或减少(合理缺项除外)。

(3)"抽查质量状况"栏中，一般每个子项目抽查10个点，可以自行设定一个代号，如"好"打"√"，"一般"画"○"，"差"打"×"。

(4)"质量评价"按抽查质量状况的数据统计结果，权衡给出"好""一般"或"差"的评价。

(5)"观感质量综合评价"可由参加观感质量检查的人员根据子项目质量情况进行评价，权衡得出结果并填写。

(6)"检查结论"栏中的结论意见由检查记录人根据参加人评价的结果填写，施工单位的项目经理、项目监理机构的总监理工程师等核查同意后签字有效。

3.5.5　建筑节能工程质量验收记录

建筑节能工程为单位建筑工程的一个分部工程，包括墙体节能工程、幕墙节能工程、门窗节能工程、屋面节能工程、地面节能工程、采暖节能工程、通风与空调节能工程、空调与采暖系统的冷热源和附属设备及管网节能工程、配电与照明节能工程、监测与控制节能工程10个分项工程。

1. 资料表式

资料表式如表1.3.45所示。

表1.3.45　建筑节能分部工程质量验收记录

工程名称	×××工程	结构类型	砖混	层数	二层
施工单位	××市政建设有限公司	技术部门负责人	×××	质量部门负责人	×××

续表

<table>
<tr><td>分包单位</td><td>—</td><td>分包单位负责人</td><td>—</td><td>分包技术负责人</td><td>—</td></tr>
<tr><td>序号</td><td colspan="2">分项工程名称</td><td>验收结论</td><td>监理工程师签字</td><td>备注</td></tr>
<tr><td>1</td><td colspan="2">墙体节能工程</td><td>合格</td><td>×××</td><td></td></tr>
<tr><td>2</td><td colspan="2">幕墙节能工程</td><td>合格</td><td>×××</td><td></td></tr>
<tr><td>3</td><td colspan="2">门窗节能工程</td><td>合格</td><td>×××</td><td></td></tr>
<tr><td>4</td><td colspan="2">屋面节能工程</td><td>合格</td><td>×××</td><td></td></tr>
<tr><td>5</td><td colspan="2">地面节能工程</td><td>合格</td><td>×××</td><td></td></tr>
<tr><td>6</td><td colspan="2">采暖节能工程</td><td>合格</td><td>×××</td><td></td></tr>
<tr><td>7</td><td colspan="2">通风与空调节能工程</td><td>合格</td><td>×××</td><td></td></tr>
<tr><td>8</td><td colspan="2">空调与采暖系统的冷热源和附属设备及管网节能工程</td><td>合格</td><td>×××</td><td></td></tr>
<tr><td>9</td><td colspan="2">配电与照明节能工程</td><td>合格</td><td>×××</td><td></td></tr>
<tr><td>10</td><td colspan="2">监测与控制节能工程</td><td>合格</td><td>×××</td><td></td></tr>
<tr><td colspan="4">质量控制资料</td><td>合格</td><td></td></tr>
<tr><td colspan="4">外墙节能构造现场实体检测</td><td>合格</td><td></td></tr>
<tr><td colspan="4">外墙气密性现场实体检测</td><td>合格</td><td></td></tr>
<tr><td colspan="4">系统节能性能检测</td><td>合格</td><td></td></tr>
<tr><td colspan="4">验收结论</td><td>合格</td><td></td></tr>
<tr><td colspan="4">其他参加验收人员</td><td>×××</td><td></td></tr>
<tr><td rowspan="4">验收单位</td><td>分包单位</td><td colspan="4">—</td></tr>
<tr><td>施工单位：×××</td><td colspan="4">项目经理：××× ××年×月×日</td></tr>
<tr><td>设计单位：×××</td><td colspan="4">项目专业负责人：××× ××年×月×日</td></tr>
<tr><td>监理(建设)单位：</td><td colspan="4">总监理工程师：×××
(建设单位项目负责人) ××年×月×日</td></tr>
</table>

2. 验收要求及说明

(1)建筑节能工程的质量检测，除规范规定的以外，应由具备资质的检测机构承担。

(2)建筑节能工程应按照分项工程进行验收。当建筑节能分项工程的工程量较大时，可以将分项工程划分为若干个检验批进行验收；当建筑节能工程验收无法按照上述要求划分分项工程或检验批时，可由建设、监理、施工等各方协商进行划分，但验收项目、验收内容、验收标准和验收记录均应遵守规范的规定。

(3)建筑节能分部工程的质量验收，应在检验批、分项工程全部验收合格的基础上，进行外墙节能构造实体检验，严寒、寒冷和夏热冬冷地区的外窗气密性现场检测以及系统节能性能检测和系统联合试运转与调试，确认建筑节能工程质量达到验收条件后方可进行。

(4)建筑节能分项工程和检验批的验收应单独填写验收记录,节能验收资料应单独组卷。

(5)节能工程的检验批验收和隐蔽工程验收应由监理工程师主持,施工单位相关专业的质量检查员与施工员参加;节能分项工程验收应由监理工程师主持,施工单位项目技术负责人和相关专业的质量检查员、施工员参加;必要时可邀请设计单位相关专业的人员参加;节能分部工程验收应由总监理工程师(建设单位项目负责人)主持,施工单位项目经理、项目技术负责人和相关专业的质量检查员、施工员参加;施工单位的质量或技术负责人应参加;设计单位节能设计人员应参加。

(6)建筑节能工程验收时应核查下列资料,并纳入竣工技术档案。

①设计文件、图纸会审记录、设计变更和洽商。

②主要材料、设备和构件的质量证明文件、进场检验记录、进场核查记录、进场复验报告、见证试验报告。

③隐蔽工程验收记录和相关图像资料。

④分项工程质量验收记录,必要时应核查检验批验收记录。

⑤建筑围护结构节能构造现场实体检验记录。

⑥严寒、寒冷和夏热冬冷地区外窗气密性现场检测报告。

⑦风管及系统严密性检验记录。

⑧现场组装的组合式空调机组的漏风量测试记录。

⑨设备单机试运转及调试记录。

⑩系统联合试运转及调试记录。

⑪系统节能性能检验报告。

⑫其他对工程质量有影响的重要技术资料。

3. 填表说明

建筑节能分部工程质量验收合格,应符合下列规定。

(1)分项工程应全部合格。

(2)检验批应按主控项目和一般项目验收,主控项目应全部合格,一般项目也应合格。当采用计数检验时,至少应有90%以上的检查点合格,且其余检查点不得有严重缺陷;应具有完整的施工操作依据和质量验收记录。

(3)质量控制资料应完整。

(4)外墙节能构造现场实体检验结果应符合设计要求。

(5)严寒、寒冷和夏热冬冷地区的外窗气密性现场实体检验结果应合格。

(6)建筑设备工程系统节能性能检测结果应合格。

3.6　小结

本任务主要介绍了建筑工程施工资料组成,重点介绍了施工资料管理流程,施工管理、质量控制管理、安全及使用功能管理、建筑工程质量验收等施工资料的内容。学生应重点掌握各种施工资料的内容及填写方法。

任务4 竣工图资料及其组成

4.1 竣工图的概念及作用

4.1.1 竣工图的概念

《建设工程文件归档规范》中提到“竣工图”是工程竣工验收后,真实反映建筑工程项目施工结果的图样。

竣工图是在施工图的基础上修改完善形成的,项目开工前,设计单位先设计出项目的施工图,施工单位依据施工图进行施工。在工程项目的施工过程中,会产生各种原因引起的变更:第一,设计单位可能会因为设计上的错误、设计深度不够或其他原因而提出图纸尺寸差错更正、图纸细部增补详图等设计变更;第二,发包单位根据工程实际需要提出的对原设计的变动或项目的增减而引起的变更设计;第三,由承包单位、监理单位根据工程现场实际情况,从优化设计、提高工程质量、提高施工效率等有利于工程建设角度提出的合理化建议,称为变更洽商。

项目竣工后,必须由各专业技术人员根据一定的原则和上述变更对原施工图进行修改或重新绘制,使最终的实物工程与图纸上反映出来的工程相符。

4.1.2 竣工图的作用

(1)竣工图是进行管理维修、改扩建的技术依据。

(2)竣工图是城市规划、建设审批等活动的重要依据。

(3)竣工图是司法鉴定裁决的法律凭证。

(4)竣工图是抗震、防灾、战后恢复重建的重要保障。

4.2 竣工图的组成

竣工图应按单位工程、专业、系统进行整理。

(1)总平面及竖向布置图。

(2)建筑竣工图。

(3)结构竣工图。

(4)给排水竣工图。

(5)强电(照明、设备用电)、弱电(通信、网络、电视)竣工图。

(6)暖气、通风、空调竣工图。

(7)设备安装竣工图。

(8)装饰、装修竣工图。

(9)其他专业竣工图。

4.3　竣工图编制的依据和基本要求

4.3.1　竣工图编制的依据

竣工图编制的依据有原施工图、图纸会审和设计交底记录、设计变更通知、变更洽商、施工记录、工程隐蔽检查记录、测量记录、其他已实施的指令性文件(如合同)。

4.3.2　竣工图编制的基本要求

(1)竣工图应是新蓝图,图纸应采用国家标准图幅,做到规格统一。

(2)竣工图编制应及时,在施工过程中按进度进行编制,而不是等到竣工后再编制,竣工图内容必须真实、准确、与施工实际相符,做到图、物一致,无遗漏和含糊不清的地方。

(3)在施工蓝图上改绘竣工图,可进行杠改,不能乱改、涂改和使用涂改液等。

(4)竣工图的字体要求是仿宋体或楷体,不允许字迹潦草、模糊不清、有错别字等。

(5)竣工图应按单位工程分专业进行编制,整理内容必须完整。

(6)竣工图章必须使用不褪色的红色印泥盖在图标栏的上方空白处或其他空白处,如果图纸正面实在没有空白处可盖在图纸背面,并在竣工图目录的备注中说明。

4.4　竣工图绘制要求及方法

(1)凡按施工图施工没有变动的,由施工单位(包括总包和分包施工单位)在原施工图上加盖“竣工图”标志后,可将其作为竣工图。

(2)在施工中,虽有一般性设计变更,但能将原施工图加以修改补充作为竣工图的,可以不重新绘制,由施工单位负责在原施工图(必须是新蓝图)上注明修改的部分,并附以设计变更通知单和施工说明,加盖“竣工图”标志后,可将其作为竣工图,具体的修改方法和要求要视修改的多少和篇幅大小而定。

①需要取消内容时,可以在原施工图上采用杠改法或叉改法,即在原施工图上用“—”或“×”将需要修改的部分画掉,并在修改处下方空白处注明修改依据,或采用引出索引线的方式,在索引线上方注明修改依据,如“详××年×月×日第×号设计变更第×条”或“××年×月×日图纸会审和设计交底记录”。

②需要修改原内容或增加内容时:

a. 在原图需要修改的实际位置,按相关规范要求绘制,并注明修改依据;

b. 如果在原图位置修改会影响图面的清晰度,应采用杠改法或叉改法将需要修改的部分画掉,然后在适当的空白处(一般在其上方)绘制,或用索引线引出进行修改,并注明修改依据;

c.如果在原图上无位置可绘制,可用碳素墨水笔将原施工图变更部位打“×”画掉,再按绘图要求绘制在另一张图上,并附在该专业图纸后面,并注明修改依据,周围空白处注明变更依据。

在修改原施工图的过程中,有的内容如果不能在改动处用简单的图表示清楚,那么就需要用适当的文字加以说明。

③修改时应注意的问题:

a.施工图纸目录要加盖竣工图章,凡有增加或补充的图纸要在原目录上依序列出图纸名称、图号、图幅大小,而作废的图纸要在对应目录上杠掉;

b.图上各种引出说明一般与图框线平行,引出线不能相互交叉,不能遮盖其他线条,所有变更的部分都应标明变更依据,做到图面整洁、美观、有序,且便于查阅。

④竣工图章:

a.所有改绘的竣工图都必须加盖竣工图章,用不易褪色的红印泥加盖,竣工图封面和目录同样应该加盖竣工图章,作为竣工图的一部分进行存档;

b.竣工图章上的相关人员签字必须完善,并按规定填写好竣工图章上的各项内容;

c.竣工图章的尺寸应规范。

(3)凡结构形式改变、工艺改变、平面布置改变、项目改变以及有其他重大改变,而不宜在原施工图上修改、补充者,应重新绘制改变后的竣工图。由设计原因造成的,由设计单位负责重新绘图;由施工原因造成的,由施工单位负责重新绘图;由其他原因造成的,由建设单位自行绘图或委托设计单位绘图。施工单位负责在新图上加盖“竣工图”标志并附以有关记录和说明,将其作为竣工图。

重大的改建、扩建工程涉及原有工程项目变更时,应将相关项目的竣工图资料统一整理归档,并在原图案卷增补必要的说明。

知识拓展

竣工图按照标准图幅进行绘制,按照《技术制图　复制图的折叠方法》(GB/T 10609.3—2009)折叠,图纸的折叠尺寸为A4,210 mm×297 mm,装订线留35~40 mm,图纸内容折向内,由于装订时图纸案卷左右厚度不等,故应在装订线一侧加垫块,将脊背垫平,力求整齐美观、方便查阅,同时也有利于长期保存,在裁剪时应注意不要裁剪到图纸内容,不要把内框线裁剪掉。

4.5　小结

本任务主要介绍了竣工图资料及其组成,着重介绍了工程竣工图的作用、组成以及竣工图的修改和绘制。需要注意的是,竣工图的绘制是在工程建设中逐步完成的,因此在工程建设过程中应收集所有与竣工图绘制相关的依据,完成一个分部工程就应及时绘制相应的竣工图。

任务5　建筑工程资料的立卷和编目

5.1　建筑工程资料立卷

5.1.1　立卷的原则与要求

建设工程文件归档时,单份文件除应满足质量要求外,还应该进行归纳整理并装订成册,即所谓的立卷。立卷从理论和实践上划清了文件与档案的界限。文件可转化为档案,但有条件:一是必须办理完毕;二是具有查考保存价值。归档以前是文件,归档以后是档案。立卷应根据《建设工程文件归档规范》的要求进行。

1. 立卷的原则

(1)立卷应遵循工程文件的自然形成规律,保持卷内文件的有机联系,便于档案的保管和利用。

(2)一个建设工程由多个单位工程组成时,工程文件应按单位工程组卷。

(3)工程资料应按不同的收集、整理单位及资料类别,按基建文件、监理资料、施工资料和竣工图分别进行组卷。

2. 立卷的要求

(1)案卷不宜过厚,厚度一般不超过40 mm。

(2)案卷内不应有重复文件。

(3)不同载体的文件一般应分别组卷。

5.1.2　立卷的方法

工程文件按建设程序划分为工程准备阶段文件、监理文件、施工文件、竣工图、竣工验收文件。

(1)工程准备阶段文件可按建设程序、专业、形成单位等组卷。

(2)监理文件可按单位工程、分部工程、专业、阶段等组卷。

(3)施工文件可按单位工程、分部工程、专业、阶段等组卷。

(4)竣工图可按单位工程、专业等组卷。

(5)竣工验收文件可按单位工程、专业等组卷。

5.1.3　卷内文件的排列顺序

卷内文件的排列应符合下列要求。

(1)文字材料按事项、专业顺序排列。同一事项的请示与批复、同一文件的印本与定稿、主件与附件不能分开,并应按批复在前、请示在后,印本在前、定稿在后,主件在前、附件在后的顺序排列。

(2)图纸按专业排列,同专业按图号顺序排列。

(3)既有文字又有图纸的卷案,文字材料在前,图纸在后。

5.1.4 组卷的具体排列顺序及要求

(1)基建文件组卷。基建文件可根据类别和数量的多少组成一卷或多卷,如工程决策立项文件卷,征地拆迁文件卷,勘察、测绘与设计文件卷,工程开工文件卷,商务文件卷,工程竣工验收与备案文件卷。同一类基建文件还可根据数量多少组成一卷或多卷。移交城建档案馆基建文件的组卷内容和顺序可参考资料规程。

(2)监理资料组卷。监理资料可根据资料类别和数量多少组成一卷或多卷。

(3)施工资料组卷。施工资料组卷应按照专业、系统划分,每一专业、系统再按照资料类别排列,并根据数量多少组成一卷或多卷。对于专业化程度高、施工工艺复杂、通常由专业分包施工的子分部(分项)工程,应分别单独组卷,如有支护土方、地基(复合)、桩基、预应力、钢结构、木结构、网架(索膜)、幕墙、供热锅炉、变配电室和智能建筑工程的各系统应单独组卷,并按照顺序排列,且根据资料数量的多少组成一卷或多卷。

(4)竣工图组卷。竣工图应按专业进行组卷,可分为工艺平面布置竣工图卷、建筑竣工图卷、结构竣工图卷、给排水及采暖竣工图卷、建筑电气竣工图卷、智能建筑竣工图卷、通风空调竣工图卷、电梯竣工图卷、室外工程竣工图卷等,每一专业可根据图纸数量多少组成一卷或多卷。

(5)向城建档案馆报送的工程档案应按《建设工程文件归档规范》的要求进行组卷。

(6)单位工程档案总案卷超过20卷的,应编制总目录卷。

5.2 建筑工程资料案卷的编目

5.2.1 编制卷内文件页号的规定

编制卷内文件页号应符合下列规定。

(1)卷内文件均按有书写内容的页面编号,每卷单独编号,页号从“1”开始。

(2)页码编写位置:单面书写的文件在右下角;双面书写的文件,正面在右下角,背面在左下角;折叠后的图纸一律在右下角。

(3)成套图纸或印刷成册的科技文件材料,自成一卷的,原目录可代替卷内目录,不必重新编写页码。

(4)案卷封面、卷内目录、卷内备考表不编写页码。

5.2.2　卷内目录的编制规定

工程档案卷内目录的式样应符合规范的要求，如表 1.5.1 所示。

表 1.5.1　卷内目录

序号	文件编号	责任者	文件题名	日期	页次	备注

(1)序号：以一份文件为单位，用阿拉伯数字从“1”依次标注。

(2)文件编号：填写工程文件原有的文号或图号。

(3)责任者：填写文件的直接形成单位和个人，有多个责任者时，选择两个主要责任者，其余用“等”代替。

(4)文件题名：填写文件标题的全称。

(5)日期：填写文件形成的日期。

(6)页次：填写文件在卷内排列的起始页号，最后一份文件填写起止页号。

卷内目录排列在卷内文件首页之前。

5.2.3　卷内备考表的编制规定

卷内备考表用于说明卷内文件的整体状况。卷内备考表的编制应符合下列规定。

(1)卷内备考表的式样应符合规范的要求，如表 1.5.2 所示。

表 1.5.2　卷内备考表

本案卷共有文件材料______页。

其中：文字材料：__________页；

图样材料：______________ 页；

照片：__________________ 张。

说明：

组卷人：

年　　月　　日

审核人：

年　　月　　日

(2)卷内备考表主要标明卷内文件的总页数、各类文件页数(照片张数)以及立卷单位对案卷情况的说明。

(3)卷内备考表排列在卷内文件的尾页之后。

(4)“说明”处填写卷内文件复印件情况、页码错误情况、文件的更换情况等，若无可不填写。

5.2.4 案卷封面的编制规定

案卷封面的编制应符合下列规定。

(1)案卷封面印刷在卷盒、卷夹的正表面,也可以采用内封面形式。案卷封面的式样应符合规范的要求。

(2)案卷封面的内容应包括档号、档案馆代号、案卷题名、编制单位、起止日期、密级、保管期限、共几卷、第几卷,见表1.5.3。

①档号应由分类号、项目号和案卷号组成,档号由档案保管单位填写。

②档案馆代号应填写国家给定的本档案馆的编号,档案馆代号由档案馆填写。

③案卷题名应简明、准确地揭示卷内文件的内容,案卷题名应包括工程名称、专业名称、卷内文件的内容。

④编制单位应填写案卷内文件的形成单位或主要责任者。

⑤起止日期应填写案卷内全部文件形成的起止日期。

⑥保管期限分为永久、长期、短期三种。永久指工程档案需永久保存;长期指工程档案的保存期限等于该工程的使用寿命;短期指工程档案保存20年以下。同一案卷内有不同保管期限的文件,该案卷保管期限应从长计算。

⑦密级分为绝密、机密、秘密三种。同一案卷内有不同密级的文件,应以高密级为本卷密级。

用外文编制的工程档案,其封面、目录、备考表都必须用中文填写。

卷内目录、卷内备考表、案卷内封面应采用70 g以上白色书写纸制作,幅面统一采用A4幅面。

表1.5.3 城市建设档案封面

档案馆代号:

城市建设档案

名　　称:______________________________

案卷题名:______________________________

编制单位:______________________________

技术主管:______________________________

编制日期:自　　年　　月　　日起　　至　　年　　月　　日止

保管期限:__________　　密　　级:__________

保存档号:______________

共　　卷　　　第　　卷

5.2.5　案卷装订

1. 案卷装订要求

案卷可采用装订与不装订两种形式。

(1)文字材料必须装订。

(2)既有文字材料,又有图纸的案卷应装订。

(3)装订时,小于A4幅面的资料要用A4(210 mm×297 mm)白纸衬托。

(4)装订应采用棉线三孔左侧装订法,棉线装订结打在背面,装订线距左侧20 mm,上下两孔分别距中孔80 mm。装订要整齐、牢固,便于保管和利用。

(5)装订时必须剔除案卷中的金属物,装订线一侧根据案卷薄厚加垫草板纸。

(6)装订时,须将封面、目录、备考表、封底与案卷一起装订。

(7)图纸散装在卷盒内时,需将案卷封面、目录、备考表在左上角用棉线装订在一起。

2. 卷盒、卷夹与案卷脊背

案卷采用统一规格尺寸的装具。属于工程档案的文字、图纸材料一律采用城建档案馆监制的硬壳卷夹或卷盒两种形式。

(1)卷盒的外表尺寸为310 mm×220 mm,厚度分别为30 mm、50 mm。

(2)卷夹的外表尺寸为310 mm×220 mm,厚度为25 mm。

(3)少量特殊的档案也可采用外表尺寸为310 mm×430 mm,厚度为50 mm的卷盒。

(4)案卷软(内)卷皮尺寸为297 mm×210 mm。

(5)卷盒、卷夹应采用无酸纸制作。

案卷脊背的内容包括档号、案卷题名,由档案保管单位填写。城建档案馆的案卷脊背由城建档案馆填写。式样应符合规范。

5.3　小结

本任务介绍了建筑工程资料的立卷与编目,着重介绍了建筑工程资料立卷的原则、要求、方法,组卷的顺序和具体要求,建筑工程资料案卷卷内文件页号、卷内目录、卷内备考表、卷内封面等的编制规定以及案卷的装订等内容。

任务6　建筑工程竣工验收介绍

6.1　建筑工程竣工验收与交付的概念

建筑工程项目的竣工验收是施工全过程的最后一道程序,是建设投资成果转入生产或使用的标志,也是全面考核投资效益、检验设计和施工质量的重要环节。

建设单位收到工程竣工报告后,应当组织设计、施工、工程监理等有关单位进行竣工验收。建设工程经验收合格后,方可交付使用。

建设单位是建筑工程的投资者、使用者、产权所有者,由其组织竣工验收,实现建设单位对建设工程质量的全面负责。在工程建设全过程中,工程建设参与各方应按各自分工范围分别承担质量责任,即“谁施工谁负责,谁设计谁负责,谁监理谁负责,谁建设谁负责”。

6.2 建筑工程竣工验收与交付的条件

按照《建设工程质量管理条例(2017)》的规定,建设单位收到工程竣工报告后,应当组织设计、施工、监理等有关单位进行竣工验收。

6.2.1 建筑工程竣工验收应当具备的条件

(1)完成建筑工程设计和合同约定的各项内容。

(2)有完整的技术档案和施工管理资料。

(3)有工程使用的主要建筑材料、建筑构配件和设备的进场试验报告。

(4)有勘察、设计、施工、监理等单位分别签署的质量合格文件。

(5)有施工单位签署的工程保修书。

建筑工程经验收合格后,方可交付使用。

6.2.2 建筑工程竣工验收必须满足的要求

为规范房屋建筑工程和市政基础设施工程的竣工验收,保证工程质量,根据《中华人民共和国建筑法》和《建设工程质量管理条例(2017)》,制定了《房屋建筑和市政基础设施工程竣工验收备案管理办法》。其中第五条规定建筑工程竣工验收必须满足以下要求。

(1)完成建筑工程设计和合同约定的各项内容。

(2)施工单位在工程完工后对工程质量进行了检查,确认工程质量符合有关法律、法规和工程建设强制性标准要求,符合设计文件及合同要求,并提出工程竣工报告。工程竣工报告应经项目经理和施工单位有关负责人审核签字。

(3)对于委托监理的工程项目,监理单位对工程进行了质量评估,具有完整的监理资料,并提出工程质量评估报告。工程质量评估报告应经总监理工程师和监理单位有关负责人审核签字。

(4)勘察、设计单位对勘察、设计文件及施工过程中由设计单位签署的设计变更通知书进行了检查,并提出质量检查报告。质量检查报告应经该项目勘察、设计负责人和勘察、设计单位有关负责人审核签字。

(5)有完整的技术档案和施工管理资料。

(6)有工程使用的主要建筑材料、建筑构配件和设备的进场试验报告以及工程质量检测和功能性试验资料。

(7)建设单位已按合同约定支付工程款。

(8)有施工单位签署的工程质量保修书。

(9)对于住宅工程,进行分户验收并验收合格,建设单位按户出具“住宅工程质量分户验收表”。

(10)建设主管部门及工程质量监督机构责令整改的问题全部整改完毕。

(11)法律、法规规定的其他条件。

6.3　建筑工程竣工验收管理制度

建筑工程竣工验收应遵循以下内容。

(1)完成建筑工程设计和合同约定的各项内容,达到竣工标准的,应组织竣工验收。

(2)对符合竣工验收条件的,组织勘察、设计、施工、监理等单位和其他有关方面的专家组成验收组,制定验收方案,由法人代表或委托的负责人担任组长。

(3)应在竣工验收7个工作日前通知质量监督机构,并申领建设工程竣工验收备案表和建设工程竣工验收报告。

(4)由验收组组长按规定主持竣工验收。

①书面汇报工程项目建设质量情况,合同履约及执行国家法律、法规和工程建设强制性标准情况。

②检查工程实物质量、工程建设参与各方提供的竣工资料,对建筑工程的使用功能进行抽查、试验。

(5)汇总验收情况,听取质量监督机构的意见。

(6)形成竣工验收意见,填写建设工程竣工验收备案表和建设工程竣工验收报告,验收组人员分别签字。

(7)当验收过程中发现严重问题,达不到竣工验收标准时,应责成责任单位立即整改。

(8)当竣工验收组各方不能形成一致的竣工验收意见时,应当协调提出解决办法,待意见一致后,重新组织工程竣工验收。协商不成时,应报建设主管部门或质量监督机构进行裁决。

6.4　建筑工程竣工验收依据

建筑工程竣工验收依据主要包括以下法律、法规、规章和规范性文件。

(1)《中华人民共和国建筑法》。

(2)《中华人民共和国合同法》。

(3)《建设工程质量管理条例》。

(4)《建设工程勘察设计管理条例》。

(5)《房屋建筑和市政基础设施工程竣工验收备案管理办法》。

(6)《建筑工程施工质量验收统一标准》(GB 50300—2013)。

(7)《建设工程文件归档规范》(GB/T 50328—2014)。

(8)《建筑工程资料管理规程》(JGJ/T 185—2009)。

任务7　建筑工程竣工验收资料管理、汇总

7.1　建筑工程资料管理

7.1.1　建筑工程资料管理职责

建筑工程资料管理职责包括对建设单位、施工单位、监理单位、勘察单位、设计单位、城建档案馆等的全部工程资料的整理和汇编。工程资料不仅由施工单位提供,参与工程建设的建设单位、承担监理任务的监理单位或咨询单位都有收集、整理、签署、核查工程资料的责任。建设、施工、监理、设计、勘察等单位应将工程文件的形成和收集纳入工程建设的各个环节和有关人员的职责范围内。

7.1.2　建筑工程资料的移交与归档

1. 工程资料的移交

工程资料的移交应符合下列规定。

(1)施工单位和监理单位应分别向建设单位提交施工资料和监理资料。

(2)实行施工总承包的,各专业承包单位应向施工总承包单位移交施工资料。

(3)工程资料移交时应及时办理相关移交手续,填写工程资料移交书、移交目录。

(4)建设单位应按国家有关法规和标准规定向城建档案管理部门移交工程档案,并办理移交手续。有条件时,向城建档案管理部门移交的工程档案应为原件。

2. 工程资料归档

工程资料归档应符合下列规定。

(1)工程参建各方应按表1.7.1规定的内容将工程资料归档保存(见《建筑工程资料管理规程》规定)。

(2)归档保存的工程资料,其保存期限应符合下列规定。

①工程资料归档保存期限应符合国家现行有关标准的规定;当无规定时,不宜少于5年。

②建设单位工程资料归档保存期限应满足工程维护、修缮、改造、加固的需要。

③施工单位的工程资料归档保存期限应满足工程质量保修及质量追溯的需要。

表 1.7.1　工程竣工验收资料类别、来源及保存

工程资料类别	工程资料名称		工程资料来源	工程资料保存			
				施工单位	监理单位	建设单位	城建档案馆
监理资料	竣工验收资料	单位(子单位)工程竣工预验收报验表	施工单位	●	●	●	
		单位(子单位)工程质量竣工验收记录	施工单位	●	●	●	●
		单位(子单位)工程质量控制资料核查记录	施工单位	●	●	●	●
		单位(子单位)工程安全和功能检验资料核查及主要功能抽查记录	施工单位	●	●	●	●
		单位(子单位)工程观感质量检查记录	施工单位	●	●	●	●
		工程质量评估报告	监理单位	●	●	●	●
		监理费用决算资料	监理单位		○	●	
		监理资料移交书	监理单位		●	●	
施工资料	竣工验收资料	工程竣工报告	施工单位	●	●	●	●
		单位(子单位)工程竣工预验收报验表	施工单位	●	●	●	
		单位(子单位)工程质量竣工验收记录	施工单位	●	●	●	●
		单位(子单位)工程质量控制资料核查记录	施工单位	●	●	●	●
		单位(子单位)工程安全和功能检验资料核查及主要功能抽查记录	施工单位	●	●	●	●
		单位(子单位)工程观感质量检查记录	施工单位	●	●	●	●
		施工决算资料	施工单位	○	○	●	
		施工资料移交书	施工单位	●	●	●	
		房屋建筑工程质量保修书	施工单位	●	●	●	

续表

工程资料类别	工程资料名称		工程资料来源	工程资料保存			
				施工单位	监理单位	建设单位	城建档案馆
竣工图	建筑与结构竣工图	建筑竣工图	编制单位	●		●	●
		结构竣工图	编制单位	●		●	●
		钢结构竣工图	编制单位	●		●	●
	建筑装饰与装修竣工图	幕墙竣工图	编制单位	●		●	●
		室内装饰竣工图	编制单位	●		●	
	建筑给水、排水与采暖竣工图		编制单位	●		●	●
	建筑电气竣工图		编制单位	●		●	●
	智能建筑竣工图		编制单位	●		●	●
	通风与空调竣工图		编制单位	●		●	●
	室外工程竣工图	室外给水、排水、供热、供电、照明管线等竣工图	编制单位	●		●	●
		室外道路、园林绿化、花坛、喷泉等竣工图	编制单位	●		●	●
竣工验收文件	单位(子单位)工程质量竣工验收记录		施工单位	●	●	●	●
	勘察单位工程质量检查报告		勘察单位	○	○	●	●
	设计单位工程质量检查报告		设计单位	○	○	●	●
	工程竣工验收报告		建设单位	●	●	●	●
	规划、消防、环保等部门出具的认可文件或准许使用文件		政府主管部门	●	●	●	●
	房屋建筑工程质量保修书		施工单位			●	
	住宅质量保证书、住宅使用说明书		建设单位	●	●	●	●
	建设工程竣工验收备案表		建设单位	●	●	●	●
竣工决算文件	施工决算资料		施工单位	○	○	●	●
	监理费用决算资料		监理单位		○	●	●

续表

工程资料类别	工程资料名称	工程资料来源	工程资料保存			
			施工单位	监理单位	建设单位	城建档案馆
竣工文档文件	工程竣工档案预验收意见	城建档案管理部门			●	●
	施工资料移交书	施工单位	●		●	
	监理资料移交书	监理单位		●	●	
	城市建设档案移交书	建设单位			●	
竣工总结文件	工程竣工总结	建设单位			●	●
	竣工新貌影像资料	建设单位	●		●	●

7.2　不同单位竣工资料管理的实施要点

7.2.1　施工单位竣工资料管理的实施要点

1. 施工单位竣工验收资料内容

施工单位竣工验收资料内容包括工程竣工报告、单位(子单位)工程竣工预验收报验表、单位(子单位)工程质量竣工验收记录、单位(子单位)工程质量控制资料核查记录、单位(子单位)工程安全和功能检验资料核查及主要功能抽查记录、单位(子单位)工程观感质量检查记录、施工决算资料、施工资料移交书、房屋建筑工程质量保修书。

2. 施工单位在单位工程竣工验收时的注意事项

施工单位在单位工程竣工验收时应注意以下事项。

(1)依据有关工程法律、法规、工程建设强制性标准、设计文件及合同等要求对工程质量进行检查,确认是否符合工程设计和合同约定的各项内容,是否达到竣工标准。对存在的问题,应及时整改。待检查无误之后,施工单位总工程师应按有关规定在施工质量验收文件和试验、检测资料上签字认可。

(2)施工单位在工程项目自评合格的基础上,由总工程师组织企业质量技术部门负责人对单位工程质量进行检查评定,如符合标准,则向建设单位或监理单位提供施工单位质量竣工验收报告。在报告中,须认真写明质量验收意见。

(3)施工单位应协助建设单位进行竣工验收,并协助建设单位、监理单位整理工程项目全过程竣工资料。

(4)工程项目竣工验收前,施工单位应配合建设单位、监理单位确认工程量,为建设单位及时支付工程款提供依据，并如实填写“工程支付款证明”。

(5)施工单位应签署“工程质量保修书”，承诺政府规定或合同约定的工程质量保修的责任年限、范围、内容和权限。

3. 工程竣工验收程序

工程竣工验收应按以下程序进行。

(1)工程完工后，施工单位应向建设单位提交工程竣工报告，申请工程竣工验收。实行监理的工程，工程竣工报告须经总监理工程师签署意见。

(2)建设单位收到工程竣工报告后，对符合竣工验收要求的工程，组织勘察、设计、施工、监理等单位和其他有关方面的专家组成验收组，制定验收方案。

(3)建设单位应当在工程竣工验收7个工作日前将验收的时间、地点及验收组织名单书面通知负责监督该工程的工程质量监督机构。

(4)建设单位组织工程竣工验收。

4. 工程竣工报告书

工程竣工报告书格式如表1.7.2所示。

表1.7.2　工程竣工报告书

报告单位(施工单位)：

<table>
<tr><td colspan="2">工程名称</td><td></td><td colspan="2">工程地址</td><td></td></tr>
<tr><td rowspan="2">开工日期</td><td>合同日期</td><td>年　月　日</td><td rowspan="2">竣工日期</td><td>合同日期</td><td>年　月　日</td></tr>
<tr><td>实际日期</td><td>年　月　日</td><td>实际日期</td><td>年　月　日</td></tr>
<tr><td colspan="2">工程范围及履约情况</td><td colspan="4"></td></tr>
<tr><td colspan="2">执行法律、法规和强制性标准情况</td><td colspan="4"></td></tr>
<tr><td colspan="2">工程质量检查情况及意见</td><td colspan="4"></td></tr>
<tr><td colspan="2">报告要求</td><td colspan="4">根据以上报告所述事项，本工程合同所含工程范围的项目已于××年×月×日施工完毕，经自查工程质量符合有关规定，现向建设单位申请于××年×月×日组织竣工验收。</td></tr>
<tr><td colspan="3">施工单位：
项目经理：
(签字)
单位负责人(签字)：
(公章)
年　月　日</td><td>监理单位意见</td><td colspan="2">总监理工程师：
(公章)
年　月　日</td></tr>
</table>

5. 单位(子单位)工程竣工预验收报验表

单位(子单位)工程竣工预验收报验表应符合现行国家标准《建设工程监理规范》(GB/T 50319—2013)的有关规定。总监理工程师应组织专业监理工程师依据有关法律法规、工程建设强制性标准、设计文件及施工合同,对承包单位报送的竣工资料进行审查,并对工程质量进行竣工预验收,对存在的问题应及时要求承包单位整改。整改完毕后由总监理工程师签署工程竣工报验单,并在此基础上提出工程质量评估报告。工程质量评估报告应经总监理工程师和监理单位技术负责人审核签字。施工单位填写的单位(子单位)工程竣工预验收报验表(表1.7.3)应一式四份,建设单位、监理单位、施工单位、城建档案馆各保存一份。

表 1.7.3 单位(子单位)工程竣工预验收报验表

工程名称:

致:____________________(监理单位) 我方已按合同要求完成了____________________工程,经自检合格,请予以检查和验收。 附件: 承包单位(章)____________ 项目经理____________ 日　　期____________
审查意见: 经预验收,该工程: 1. 符合/不符合国家现行法律、法规要求; 2. 符合/不符合国家现行工程建设标准; 3. 符合/不符合设计文件要求; 4. 符合/不符合施工合同要求。 综上所述,该工程预验收合格/不合格,可以/不可以组织正式验收。 项目监理机构(章)____________ 总监理工程师____________ 日　　期____________

6. 单位(子单位)工程质量竣工验收记录

施工单位填写的单位(子单位)工程质量竣工验收记录应一式五份,建设单位、监理单位、施工单位、设计单位、城建档案馆各保存一份。单位(子单位)工程质量竣工验收记录的格式见表1.7.4。

表 1.7.4　单位(子单位)工程质量竣工验收记录

<table>
<tr><td colspan="2">工程名称</td><td colspan="2"></td><td colspan="2">结构类型</td><td colspan="2"></td><td colspan="2">建筑面积</td><td colspan="2"></td></tr>
<tr><td colspan="2">层数</td><td colspan="2"></td><td colspan="2">高度(m)</td><td colspan="2"></td><td colspan="2">最大跨度(m)</td><td colspan="2"></td></tr>
<tr><td colspan="2">施工单位</td><td colspan="2"></td><td colspan="2">技术负责人</td><td colspan="2"></td><td colspan="2">开工日期</td><td colspan="2"></td></tr>
<tr><td colspan="2">项目经理</td><td colspan="2"></td><td colspan="2">项目技术负责人</td><td colspan="2"></td><td colspan="2">竣工日期</td><td colspan="2"></td></tr>
<tr><td>序号</td><td colspan="2">项目</td><td colspan="7">验收记录</td><td colspan="2">验收结论</td></tr>
<tr><td>1</td><td colspan="2">分部工程</td><td colspan="7">共______分部工程,经查______分部工程
符合设计标准及设计要求的有______分部工程</td><td colspan="2"></td></tr>
<tr><td>2</td><td colspan="2">质量控制资料检查</td><td colspan="7">共______项,符合要求______项,
经核定符合规范要求______项</td><td colspan="2"></td></tr>
<tr><td>3</td><td colspan="2">安全和主要使用功能检查及抽查结果</td><td colspan="7">共核查______项,符合要求______项,
共抽查______项,符合要求______项,
经返工处理符合要求______项</td><td colspan="2"></td></tr>
<tr><td>4</td><td colspan="2">观感质量验收</td><td colspan="7">共抽查______项,符合要求______项,
不符合要求______项</td><td colspan="2"></td></tr>
<tr><td>5</td><td colspan="2">质量验收结论</td><td colspan="7"></td><td colspan="2"></td></tr>
<tr><td rowspan="2">参加验收单位</td><td colspan="2">建设单位</td><td colspan="3">监理单位</td><td colspan="3">施工单位</td><td colspan="3">设计单位</td></tr>
<tr><td colspan="2">(公章)
单位(项目)负责人:
年　月　日</td><td colspan="3">(公章)
总监理工程师:
年　月　日</td><td colspan="3">(公章)
单位负责人:
年　月　日</td><td colspan="3">(公章)
单位(项目)负责人:
年　月　日</td></tr>
</table>

单位(子单位)工程质量竣工验收记录应符合国家现行标准《建筑工程施工质量验收统一标准》的有关规定。

7. 单位(子单位)工程质量控制资料核查记录

施工单位填写的单位(子单位)工程质量控制资料核查记录应一式四份,由建设单位、监理单位、施工单位、城建档案馆各保存一份。单位(子单位)工程质量控制资料核查记录的格式见表 1.7.5。

单位(子单位)工程质量控制资料核查记录应符合国家现行标准《建筑工程施工质量验收统一标准》的有关规定。

表1.7.5　单位(子单位)工程质量控制资料核查记录

工程名称			施工单位			
序号	项目	资　料　名　称	份数	核查意见	核查人	
1	建筑与结构	图纸会审、设计变更、洽商记录				
2		工程定位测量、放线记录				
3		原材料出厂合格证书及进场检(试)验报告				
4		施工试验报告及见证检测报告				
5		隐蔽工程验收记录				
6		施工记录				
7		预制构件、预拌混凝土合格证				
8		地基基础、主体结构检验及抽样检测资料				
9		分项、分部工程质量验收记录				
10		工程质量事故及事故调查处理资料				
11		新材料、新工艺施工记录				
1	给排水与采暖	图纸会审、设计变更、洽商记录				
2		材料、配件出厂合格证书及进场检(试)验报告				
3		管道、设备强度试验和严密性试验记录				
4		隐蔽工程验收记录				
5		系统清洗、灌水、通水、通球试验和消火栓试射记录				
6		施工记录				
7		分项、分部工程质量验收记录				
1	建筑电气	图纸会审、设计变更、洽商记录				
2		材料、设备出厂合格证书及进场检(试)验报告				
3		设备调试记录				
4		接地、绝缘电阻测试记录,系统运行记录				
5		隐蔽工程验收记录				
6		施工记录				
7		分项、分部工程质量验收记录				

续表

序号	项目	资 料 名 称	份数	核查意见	核查人
1	通风与空调	图纸会审、设计变更、洽商记录			
2		材料、设备出厂合格证及进场检(试)验报告			
3		制冷、空调、水管道强度试验和严密性试验记录			
4		隐蔽工程验收记录			
5		制冷设备运行调试记录			
6		通风、空调系统调试记录			
7		施工记录			
8		分项、分部工程质量验收记录			
1	电梯	土建布置图纸会审、设计变更、洽商记录			
2		设备出厂合格证书及开箱检验记录			
3		隐蔽工程验收记录			
4		施工记录			
5		接地、绝缘电阻测试记录			
6		负荷试验、安全装置检查记录			
7		分项、分部工程质量验收记录			
1	智能建筑	图纸会审、设计变更、洽商记录,竣工图及设计说明			
2		材料、设备出厂合格证书及进场检(试)验报告			
3		隐蔽工程验收记录			
4		系统功能测定及设备调试记录			
5		系统技术、操作和维护手册			
6		系统管理、操作人员培训记录			
7		系统检测报告			
8		分项、分部工程质量验收记录			

结论：

施工单位	项目经理： 年 月 日	监理(建设)单位： 年 月 日	总监理工程师(建设单位代表)： 年 月 日

8. 单位(子单位)工程安全和功能检验资料核查及主要功能抽查记录

施工单位填写的单位(子单位)工程安全和功能检验资料核查及主要功能抽查记录应一式四份,由建设单位、监理单位、施工单位、城建档案馆各保存一份。单位(子单位)工程安全和功能检验资料核查及主要功能抽查记录的格式见表1.7.6。

单位(子单位)工程安全和功能检验资料核查及主要功能抽查记录应符合国家现行标准《建筑工程施工质量验收统一标准》的有关规定。

表1.7.6　单位(子单位)工程安全和功能检验资料核查及主要功能抽查记录

工程名称			施工单位			
序号	项目	安全和功能检查项目	份数	检查意见	抽查结果	核查(抽查)人
1	建筑与结构	屋面淋水试验记录				
2		地下室防水效果检查记录				
3		有防水要求的地面蓄水试验记录				
4		建筑物垂直度、标高、全高测量记录				
5		抽气(风)道检查记录				
6		幕墙及外窗气密性、水密性、耐风压检测报告				
7		建筑物沉降观测测量记录				
8		节能、保温测试记录				
9		室内环境检测报告				
1	给排水与采暖	给水管道通水试验记录				
2		暖气管道、散热器压力试验记录				
3		卫生器具满水试验记录				
4		消防管道、燃气管道压力试验记录				
5		排水干管通球试验记录				
1	建筑电气	照明全负荷试验记录				
2		大型灯具牢固性试验记录				
3		避雷接地电阻测试记录				
4		线路、插座、开关接地检验记录				

续表

序号	项目	安全和功能检查项目	份数	检查意见	抽查结果	核查(抽查)人
1	通风与空调	通风、空调系统试运行记录				
2		风量、温度测试记录				
3		洁净室洁净度测试记录				
4		制冷机组试运行调试记录				
1	电梯	电梯运行记录				
2		电梯安全装置检测报告				
1	智能建筑	系统试运行记录				
2		系统电源及接地检测报告				

结论：

施工单位项目经理：　　　　　　　　　　　　总监理工程师：

（建设单位项目负责人）：

注：抽查项目由验收组协商确定。

9. 单位(子单位)工程观感质量检查记录

施工单位填写的单位(子单位)工程观感质量检查记录应一式四份，由建设单位、监理单位、施工单位、城建档案馆各保存一份。单位(子单位)工程观感质量检查记录的格式见表1.7.7。

表1.7.7　单位(子单位)工程观感质量检查记录

工程名称						施工单位									
序号	项目		质量抽查状况										质量评价		
													好	一般	差
1	建筑与结构	室外墙面													
2		变形缝													
3		水落管、屋面													
4		室内墙面													
5		室内顶棚													
6		室内地面													
7		楼梯、踏步、护栏													
8		门窗													

续表

序号	项目		质量抽查状况										质量评价		
													好	一般	差
1	给排水与采暖	管道接口、坡度、支架													
2		卫生器具、支架、阀门													
3		检查口、扫除口、地漏													
4		散热架、支架													
1	建筑电气	配电箱、盘、板，接线盒													
2		设备器具、开关、插座													
3		防雷、接地													
1	通风与空调	风管、支架													
2		风口、风阀													
3		风机、空调设备													
4		阀门、支架													
5		水泵、冷却塔													
6		绝热													
1	电梯	运行、平层、开关门													
2		层门、信号系统													
3		机房													
1	智能建筑	机房设备安装及布局													
2		现场设备安装													
观感质量综合评价															
检查结论		施工单位项目经理： 年　月　日								（建设单位项目负责人）： 总监理工程师： 年　月　日					

注：依据《建筑工程施工质量验收统一标准》，观感定义可分为实测（靠、吊、量、套）和目测（看、摸、敲、照）。依据有关规范及标准，将允许偏差及其以下的称为合格，用"√"表示；将允许偏差以上至其规定倍数的称为不符合要求，用"○"表示；将允许偏差规定倍数以上的称为不合格，用"×"表示。"√"与"○"的多少应该符合规范规定，不能有"×"。依据《建筑工程资料管理规程》，其中每项"√"在90%及其以上的为好，在75%～90%的为一般，其余为差，差的应重新验收；单位工程验收时，单项好在90%及其以上的综合评价为好；单项好在75%～90%的综合评价为一般，其余为差，差的应重新验收。以上供参考。

单位(子单位)工程观感质量检查记录应符合国家现行标准《建筑工程施工质量验收统一标准》的有关规定。

10. 房屋建筑工程质量保修书

《房屋建筑工程质量保修办法》规定:房屋建筑工程质量保修是指对房屋建筑工程竣工验收后在保修期限内出现的质量缺陷予以修复。房屋建筑工程在保修范围和保修期限内出现质量缺陷,施工单位应当履行保修义务。重庆市房屋建筑工程质量保修书包括工程质量保修通知书、工程概况、工程质量保修说明、附表(工程质量回访记录及工程质量问题通知单)。施工单位填写的房屋建筑工程质量保修书应一式三份,由建设单位、监理单位、施工单位各保存一份。房屋建筑工程质量保修书的格式见表 1.7.8 至表 1.7.12。

表 1.7.8　重庆市房屋建筑工程质量保修通知书

______________________:

我公司承建贵单位的______________________工程,已于____年____日____日竣工验收合格,根据《中华人民共和国建筑法》和《建设工程质量管理条例》的规定和工程承包合同的约定,将对本保修书所确定的保修范围及期限履行保修义务。请密切合作,共同努力完成好保修工作。

施工单位:______________(公章)　　法定代表人:________________

联 系 人:__________________　　电　　话:________________

地　　址:__________________　　邮　　编:________________

年　　月　　日

表 1.7.9　工程概况

工程名称		工程地址	
建筑面积		设计合理使用年限	
结构类型		层数(高度)	
建设单位		勘察单位	
设计单位		监理单位	
施工单位		开、竣工日期	
承包主要内容:			
工程质量验收结论:			
竣工时遗留问题说明:			

表 1.7.10　工程质量保修说明

保　修　说　明

根据《中华人民共和国建筑法》和《建设工程质量管理条例》的规定，建设工程自竣工验收合格之日起，在保修期内按合同承包的施工内容，由于施工原因造成的质量缺陷由本公司负责免费保修。其他原因造成的质量缺陷本公司也可履行保修，费用由责任方承担。

保修范围（以打"√"为准）

□地基与基础工程
□主体工程
□地面与楼面工程
□门窗工程
□装修工程
□屋面工程
□建筑采暖卫生与煤气工程
□建筑电气安装工程
□通风与空调工程
□电梯安装工程
□其他

____
____
____

表 1.7.11　工程质量回访记录

建设单位		施工单位	
工程名称		建筑面积	
开工日期	年　月　日	竣工日期	年　月　日
存在问题			
原因分析			
处理意见			
用户单位代表： （签章）		保修单位负责人： （签章）	

回访日期：　年　月　日

表 1.7.12　工程质量问题通知单

质量问题通知单

________________：

你公司承包的______________________________________工程，现存在一些问题，请在____年____月____日前来处理。

签发单位：　　　　　（公章）	联系人：　　　　　　　电话：

注：此表如数量不足，不可依样复制。

7.2.2　监理单位竣工资料管理的实施要点

1. 监理单位竣工验收资料内容

监理单位竣工验收资料包括单位（子单位）工程竣工预验收报验表、单位（子单位）工程质量竣工验收记录、单位（子单位）工程质量控制资料核查记录、单位（子单位）工程安全和功能检验资料核查及主要功能抽查记录、单位（子单位）工程观感质量检查记录、工程质量评估报告、监理费用决算资料、监理资料移交书等。

2. 监理单位协助建设单位审查竣工验收的条件

监理单位协助建设单位审查竣工验收应符合以下条件。

（1）监理单位对项目工程质量进行检查、确认的总监理工程师应组织专业监理工程师，依据有关法律、法规、工程建设强制性标准、设计文件及施工合同，对承包单位报送的竣工资料进行审查，并对工程质量进行检查，确认是否已完成工程设计和合同约定的各项内容，并达到竣工标准；对存在的问题，应及时要求承包单位整改。整改完毕后，由总监理工程师签署工程竣工报验单。

（2）在工程完工后，监理单位对施工单位的施工质量和质量文件进行检查，确认施工单位在工程完工后，对工程质量进行了全面检查，确认工程质量符合法律、法规和工程建设强制性标准规定，符合设计文件及施工合同要求。监理单位应按有关规定在施工单位的质量验收文件和试验、检测资料上签字认可。

（3）监理单位对勘察、设计单位的设计变更单、联系单等与设计有关的文件进行检查，确认勘察、设计单位对勘察、设计文件及实施过程中由设计单位参加签署的更改原设计的资料进行了检查，确认勘察、设计符合国家规范和标准要求，施工单位的工程质量达到设计要求。监理单位应对施工过程中形成的设计文件资料根据国家规范、标准及设计文件和施工合同进行平行检查，确认文件符合规定，工程质量达到设计要求。

（4）监理单位对工程项目质量合格等级进行核定，监理单位在施工单位自评合格，勘察、设计单位认可的基础上，对竣工工程质量进行了检查，核定合格质量等级，并应在此基础上向建设单位提出工程质量评估报告。工程质量评估报告应经总监理工程师和监理单位技术负责人审核签字，并加盖公章。

（5）协助建设单位查阅工程项目全过程竣工档案资料，其内容包括：①建设单位施工前期资料（项目审批、报监及与工程建设参与各方有关的合同等）；②施工阶段工程建设参与各方的档案资料；③建设行政主管部门出具的认可文件；④建设行政主管部门及其委托的监督机构出具的整改问题的销号情况。

（6）配合建设单位确认工程量、工程质量，并支付工程款。工程项目竣工验收前监理单位应配合建设单位确认工程量、工程质量，为建设单位及时支付工程款提供依据。建设单位在工程竣工验收前应按合同约定支付工程款，并出具工程款支付证明。

（7）监理单位已和建设单位合同约定工程质量保修期监理的责任，施工单位和建设单位已签署工程质量保修书，监理单位和建设单位已合同约定工程质量保修期监理的责任年限、范围、内容和权限。

项目监理机构应要求承包单位进行整改，在工程质量符合要求后，由监理工程师会同参加验收的各方签署整改完成报验单销号。

3. 监理单位协助建设单位完成竣工验收的条件

1）组成验收组，制定验收方案

工程完工，建设单位收到施工单位的工程质量竣工报告，勘察、设计单位的工程质量检查报告，监理单位的工程质量评估报告后，对符合竣工验收要求的工程，应组织勘察、设计、施工、监理等单位和其他有关方面的专家组成验收组，并制定验收方案。

2）建设工程竣工验收备案表和建设工程竣工验收报告的申领

监理单位应协助建设单位在工程竣工验收7个工作日前，向建设工程质量监督机构申领建设工程竣工验收备案表和建设工程竣工验收报告，并同时将竣工验收时间、地点及验收组人员名单书面通知建设工程质量监督机构。

3）审查工程是否符合验收要求

建设工程质量监督机构应审查该工程竣工验收十项条件和资料是否符合要求，不符合要求的，应通知建设单位整改，并重新确定竣工验收时间。

4. 监理单位协助建设单位完成竣工验收的实施

（1）监理单位应协助建设单位做好竣工验收的各项工作。

（2）建设、勘察、设计、施工、监理单位分别汇报工程合同履约情况和在工程建设各个环节执行法律、法规和工程建设强制性标准的情况。

（3）验收组人员审阅建设、勘察、设计、施工、监理单位的工程档案资料。

（4）实地查验工程质量。

（5）对工程勘察、设计、施工、监理单位各管理环节和工程实物质量等做出全面评价，形成经验收组人员签署的工程竣工验收意见。

①单位（子单位）工程质量竣工验收记录。单位（子单位）工程质量竣工验收记录由施工单位填写，验收结论由监理（建设）单位填写；综合验收结论经参加验收各方共同商定，由建设单位填写（应对工程质量是否符合设计和规范要求及总体质量水平做出评价，各方签名并加

盖公章)。

②单位(子单位)工程质量控制资料核查记录。单位(子单位)工程质量控制资料核查记录由施工单位填写,监理单位专业监理工程师核查,并在核查意见栏内签署意见,在核查人栏内签名,总监理工程师(建设单位项目负责人)在结论栏内签名。

③单位(子单位)工程安全和功能检验资料核查及主要功能抽查记录。单位(子单位)工程安全和功能检验资料核查及主要功能抽查记录中,抽查项目经验收组协商确定,专业监理工程师核查,由总监理工程师在结论栏内签字。

④单位(子单位)工程观感质量检查记录。总监理工程师(建设单位项目负责人)在单位(子单位)工程观感质量检查记录结论栏内签字。质量评价为差的项目,应进行维修。

5. 竣工验收意见不一致时的解决方法

参与工程竣工验收的建设、勘察、设计、施工、监理等各方不能形成一致意见时,应当协商提出解决的方法,待意见一致后,重新组织工程竣工验收;当不能协商解决时,由建设行政主管部门或者其委托的建设工程质量监督机构裁决。

6. 监理单位工程质量评估报告(合格证明书)的填写

监理单位工程质量评估报告(合格证明书)的填写应包括下列内容。

(1)工程概况,包括工程名称、层数及层高、结构类型、设防烈度、跨度、地基持力层、基础形式以及设计合理使用年限等。

(2)监理单位对工程质量的检查过程以及履约的情况叙述。

(3)隐蔽工程的验收情况。

(4)验收资料收集的完整性。

(5)质量评价意见及结论。监理单位的质量责任行为应填写:①依法承揽工程的情况,与签订书面合同资质相符,建立以总监理工程师为中心的现场质量保证体系,制定专业人员岗位责任制,对隐蔽工程,分项、分部工程或工序及时进行验收签订的情况;②监理单位执行工程监理规范的情况;③在施工过程中,执行国家有关法律、法规、强制性标准、强制性条文和设计文件、承包合同的情况(如是否严格执行工程报验制度、建筑材料进场检验制度、见证取样制度等);④施工过程中签发“监理工程师通知单”“监理工程师通知回复单”以及监督机构签发的“质量问题整改通知单”的情况,是否监督施工单位按要求、按时限落实整改,并组织复查、销号;⑤对工程质量等级的核定情况;⑥对工程遗留质量缺陷的处理意见;⑦执行旁站、巡视、平行检验监理形式的情况;⑧其他需要说明的情况。

(6)监理单位工程质量评估报告(合格证明书)应由总监理工程师签字并加盖监理单位公章。

工程质量评估报告见表1.7.13。

表 1.7.13 工程质量评估报告

工程质量评估报告					
工程名称		建筑面积(m^2)		层数/总高度(m)	
结构类型		设防烈度		最大跨度(m)	
地基持力层		基础形式		设计合理使用年限	
监理过程及履约情况简述					
工程隐蔽验收和检测情况及结论					
监理资料情况					
质量评价意见及结论					

监理单位:

总监理工程师:

单位负责人:　　　　　　　　　　　　　　　　　　(公章)

年　月　日

7.2.3 建设单位竣工资料管理的实施要点

项目竣工阶段建设单位实施竣工验收应做到以下几点。

(1)工程完工,建设单位收到施工单位的工程质量竣工报告,勘察、设计单位的工程质量检查报告,监理单位的工程质量评估报告后,对符合竣工验收条件的工程,组织勘察、设计、施工、监理等单位和其他有关方面的专家组成验收组,制定验收方案。

(2)建设单位在工程竣工验收7个工作日前,向建设工程质量监督机构申领建设工程竣工验收备案表和建设工程竣工验收报告,并同时将竣工验收时间、地点及验收组人员名单以建设单位竣工验收通知单的形式通知建设工程质量监督机构。

(3)建设工程质量监督机构审查该工程竣工验收十项条件和资料是否符合要求,符合要求的发给建设单位建设工程竣工验收备案表和建设工程竣工验收报告,不符合要求的,通知建设单位整改,并重新确定竣工验收时间。

(4)建设单位负责组织实施建设工程竣工验收工作,建设工程质量监督机构对工程竣工验收实施监督。

(5)由建设单位负责组织竣工验收组。竣工验收组组长由建设单位法人代表或其委托的负责人担任。验收组副组长应至少有一名工程技术人员担任。验收组成员由建设单位上级主管部门、建设单位项目负责人、建设单位项目现场管理人员及勘察、设计、施工、监理单位与项目无直接关系的技术负责人或质量负责人组成。建设单位也可邀请有关专家参加验收组。验收组成员中土建及水电安装专业人员应配备齐全。

(6)竣工验收标准为国家及地方强制性标准、现行质量检验评定标准、施工验收规范、经审查通过的施工图设计文件及有关法律、法规、规章和规范性文件规定。

(7)竣工验收的程序和内容。

①由竣工验收组组长主持竣工验收。

②建设、施工、监理、勘察、设计单位分别书面汇报工程项目的建设质量状况、合同履约及执行国家法律、法规和工程建设强制性标准情况。

③验收组分为三部分,分别进行检查验收:检查工程实物质量;检查工程建设参与各方提供的竣工资料;对建筑工程的使用功能进行抽查、试验(如厕所、阳台泼水试验,浴缸、水盘、水池盛水试验,通电试验,排污立管通球试验及绝缘电阻、接地电阻、漏电跳闸测试等)。

④对竣工验收情况进行汇总讨论,并听取质量监督机构对该工程质量的监督情况。

⑤形成竣工验收意见,填写建设工程竣工验收备案表和建设工程竣工验收报告,验收组人员分别签字,建设单位盖章。

⑥当在验收过程中发现严重问题,达不到竣工验收标准时,验收小组应责成责任单位立即整改,并宣布本次竣工验收无效,重新确定时间组织竣工验收。

⑦当在竣工验收过程中发现一般需整改的质量问题时,验收组可形成补充验收意见,填写有关表格,有关人员签字,但建设单位不加盖公章。验收组责成有关责任单位整改,可委托建设单位项目负责人组织复查,整改完毕符合要求后,加盖建设单位公章。

⑧当竣工验收组各方不能形成一致的竣工验收意见时,应当协商提出解决办法,待意见一致后,重新组织工程竣工验收。当协商不成时,应报建设行政主管部门或质量监督机构进行协调裁决。

(8)建设单位竣工验收意见和结论。

①建设单位竣工验收意见必须明确经其组织验收的工程:是否符合国家和地方现行法律、法规要求;是否符合国家和地方现行建设工程强制性标准、规范要求;是否符合施工图设计文件和施工合同要求;工程质量保证资料是否有效、齐全。

②建设单位竣工验收结论必须明确是否符合国家质量标准,能否同意使用。

建设工程竣工验收报告相关表格见表 1.7.14 至表 1.7.19。

表 1.7.14　建设工程竣工验收报告

单位工程名称			
建筑面积		结构类型、层数	
施工单位名称			
勘察单位名称			
设计单位名称			

续表

监理单位名称			
工程报建时间		开工时间	
工程造价			

工程概况：

（填写要求：需反映工程前期工作及实施情况；设计单位、施工单位、总承包单位、建设监理单位、设备供应商、质量监督机构等单位；各单项工程的开工及完工日期；完成工作量及形成的生产能力）

竣工验收程序：

（填写要求：需反映从工程具备竣工验收条件直至提交工程竣工验收报告整个过程的程序。工程竣工验收条件满足→组成验收组→制定验收方案→向质量监督机构申领建设工程竣工验收备案表及建设工程竣工验收报告→约定验收时间、地点，组织人员验收→验收合格后提交工程竣工验收报告）

竣工验收内容：

（填写要求：需反映工程建设各参与方履行合同的情况及执行法律、法规、强制性标准的情况；验收小组成员参与各方工程档案的情况，实地查验工程质量情况和工程使用功能试验情况；验收组成员评价情况）

竣工验收组织：

（填写要求：需反映由建设单位组织成立验收组情况，组长为建设单位有关负责人；验收组成员由勘察、设计、施工、监理单位人员以及其他方面专家组成的情况）

竣工验收标准：

（填写要求：需反映竣工验收的标准，包括地方性法律、法规要求，国家及地方现行工程建设强制性标准，施工图设计文件及设计变更文件要求，工程合同要求）

对勘察单位的评价：

（填写要求：需反映勘察单位质量行为和质量责任制履行情况；勘察单位工作质量及执行工程建设强制性标准、规范情况；实物质量与勘察报告内容是否相符情况及其他情况）

对设计单位的评价：

（填写要求：需反映设计单位质量行为和质量责任制履行情况；设计单位工作质量及执行工程建设强制性标准、规范情况；实物质量是否符合设计图纸及有关设计文件情况；工程竣工实测沉降量是否控制在设计允许最终沉降值的50%以内及其他情况）

对施工单位的评价：

（填写要求：需反映施工单位质量行为和质量责任制履行情况；施工单位工作质量及执行工程建设强制性标准、规范情况；施工单位是否及时整改质量问题、处理质量事故情况）

续表

对监理单位的评价：

（填写要求：需反映监理单位质量行为和质量责任制履行情况；监理单位工作质量及执行工程建设强制性标准、规范情况；是否完成工程设计和合同约定的各项内容，达到竣工标准；工程质量核定等级与现行标准是否符合；对工程质量缺陷和质量事故的处理是否进行跟踪检查和验收及其他情况）

建设单位执行基本建设程序情况：

（填写要求：需反映工程立项→招标→报建→报监→开工→竣工的过程，并注明该过程是否符合基本建设程序要求）

工程竣工验收意见：

（填写要求：需反映该工程是否符合国家和地方现行法律、法规要求；是否符合国家和地方现行建设工程强制性标准、规范；是否符合施工图设计文件和合同要求；工程质量保证资料是否有效、齐全；确认工程质量等级）

工程竣工验收结论：

（填写要求：需明确是否符合国家质量标准，能否同意使用）

注：结论为是否符合国家质量标准，能否同意使用

<table>
<tr><td rowspan="12">竣工验收组人员签字</td><td>验收组职务</td><td>姓名</td><td>工作单位</td><td>技术职称</td><td>单位职务</td></tr>
<tr><td>验收组组长</td><td></td><td></td><td></td><td></td></tr>
<tr><td rowspan="3">副组长</td><td></td><td></td><td></td><td></td></tr>
<tr><td></td><td></td><td></td><td></td></tr>
<tr><td></td><td></td><td></td><td></td></tr>
<tr><td rowspan="5">验收组成员</td><td></td><td></td><td></td><td></td></tr>
<tr><td></td><td></td><td></td><td></td></tr>
<tr><td></td><td></td><td></td><td></td></tr>
<tr><td></td><td></td><td></td><td></td></tr>
<tr><td></td><td></td><td></td><td></td></tr>
<tr><td colspan="5">建设单位项目负责人：
建设单位法定代表人：

（公章）
年　月　日</td></tr>
</table>

注：建设单位对经竣工验收的工程质量全面负责

表 1.7.15　建设工程竣工验收通知书

<table>
<tr><td>受通知单位</td><td colspan="5"></td></tr>
<tr><td>验收工程名称</td><td colspan="2"></td><td>工程地址</td><td colspan="2"></td></tr>
<tr><td>验收时间</td><td colspan="2"></td><td>验收地点</td><td colspan="2"></td></tr>
<tr><td rowspan="11">验收组人员名单</td><td>职务</td><td colspan="2">工作单位</td><td>姓名</td><td>职务、职称</td></tr>
<tr><td>组长</td><td colspan="2"></td><td></td><td></td></tr>
<tr><td rowspan="4">副组长</td><td colspan="2"></td><td></td><td></td></tr>
<tr><td colspan="2"></td><td></td><td></td></tr>
<tr><td colspan="2"></td><td></td><td></td></tr>
<tr><td colspan="2"></td><td></td><td></td></tr>
<tr><td rowspan="4">成员</td><td colspan="4"></td></tr>
<tr><td colspan="4"></td></tr>
<tr><td colspan="4"></td></tr>
<tr><td colspan="4"></td></tr>
<tr><td colspan="4"></td></tr>
<tr><td>验收方案简述</td><td colspan="5"></td></tr>
<tr><td>验收组织单位
（建设单位）</td><td colspan="5">单位负责人：
（公章）
年　月　日</td></tr>
</table>

表 1.7.16　建设工程竣工验收意见书(1)

<table>
<tr><td>工程名称</td><td colspan="2"></td><td>工程地址</td><td colspan="2"></td></tr>
<tr><td>工程范围</td><td colspan="5"></td></tr>
<tr><td>结算总造价</td><td>万元</td><td>建筑面积</td><td></td><td>层数/总高度(m)</td><td></td></tr>
<tr><td>结构类型</td><td></td><td>设防烈度</td><td></td><td>最大跨度</td><td></td></tr>
<tr><td>地基持力层</td><td></td><td>基础形式</td><td></td><td>设计合理使用年限</td><td></td></tr>
<tr><td>规划许可证号</td><td colspan="2"></td><td>施工许可证号</td><td colspan="2"></td></tr>
<tr><td>实际开工日期</td><td></td><td>实际竣工日期</td><td></td><td>验收日期</td><td></td></tr>
</table>

续表

	单位名称		资质等级	证书号	法定代表人	项目负责人
参建单位	建设单位					
	勘察单位					
	设计单位					
	监理单位					
	施工单位(含主要分包单位)					
隐蔽验收情况						
安全、功能检验(检测)情况						
工程竣工技术资料核查情况						
工程监理资料情况						

表 1.7.17　建设工程竣工验收意见书(2)

工程名称	
主要使用功能检查结果	
质量监督机构责令整改问题整改情况	
完成工程设计与合同约定内容情况	
保修书签署情况	
规划、消防、环保、档案验收情况	
工程款按合同支付情况	
民用建筑节能设计及执行情况	
验收意见	

续表

<table>
<tr><td>备注</td><td colspan="5"></td></tr>
<tr><td>验收组成员</td><td>建设单位

（公章）

负责人：

年　月　日</td><td>勘察单位

（公章）

负责人：

年　月　日</td><td>设计单位

（公章）

负责人：

年　月　日</td><td>监理单位

（公章）

负责人：

年　月　日</td><td>施工单位

（公章）

负责人：

年　月　日</td></tr>
</table>

表1.7.18　勘察文件质量检查报告

<table>
<tr><td colspan="2">工程名称</td><td></td><td>工程地址</td><td></td></tr>
<tr><td colspan="2">建议持力层及基础形式</td><td></td><td>实际持力层及基础形式</td><td></td></tr>
<tr><td colspan="2">勘察合同履约情况</td><td colspan="3"></td></tr>
<tr><td colspan="2">对勘察报告审查意见的处理情况</td><td colspan="3"></td></tr>
<tr><td rowspan="3">勘察文件的质量检查结论</td><td>执行强制性标准情况</td><td colspan="3"></td></tr>
<tr><td>现场与勘察文件不一致时的处理情况</td><td colspan="3"></td></tr>
<tr><td>检查结论及建议</td><td colspan="3"></td></tr>
</table>

勘察单位：

项目负责人：

单位负责人：

（公章）
年　月　日

表 1.7.19 设计文件及设计变更质量检查报告

<table>
<tr><td colspan="2">工程名称</td><td colspan="3"></td><td>结构类型</td><td></td></tr>
<tr><td colspan="2">设计范围</td><td colspan="3"></td><td>设防烈度</td><td></td></tr>
<tr><td colspan="2">地基持力层</td><td></td><td>基础形式</td><td></td><td>设计合理使用年限</td><td></td></tr>
<tr><td colspan="2">设计合同履约情况</td><td colspan="5"></td></tr>
<tr><td colspan="2">对施工图审查报告中的处理情况</td><td colspan="5"></td></tr>
<tr><td rowspan="2">设计文件的质量检查结论</td><td>设计文件变更情况</td><td colspan="5"></td></tr>
<tr><td>执行强制性标准情况</td><td colspan="5"></td></tr>
<tr><td colspan="2">设计文件的安全和功能是否符合相关规定的要求</td><td colspan="5"></td></tr>
</table>

设计单位：

项目负责人：

单位负责人：

（公章）

年　月　日

复习思考题

一、习题

1. 建筑工程资料分类的原则是什么？
2. 从整体上全部的资料可划分为几类？具体是什么？
3. 如何按工程技术资料分类要求进行编号？
4. 施工资料编号是怎样组成的？其中顺序号的填写原则是什么？
5. 监理资料如何进行编号？
6. 什么是监理文件资料？工程项目监理文件资料主要包括哪几个方面？

7. 监理管理资料有哪些？什么是监理规划？监理规划的内容有哪些？

8. 监理例会包括哪几种？其目的是什么？如何组织监理例会？

9. 什么是施工进度计划（调整计划）报审表？专业监理工程师应重点审核施工进度计划中哪几方面的内容？

10. 简述施工组织设计报审及审查程序。

11. 当承包单位向项目监理机构提交“工程竣工预验收报验单”进行报验时，项目监理机构应重点审查哪些内容？

12. 监理工作总结的作用是什么？其内容有哪些？

13. 试阐述分项工程质量验收资料管理流程。

14. 开工报告签发的程序及条件是什么？

15. 简述开工报告签发前建设单位、监理单位、施工单位各自需做哪些准备工作？

16. 工程施工现场质量管路检查记录中工程质量检验制度包括哪三个方面的检验？

17. 施工试验记录中关于混凝土试件的选取有哪些规定？

18. 简述各专业主要隐检项目及内容。

19. 工程质量事故报告主要体现的内容有哪些方面？

20. 建筑物施工过程中及竣工后，对垂直度、全高的测量有什么要求？

21. 简述检验批质量验收中主控项目和一般项目的主要内容。

22. 简述单位工程观感质量验收程序。

23. 简述竣工图的概念和作用。

24. 编制竣工图的依据、方法有哪些？

25. 简述竣工图的分类。

26. 立卷的原则和要求有哪些？

27. 卷内文件如何进行排序？

28. 保管期限分为哪三种？

29. 密级分为哪三种？

30. 卷案如何进行装订？

二、综合实训题

1. 收集某个具体工程的所有相关资料，对其进行资料分类。

2. 收集某个具体工程的所有相关资料，对其进行资料编号。

3. 收集某个工程绘制竣工图的相关依据，并按基本要求和方法修改和绘制竣工图，绘制完成后，按《技术制图　复制图的折叠方法》（GB/T 10609.3—2009）的要求进行折叠、装订。

4. 组织学生对以往工程制图课所绘制的所有图纸进行折叠及排序。

5. 将本班同学分为四个小组，根据前几年的班级获奖情况、学生撰写的小论文、以往工程制图课绘制的所有图纸、近几年的校报，分别进行档案的装订练习。

三、案例分析题

【案例1】××商住楼工程监理资料编制实训

●工程项目概况

1. 项目名称:××商住楼工程。

2. 建设地点:××市××区××街道××号。

3. 建设单位:×××房地产开发有限公司。

4. 设计单位:×××建筑设计院。

5. 施工单位:×××建筑工程(集团)有限公司。

6. 地勘单位:×××工程勘察设计有限责任公司。

7. 质量监督单位:×××市质监站。

8. 监理单位:×××建设工程监理有限公司。

9. 工程规模及特点。

(1)建筑面积:本工程规划总用地面积为20 067 m^2,规划6幢楼,总建筑面积为47 295.73 m^2,容积率为2.28,建筑密度为13.54%,停车位为90个,绿地率为44.26%。

(2)建筑特点:本建设项目位于××区××街道××号,地势较为平坦;本工程包含1、2、3、4、5、6号楼等6幢建筑,其中1、2、3、4、6号楼为18层,5号楼为11层;建筑结构形式均为现浇框架薄壁柱结构,楼板及平屋顶均为现浇混凝土板,烧结空心砖填充墙,人工挖孔桩基础;建筑结构的类别为二类,设计合理使用年限为50年,结构安全等级为二级;建筑抗震设防类别为丙类,抗震设防烈度为6度,建筑耐火等级为二级,屋面防水等级为Ⅱ级,防水层合理使用年限为15年;底层室内标高为±0.000。具体结构类型、建筑面积等信息见下表。

建筑名称	总建筑面积 S=47 295.73 m^2	结构类型	布置	层数	±0.000对应的绝对标高(m)	总高(m)
1号楼	9 588.20 m^2	剪力墙结构	一梯三户	18	+319.30	54.00
2号楼	9 784.69 m^2	剪力墙结构	一梯三户	18	+320.30	54.00
3号楼	8 104.76 m^2	剪力墙结构	一梯三户	18	+320.60	54.30
4号楼	9 024.23 m^2	剪力墙结构	一梯三户	18	+320.70	54.00
5号楼	3 005.62 m^2	剪力墙结构	一梯两户	11	+320.10	38.10
6号楼	7 788.23 m^2	剪力墙结构	一梯三户	18	+319.80	54.30
其他						
合计						

本工程标高以m为单位,总平面尺寸以m为单位,其他尺寸以mm为单位。

10. 项目特征。

(1)基础。本工程基础为钢筋混凝土挖孔桩基础形式。基础要求嵌入中风化岩石内,要求地基中风化泥岩抗压强度标准值≥6.12 MPa,挖孔桩基础浇筑100 mm厚C30垫层,基础梁下浇筑一层 100 mm 厚 C15 素混凝土垫层。独立桩基础混凝土为 C30，钢筋为 HPB300、HRB335、HRB400。基础桩芯、护壁混凝土强度等级为 C30，保护层厚度为 40 mm；基础地梁混凝土强度等级除注明外为 C30，保护层厚度为 40 mm。

(2)墙体。地坪以下采用页岩砖砌筑，地面以上外墙、内分隔墙、分户墙采用页岩空心砖砌筑，密度等级 800 级及以上，12 孔及以上，矩形孔，交错排列；楼梯间中间隔墙采用 100 mm 厚页岩空心砖，采用 M5 水泥砂浆砌筑；室内隔墙厚度为 100 mm 的砖砌体，采用 MU10 烧结页岩空心砖，用 M5 水泥砂浆砌筑；设备竖井维护墙为 200/100 mm 厚时，均采用 MU10 烧结页岩空心砖，用 M5 水泥砂浆砌筑；屋面女儿墙采用 MU10 烧结页岩空心砖的配砖，用 M5 水泥砂浆砌筑。

①墙体的基础部分见结施。

②建筑外墙填充墙体采用烧结页岩空心砖，允许容重 7.5 kN/m^3，用 M5 水泥砂浆砌筑。

③建筑内墙填充墙体采用烧结页岩空心砖砌筑。

④厨房、卫生间等受水房间四周墙体根部(除门洞外)做 120 mm 高 C20 细石混凝土翻边，$H \sim H+1.8$ m 标高范围内均采用 MU10 烧结页岩空心砖的配砖，用 M5 水泥砂浆砌筑。

⑤墙身防潮层：在室内地坪下约 50 mm 处做 20 mm 厚 1∶2水泥砂浆内加 3% ~5% 防水剂的墙身防潮层(在此标高为钢筋混凝土构造或下为砌石构造时可不做)。

⑥砌体上的预埋件及预留洞口，应在施工时预留，混凝土板、墙上应配合预留设备孔洞及预埋套管，不得事后打洞；在管道设备安装完毕后，用 C20 细石混凝土填实；变形缝处双墙留洞的封堵，应在双墙分别增设套管，套管与穿墙管之间嵌堵，防火墙上留洞的封堵为防火封堵材料；各设备用房需留出设备进出口，待安装后进行封堵。

⑦墙体与钢筋混凝土柱连接处内外均用钢丝网片(厚 0.8 mm，9 × 25 孔)搭接 300 mm，再行抹灰。

混凝土强度等级：梁、板及楼梯为 C30，±0.00 ~ +9.00 m 柱为 C40，+9.00 ~ 18.00 m 柱为 C35，构造柱、过梁为 C20。保护层厚度：柱为 30 mm，梁为 25 mm，构造柱为 25 mm，板为 15 mm。

(3)门窗。

①图中未标注门垛均为 100 mm 或 0，与混凝土墙、柱连接的门窗洞边的填充墙垛，当尺寸 ≥200 mm 时，采用砖砌体按规范砌筑；当洞边尺寸 <200 mm 时，填充墙垛改为素混凝土与相邻混凝土墙、柱同时浇筑。

②门窗尺寸、规格详见门窗平面图。

③建筑外门窗气密性能为 6 级，水密性能为 3 级。

④所有门窗仅表示立面形式、分格、开启方式、颜色和材质要求。门窗制作厂家应根据建施图和门窗技术指标绘制门窗的立面分格和构造大样，按规范及节能报告书确定玻璃厚度、框体型材及五金配件，并现场复核门窗数量，经设计人员及业主审定后进行施工。

⑤门窗玻璃的选用及制作应遵照《建筑玻璃应用技术规程》(JGJ 113—2015)和《建筑安全玻璃管理规定》(发改运行〔2003〕2116 号)及地方主管部门的有关规定。

⑥外墙推拉窗应加设防止窗扇脱落的限位装置，塑钢门窗与洞口的固定连接必须采用弹性连接(填矿棉、泡沫塑料)，不得直接填水泥砂浆。

(4)屋面。

①本工程的屋面均为刚性防水平屋面,防水等级为Ⅱ级,防水层合理使用年限为15年,具体做法详见西南地区建筑标准设计通用图03J201—1。

②屋面做法及屋面节点索引见建施“屋面平面图”,露台、雨篷等见“各层平面图”及有关详图。

③本工程屋面为建筑找坡,排水坡度及屋面排水组织见建施“屋顶平面图”,排水雨水管见水施图。

(5)楼地面。

①底层地面为水泥砂浆楼面:a. 钢筋混凝土楼板;b. 水泥浆一道(内掺建筑胶);c. 20 mm厚1:2.5水泥砂浆面层铁板赶光。

②住宅楼地面为水泥砂浆楼面,楼梯间为水泥豆石地面:a. 钢筋混凝土楼板;b. 水泥浆结合层一道(水灰比0.4~0.5);c. 30 mm厚1:2.5水泥豆石面层铁板赶光。

③卫生间、盥洗间楼地面标高均较室内楼地面标高低50 mm。卫生间结构低于楼面400 mm,做1.5 mm厚防水涂膜2遍,四周沿墙做1.5 mm厚防水涂料2遍并上翻至1.5 m高。

(6)内装:内墙做法详见“室内装修做法措施表”;厨房、卫生间墙面贴5 mm厚白色瓷砖,做法详见“室内装修做法措施表”;所有顶棚均采用白色乳胶漆顶棚,厨房、卫生间顶棚采用轻钢龙骨PVC扣板吊顶,做法详见“室内装修做法措施表”。

(7)外装:采用外墙面砖,具体色彩及分格详见效果图及立面图。

①本工程具体做法详见建筑构造做法表。

②所有装饰材料的规格、品种和色彩应严格执行标准,在备料施工前做出样板,并会同设计单位及业主单位认可后方可进行施工。

③室内二次装修设计必须符合《建筑内部装修设计防火规范》(GB 50222—2017)的要求。

(8)节能设计。

①外墙采用无机保温砂浆建筑保温系统,屋面保温隔热采用复合硅酸盐板。

②外窗采用塑钢窗框6透明+9A+6透明。

③具体节能措施详见节能设计说明。

11. 工程特点。

该工程为×××商品房工程,采用总价包干合同。建设单位对质量、工期和成本要求比较严格,工程采用商品混凝土,质量控制有一定难度,而且场地狭小、回填土较厚,雨多路滑,施工不便。

●工程要求

1. 工期要求:从××年×月×日开工至××年×月×日完工,总工期1年,共计365日历天。

2. 质量要求:合格。

3. 安全要求:零伤亡。

【问题】

1. 本工程在开工前,监理单位要做哪些工作?编制哪些资料?

2. 请编制本工程项目监理机构的资料计划,并绘出监理资料形成流程。

3. 如何组织第一次工地例会? 简述第一次工地例会的程序和内容。

4. 对于本工程,施工总进度计划审查时应该重点控制哪些方面?

5. 对于本工程,工程质量应该重点控制哪些方面? 重点审查哪些资料?

6. 请绘出本工程的材料进场报验流程图。

7. 请绘出钢筋隐蔽验收流程图。

8. 如果承包单位递交了"工程款支付申请表",但其中存在××分项工程质量不合格,请以专业监理工程师的名义进行审查并给予回复。

9. 在施工过程中,施工单位就××分项工程提出工程变更,项目监理机构该如何处理?

10. 请编写本工程的竣工预验收会议纪要。

11. 请编写本工程的质量评估报告。

12. 请编写本工程的监理工作总结。

【案例2】根据给定的工程概况,完成实训练习

●工程概况

1. 建筑设计特点。

(1)本工程为学校高层住宅楼工程,位于某市中山路以西、人民路以北,由高层住宅楼和地下车库组成。高层住宅楼东西长74.5 m,南北宽18.35 m,建筑面积31 214.8 m^2。高层住宅楼共分三个单元,在㉗~㉘轴间设一道变形缝。地下1层,地上28层。建筑层高:地下1层4.8 m,标准层3.0 m,机房4.5 m。建筑总高度为85.5 m,±0.000相当于绝对标高781.1 m,室内外高差1.2 m。

(2)高层住宅楼建筑类别为一类高层建筑。地下室防水等级为二级,抗渗等级为S6,采用结构自防水与外防水相结合。屋面防水等级为二级,采用两道防水。卫生间防水采用1.5 mm厚聚氨酯防水涂膜,分三次涂刷。

(3)消防设计:本工程耐火等级为一级。地下室分为两个防火分区,地上住宅部分每单元设一部消防电梯,电梯前室设加压送风道。地下车库分为三个防火分区,每个防火分区均设有两个人员疏散出入口,最远点到出入口的距离满足防火规范要求。

(4)建筑节能:本工程按节能住宅节能50%设计,外墙为50 mm厚挤塑聚苯板外保温,屋面为50 mm厚挤塑聚苯板,地下室顶板为50 mm厚挤塑聚苯板,顶层和底层阳台与空气接触部分顶底板、飘窗上下板均为50 mm厚挤塑聚苯板。

2. 结构设计特点。

本工程住宅楼结构形式为现浇钢筋混凝土剪力墙结构,建筑结构安全等级为二级,抗震设防烈度为8度,抗震设防类别为二类,剪力墙抗震等级为一级,设计使用年限为50年。

(1)基础:住宅楼基础形式为筏板基础,基地标高-6.1 m,电梯间基础底标高-7.6 m,基础底板厚600 mm。

(2)主要结构材料。

混凝土强度等级:基础垫层为C10;基础,地下1层~4层柱、墙为C40;5~7层柱、墙为C35;8层以上柱、墙及所有框架梁、板、楼梯为C30;基础底板、地下室外墙混凝土抗渗等级为S6。

钢筋:采用普通HPB235和HRB335级钢筋,楼板采用HRB340级冷轧带肋钢筋。

(3)地下室采用200 mm厚黏土空心砖,用M5水泥砂浆砌筑,地上部分采用200 mm厚加气混凝土砌块。其中,1、2层卫生间采用200 mm厚黏土空心砖,隔墙采用120 mm厚黏土砖。地上部分均采用M5混合砂浆。

3. 专业安装设计特点。

(1)电气设计,包括电力配电系统、照明配电系统、有线电视系统、电话系统、楼宇对讲系统、数据布线系统、火灾自动报警及联动控制系统、防雷及接地系统。

(2)给排水设计,包括室内给排水系统、消防系统、室外管网及供水设施等。

(3)暖通设计,包括采暖系统、通风系统、防排烟系统。

4. 主要工程做法。

(1)防水:根据本工程岩土工程勘察报告,地下水属孔隙潜水与微承压水的混合水,地下水位在-7.4~-5.1 m,水对混凝土及混凝土中的钢筋有弱腐蚀性。地下室防水等级为二级,抗渗等级为S6,采用结构自防水与外防水相结合的方式,在钢筋混凝土的外墙,底板掺UEA膨胀剂,以提高结构的自防水能力。外墙外侧及基础底板做1.5 mm厚氯化聚乙烯彩色卷材。屋面防水等级为二级,做两道防水,即1.2 mm厚氯化聚乙烯彩色卷材和2 mm厚聚氨酯涂膜。卫生间防水采用1.5 mm厚聚氨酯防水涂膜,分三次涂刷,周边卷起150 cm高,卫生间完成面比相邻楼板低20 mm,并向地漏找坡0.5%,有防水要求的房间穿墙板立管均应预埋防水套管,并高出楼面30 mm,套管与立管之间用建筑密封膏填实。

(2)保温:外墙采用50 mm厚挤塑聚苯板,屋面为50 mm厚挤塑聚苯板,地下室顶板为50 mm厚挤塑聚苯板。

(3)外墙:贴红色外墙饰面砖,局部飘窗刷白色外墙涂料。

(4)内墙:地下室1:2.5水泥砂浆抹面,刷乳胶漆;地上部分1:0.3:2.5水泥石膏砂浆罩面;卫生间1:0.1:2.5水泥石膏砂浆罩面;电梯门套为花岗岩。

(5)地面:地下室1:2水泥砂浆压实赶光;楼面50 mm厚C20细石混凝土垫层;阳台做20 mm厚1:3水泥砂浆找平层;电梯机房及楼梯做30 mm厚1:2.5水泥砂浆压实赶光;卫生间做100 mm厚C20细石混凝土找坡,上做1.5 mm厚聚氨酯涂膜防水层(刷3遍);电梯前室为花岗岩。

(6)顶棚:地下室、电梯机房、电梯前室、楼梯间顶棚刷乳胶漆。

(7)门窗:外窗采用中空、断桥彩钢平开窗;楼梯间窗采用普通、单坡彩钢平开窗;阳台采用中空、普通彩钢平开窗。

5. 工程目标。

(1)工期目标:计划开工日期为2007年6月19日,计划竣工日期为2009年4月28日,总工期680日历天。

(2)质量目标:达到优良工程。

(3)安全目标:杜绝重大伤亡事故,轻伤事故发生率小于12%,达到《建筑施工安全检查标准》(JGJ 59—2011)要求,创建省级安全文明工地。

(4)成本目标:争取经济效益最大化,确保分公司下达的各项经济指标全面实现。

(5)文明施工目标:文明施工,规范管理,施工全过程无投诉。

(6)环保目标:降低施工噪声,减少大气污染,控制污水排放,保持环境整洁。

(7)科学技术管理目标:积极推广应用建设部颁布的十项新技术,加快工程进度,保证工程质量,降低工程成本。以科技进步为本,在施工中认真落实设计图纸规定的新材料,同时还要在施工过程中积极采用先进的施工工艺、施工技术和施工机械,高起点、高标准、严要求,以科学的态度进行技术管理,确保质量目标的实现。

6. 施工阶段与流水阶段划分。

(1)根据工期要求及施工特点,将工程划分为三个施工阶段:基础工程、主体结构工程、建筑装饰装修及屋面工程。

(2)为加快工程进度,提高周转料具及机械设备的使用效率,依据结构平面设计特点,将工程从西往东划分为三个施工段,即1、2、3单元每单元为一个施工段,逐层从西向东进行平面流水作业。具体划分:施工缝可在⑮轴右侧靠门窗洞口连梁跨中1/3范围内,㉗、㉘轴可留在纵横墙的交接处。

7. 施工顺序。

(1)工程总体施工顺序:先土建后安装,先结构后装修,先地下后地上,即基础工程→主体结构工程→装饰装修及屋面工程。

(2)基础工程施工顺序:放线→基坑开挖→放线→垫层支模→垫层混凝土浇筑→放线→筏板基础砌砖模→抹找平层→刷防水层→浇筑细石混凝土及抹水泥砂浆保护层→筏板基础钢筋绑扎→筏板基础混凝土浇筑→放线→地下一层剪力墙钢筋绑扎→地下一层墙体支模→地下一层墙体混凝土浇筑→地下一层墙体拆模→地下一层梁、板支模→地下一层梁、板钢筋绑扎→地下一层梁、板混凝土浇筑→地下室外墙水泥砂浆找平→地下室外墙防水层施工→室外基坑回填土。

(3)主体结构施工顺序:放线→剪力墙钢筋绑扎→墙体支模→剪力墙混凝土浇筑→墙体拆模→搭架→梁、板支模→梁、板钢筋绑扎→梁、板混凝土浇筑→梁、板拆模→至下一段→至上一层→依次循环至顶。

注:填充墙砌体落后于主体结构两层开始施工;楼梯随层施工;阳台栏板、飘窗,挑檐及其他零星构件在墙体拆模后立即施工。

(4)装饰装修及屋面工程。

①室内装饰在主体结构验收后即可进行施工,顺序:门窗框安装→墙面、顶棚抹灰→地面→门窗扇安装→玻璃安装→木门油漆→清洗交工。

注:楼梯部分应适当推后,以最大限度保证成品不受破坏。

②室外装饰在主体结构全部验收后进行,顺序:从上至下进行外墙贴砖及涂料粉刷→室外工程。屋面工程与外墙贴砖同步进行。

实训练习1　施工技术管理资料编制及整理

1. 目的:

(1)熟悉施工技术管理资料的内容;

(2)掌握施工技术管理资料的编制方法;
(3)能正确填写各项施工技术管理资料。
2. 要求:
(1)参考类似工程的施工组织设计编写;
(2)填写内容应全面,符合工程实际情况;
(3)填写格式应符合要求。
3. 成果。
(1)编制该工程施工技术管理资料目录。
(2)完成下列资料:
①开工报告;
②钢筋工程技术交底;
③模板工程安全交底;
④主体结构施工日志(一天);
⑤施工现场质量管理检查记录;
⑥竣工报告。

实训练习2　建筑与结构工程质量控制资料编制及整理

1. 目的:
(1)熟悉施工质量控制资料的内容;
(2)掌握施工质量控制资料的编制方法;
(3)能正确填写各项施工质量控制资料。
2. 要求:
(1)了解各种材料的质量标准;
(2)根据具体施工试验方法填写;
(3)资料内容应完整、全面。
3. 成果:
列出该工程建筑与结构工程质量控制资料的内容并叙述资料内容要求。

实训练习3　工程施工质量验收资料编制及整理

1. 目的:
(1)熟悉施工质量验收的要求及程序;
(2)掌握施工质量验收的方法;
(3)能正确划分分部工程、分项工程和检验批;
(4)能正确填写各项施工质量验收资料。
2. 要求:
(1)按照施工质量验收规范的要求划分、填写;
(2)结合各分项工程的施工方案;
(3)填写格式应符合要求。

3. 成果。

(1)说明该工程施工中的分部工程、分项工程及检验批的划分和数量。

(2)完成下列资料:

①主体结构分部工程验收记录;

②钢筋分项工程质量验收记录;

③模板工程检验批验收记录;

④钢筋工程检验批验收记录;

⑤混凝土工程检验批验收记录。

实训练习4　安全和功能核查资料编制及整理

1. 目的:

(1)熟悉安全和功能核查资料的内容;

(2)掌握安全和功能核查资料的编制方法;

(3)能正确填写各项安全和功能核查资料。

2. 要求:

(1)填写内容应符合工程实际情况;

(2)应写明试验方法;

(3)填写格式应符合要求。

3. 成果。

(1)列出该工程安全和功能检验资料核查目录。

(2)完成下列资料:

①屋面淋水试验记录;

②地下室防水效果检查记录;

③有防水要求的地面蓄水试验记录;

④建筑物垂直度、标高、全高测量记录;

⑤建筑物沉降观测记录。

学习情境2　建筑工程施工质量验收

【学习目标】

※熟悉质量验收的相关概念、质量验收的基本规定、质量控制的相关规定，能够编写单位工程验收相关记录表和单位工程验收相关报告。

※学会划分检验批、分项工程以及分部工程。

※能够依据相关规范、标准进行质量验收。

※了解建筑工程质量验收的程序和组织。

【技能目标】

※通过学习，熟悉单位工程质量验收的相关规定，并能够依据相关规范、标准对建筑工程进行质量检测、评定，从而提高自己的岗位能力。

※熟悉质量验收的相关规范，提高自学能力。

【教学准备】

验收规范，相关视频，质检案例，任务工单。

【教学建议】

任务教学，案例分析，实境教学，引导文法，动态示教。

【建议学时】

16(2)

任务1　建筑工程质量验收的相关规定

1.1　质量验收的基本要求

1.1.1　质量验收的相关概念

1. 检验

检验是指对被检验项目的特征、性能进行量测、检查、试验等，并将结果与标准规定的要求进行比较，以确定项目每项性能是否合格的活动。

2. 进场检验

进场检验是指对进入施工现场的建筑材料、构配件、设备及器具等，按相关标准的要求进行检验，并对其质量、规格及型号等是否符合要求做出确认的活动。

3. 见证检验

见证检验是指施工单位在工程监理单位或建设单位的见证下，按照有关规定从施工现场随机抽取试样，送至具备相应资质的检测机构进行检验的活动。

4. 复验

复验是指建筑材料、设备等进入施工现场后，在外观质量检查和质量证明文件核查符合要求的基础上，按照有关规定从施工现场抽取试样送至试验室进行检验的活动。

5. 检验批

检验批是指按相同的生产条件或按规定的方式汇总起来供抽样检验用的，由一定数量样本组成的检验体。

6. 验收

验收是指建筑工程质量在施工单位自行检查合格的基础上，由工程质量验收责任方组织，工程建设相关单位参加，对检验批、分项工程、分部工程、单位工程及隐蔽工程的质量进行抽样检验，对技术文件进行审核，并根据设计文件和相关标准以书面形式对工程质量是否合格做出确认。

7. 主控项目

主控项目是指建筑工程中对安全、节能、环境保护和主要使用功能起决定性作用的检验项目。

8. 一般项目

一般项目是指除主控项目以外的检验项目。

9. 抽样方案

抽样方案是指根据检验项目的特性所确定的抽样数量和方法。

10. 计数检验

计数检验是指通过确定抽样样本中不合格的个体数量，对样本总体质量做出判定的检验方法。

11. 计量检验

计量检验是指根据抽样样本的检测数据计算总体均值、特征值或推定值，并以此判断或评估总体质量的检验方法。

12. 错判概率

错判概率是指合格批被判为不合格批的概率，即合格批被拒收的概率，用 α 表示。

13. 漏判概率

漏判概率是指不合格批被判为合格批的概率，即不合格批被误收的概率，用 β 表示。

14. 观感质量

观感质量是指通过观察和必要的测试所反映的工程外在质量和功能状态。

1.1.2 质量验收的基本规定

(1)施工现场应具有健全的质量管理体系、相应的施工技术标准、施工质量检验制度和综合施工质量水平评定考核制度。

施工现场质量管理可按表 2.1.1 的要求进行检查记录。

表 2.1.1 施工现场质量管理检查记录

开工日期：

<table>
<tr><td colspan="2">工程名称</td><td colspan="2"></td><td>施工许可证号</td><td colspan="2"></td></tr>
<tr><td colspan="2">建设单位</td><td colspan="2"></td><td>项目负责人</td><td colspan="2"></td></tr>
<tr><td colspan="2">设计单位</td><td colspan="2"></td><td>项目负责人</td><td colspan="2"></td></tr>
<tr><td colspan="2">监理单位</td><td colspan="2"></td><td>总监理工程师</td><td colspan="2"></td></tr>
<tr><td colspan="2">施工单位</td><td></td><td>项目负责人</td><td></td><td>项目技术负责人</td><td></td></tr>
<tr><td>序号</td><td colspan="3">项目</td><td colspan="3">主要内容</td></tr>
<tr><td>1</td><td colspan="3">项目部质量管理体系</td><td colspan="3"></td></tr>
<tr><td>2</td><td colspan="3">现场质量责任制</td><td colspan="3"></td></tr>
<tr><td>3</td><td colspan="3">主要专业工种操作岗位证书</td><td colspan="3"></td></tr>
<tr><td>4</td><td colspan="3">分包单位管理制度</td><td colspan="3"></td></tr>
<tr><td>5</td><td colspan="3">图纸会审记录</td><td colspan="3"></td></tr>
<tr><td>6</td><td colspan="3">地质勘察资料</td><td colspan="3"></td></tr>
<tr><td>7</td><td colspan="3">施工技术标准</td><td colspan="3"></td></tr>
<tr><td>8</td><td colspan="3">施工组织设计编制及审批</td><td colspan="3"></td></tr>
<tr><td>9</td><td colspan="3">物资采购管理制度</td><td colspan="3"></td></tr>
<tr><td>10</td><td colspan="3">施工设施和机械设备管理制度</td><td colspan="3"></td></tr>
<tr><td>11</td><td colspan="3">计量设备配备</td><td colspan="3"></td></tr>
<tr><td>12</td><td colspan="3">检测试验管理制度</td><td colspan="3"></td></tr>
<tr><td>13</td><td colspan="3">工程质量检查验收制度</td><td colspan="3"></td></tr>
<tr><td colspan="4">自检结果：

施工单位项目负责人：　　　　年　月　日</td><td colspan="3">检查结论：

总监理工程师：　　　　年　月　日</td></tr>
</table>

注:施工现场质量管理检查记录应由施工单位按本表填写,总监理工程师进行检查,并做出检查结论。

(2)未实行监理的建筑工程,建设单位相关人员应履行《建筑工程施工质量验收统一标准》涉及的监理职责。

(3)建筑工程的施工质量控制应符合下列规定。

①建筑工程采用的主要材料、半成品、成品、建筑构配件、器具和设备应进行进场检验。凡涉及安全、节能、环境保护和主要使用功能的重要材料、产品,应按各专业工程施工规范、验收规范和设计文件等规定进行复验,并应经监理工程师检查认可。

②各施工工序应按施工技术标准进行质量控制,每道施工工序完成后,经施工单位自检符合规定后,才能进行下道工序施工。各专业工种之间的相关工序应进行交接检验,并做记录。

③对于监理单位提出检查要求的重要工序,应经监理工程师检查认可,才能进行下道工序施工。

(4)符合下列条件之一时,可按相关专业验收规范的规定适当调整复验、试验抽样数量,调整后的抽样复验、试验方案应由施工单位编制,并报监理单位审核确认。

①同一项目中由相同施工单位施工的多个单位工程,使用同一生产厂家的同品种、同规格、同批次的材料、构配件、设备。

②同一施工单位在现场加工的成品、半成品、构配件用于同一项目中的多个单位工程。

③在同一项目中,针对同一抽样对象已有检验成果可以重复利用。

(5)当专业验收规范对工程中的验收项目未做相应规定时,应由建设单位组织监理、设计、施工等相关单位制定专项验收要求,涉及安全、节能、环境保护等项目的专项验收要求应由建设单位组织专家论证。

(6)建筑工程施工质量应按下列要求进行验收。

①工程质量验收均应在施工单位自检合格的基础上进行。

②参加工程施工质量验收的各方人员应具备相应的资质。

③检验批的质量应按主控项目和一般项目验收。

④对涉及结构安全、节能、环境保护和主要使用功能的试块、试件及材料,应在进场时或施工中按规定进行见证检验。

⑤隐蔽工程在隐蔽前应由施工单位通知监理单位进行验收,并应形成验收文件,验收合格后方可继续施工。

⑥对涉及结构安全、节能、环境保护和使用功能的重要分部工程应在验收前按规定进行抽样检验。

⑦工程的观感质量应由验收人员现场检查,并应共同确认。

(7)建筑工程施工质量验收合格应符合下列规定。

①工程勘察、设计文件的规定。

②《建筑工程施工质量验收统一标准》和相关专业验收规范的规定。

(8)检验批的质量检验,可根据检验项目的特点在下列抽样方案中选取。

①计量、计数的抽样方案。

②一次、二次或多次抽样方案。

③对重要的检验项目,当有简易快速的检验方法时,选用全数检验方案。

④根据生产连续性和生产控制稳定性情况,采用调整型抽样方案。

⑤经实践证明有效的抽样方案。

(9)检验批抽样样本应随机抽取,满足分布均匀、具有代表性的要求,抽样数量不应低于表2.1.2的规定。

表2.1.2　检验批最小抽样数量

检验批的容量	最小抽样数量	检验批的容量	最小抽样数量
2~15	2	151~280	13
16~25	3	281~500	20
26~50	5	501~1 200	32
51~90	6	1 201~3 200	50
91~150	8	3 201~10 000	80

明显不合格的个体可不纳入检验批,但必须进行处理,使其满足有关专业验收规范的规定,对处理的情况应予以记录并重新验收。

(10)计量抽样的错判概率α和漏判概率β可按下列规定采用。

①主控项目:对应于合格质量水平的α和β均不宜超过5%。

②一般项目:对应于合格质量水平的α不宜超过5%,β不宜超过10%。

1.2　建筑工程质量验收的划分

(1)建筑工程质量验收应划分为单位工程、分部工程、分项工程和检验批。

(2)单位工程应按下列原则划分。

①具备独立施工条件并能形成独立使用功能的建筑物或构筑物为一个单位工程。

②对于规模较大的单位工程,可将其能形成独立使用功能的部分划分为一个子单位工程。

单位工程应具有独立的施工条件和能形成独立的使用功能,在施工前可由建设、监理、施工单位商议确定,并据此收集、整理施工技术资料和进行验收。

(3)分部工程应按下列原则划分。

①可按专业性质、工程部位确定。

②当分部工程较大或较复杂时,可按材料种类、施工特点、施工程序、专业系统及类别等将分部工程划分为若干子分部工程。

分部工程是单位工程的组成部分,一个单位工程往往由多个分部工程组成。当分部工程量较大且较复杂时,为便于验收,可将其中相同部分的工程或能形成独立专业体系的工程划分成若干个子分部工程。

(4)分项工程可按主要工种、材料、施工工艺、设备类别等进行划分。分项工程是分部工程的组成部分,由一个或若干个检验批组成。

(5)检验批可根据施工、质量控制和专业验收的需要,按工程量、楼层、施工段、变形缝等进行划分。

多层及高层建筑的分项工程可按楼层或施工段来划分检验批,单层建筑的分项工程可按变形缝等划分检验批;地基基础的分项工程一般划分为一个检验批,有地下层的基础工程可按不同地下层划分检验批;屋面工程的分项工程可按不同楼层屋面划分为不同的检验批;其他分部工程中的分项工程,一般按楼层划分检验批;对于工程量较少的分项工程可划为一个检验批。安装工程的一个设计系统或设备组别为一个检验批。室外工程一般划分为一个检验批。散水、台阶、明沟等含在地面检验批中。

按检验批验收有助于及时发现和处理施工中出现的质量问题,确保工程质量,也符合施工的实际需要。

地基基础中的土方工程、基坑支护工程及混凝土结构工程中的模板工程,虽不构成建筑工程实体,但因其是建筑工程施工中不可缺少的重要环节和必要条件,其质量关系到建筑工程的质量和施工安全,因此将其列入施工验收的内容。

(6)建筑工程的分部、分项工程划分宜按表2.1.3进行。

(7)施工前,应由施工单位制定分项工程和检验批的划分方案,并由监理单位审核。随着建筑工程领域的技术进步和建筑功能要求的提升,出现了一些新的验收项目,并需要有专门的分项工程和检验批与之相对应。对于表2.1.3及相关专业验收规范未涵盖的分项工程和检验批,可由建设单位组织监理、施工等单位协商确定,并据此整理施工技术资料和进行验收。

表2.1.3 建筑工程的分部、分项工程划分

序号	分部工程	子分部工程	分项工程
1	地基与基础	土方工程	土方开挖,土方回填,场地平整
		基坑支护	排桩,重力式挡土墙,型钢水泥土搅拌墙,土钉墙与复合土钉墙,地下连续墙,沉井与沉箱,钢或混凝土支撑,锚杆,降水与排水
		地基处理	灰土地基,砂和砂石地基,土工合成材料地基,粉煤灰地基,强夯地基,注浆地基,预压地基,振冲地基,高压喷射注浆地基,水泥土搅拌桩地基,土和灰土挤密桩地基,水泥粉煤灰碎石桩地基,夯实水泥土桩地基,砂桩地基
		桩基础	先张法预应力管桩,混凝土预制桩,钢桩,混凝土灌注桩
		地下防水	防水混凝土,水泥砂浆防水层,卷材防水层,涂料防水层,塑料防水板防水层,金属板防水层,膨润土防水材料防水层;细部构造;锚喷支护,地下连续墙,盾构隧道,沉井,逆筑结构;渗排水,盲沟排水,隧道排水,坑道排水,塑料排水板排水;预注浆,后注浆,结构裂缝注浆
		混凝土基础	模板,钢筋,混凝土,后浇带混凝土,混凝土结构缝处理
		砌体基础	砖砌体,混凝土小型空心砌块砌体,石砌体,配筋砌体
		型钢、钢管混凝土基础	型钢、钢管焊接与螺栓连接,型钢、钢管与钢筋连接,浇筑混凝土
		钢结构基础	钢结构制作,钢结构安装,钢结构涂装

续表

序号	分部工程	子分部工程	分项工程
2	主体结构	混凝土结构	模板,钢筋,混凝土,预应力、现浇结构,装配式结构
		砌体结构	砖砌体,混凝土小型空心砌块砌体,石砌体,配筋砌体,填充墙砌体
		钢结构	钢结构焊接,紧固件连接,钢零部件加工,钢构件组装及预拼装,单层钢结构安装,多层及高层钢结构安装,空间格构钢结构制作,空间格构钢结构安装,压型金属板,防腐涂料涂装,防火涂料涂装,天沟安装,雨篷安装
		型钢、钢管混凝土结构	型钢、钢管现场拼装,柱脚锚固,构件安装,焊接、螺栓连接,钢筋骨架安装,型钢、钢管与钢筋连接,浇筑混凝土
		轻钢结构	钢结构制作,钢结构安装,墙面压型板,屋面压型板
		索膜结构	膜支撑构件制作,膜支撑构件安装,索安装,膜单元及附件制作,膜单元及附件安装
		铝合金结构	铝合金焊接,紧固件连接,铝合金零部件加工,铝合金构件组装,铝合金构件预拼装,单层及多层铝合金结构安装,空间格构铝合金结构安装,铝合金压型板,防腐处理,防火隔热
		木结构	方木和原木结构,胶合木结构,轻型木结构,木结构防护
3	建筑装饰装修	地面	基层,整体面层,板块面层,地毯面层,地面防水,垫层及找平层
		抹灰	一般抹灰,保温墙体抹灰,装饰抹灰,清水砌体勾缝
		门窗	木门窗安装,金属门窗安装,塑料门窗安装,特种门安装,门窗玻璃安装
		吊顶	整体面层吊顶,板块面层吊顶,格栅吊顶
		轻质隔墙	板材隔墙,骨架隔墙,活动隔墙,玻璃隔墙
		饰面板	石材安装,瓷板安装,木板安装,金属板安装,塑料板安装,玻璃板安装
		饰面砖	外墙饰面砖粘贴,内墙饰面砖粘贴
		涂饰	水性涂料涂饰,溶剂型涂料涂饰,美术涂饰
		裱糊与软包	裱糊、软包
		外墙防水	砂浆防水层,涂膜防水层,防水透气膜防水层
		细部	橱柜制作与安装,窗帘盒和窗台板制作与安装,门窗套制作与安装,护栏和扶手制作与安装,花饰制作与安装
		金属幕墙	构件与组件加工制作,构架安装,金属幕墙安装
		石材与陶板幕墙	构件与组件加工制作,构架安装,石材与陶板幕墙安装
		玻璃幕墙	构件与组件加工制作,构架安装,玻璃幕墙安装

续表

序号	分部工程	子分部工程	分项工程
4	屋面工程	基层与保护	找平层,找坡层,隔汽层,隔离层,保护层
		保温与隔热	板状材料保温层,纤维材料保温层,喷涂硬泡聚氨酯保温层,现浇泡沫混凝土保温层,种植隔热层,架空隔热层,蓄水隔热层
		防水与密封	卷材防水层,涂膜防水层,复合防水层,接缝密封防水
		瓦面与板面	烧结瓦和混凝土瓦铺装,沥青瓦铺装,金属板铺装,玻璃采光顶铺装
		细部构造	檐口,檐沟和天沟,女儿墙和山墙,水落口,变形缝,伸出屋面管道,屋面出入口,反水过水孔,设施基座,屋脊,屋顶窗
5	建筑给水排水及供暖	室内给水系统	给水管道及配件安装,给水设备安装,室内消火栓系统安装,消防喷淋系统安装,管道防腐,绝热
		室内排水系统	排水管道及配件安装,雨水管道及配件安装,防腐
		室内热水供应系统	管道及配件安装,辅助设备安装,防腐,绝热
		卫生器具安装	卫生器具安装,卫生器具给水配件安装,卫生器具排水管道安装
		室内供暖系统	管道及配件安装,辅助设备及散热器安装,金属辐射板安装,低温热水地板辐射供暖系统安装,系统水压试验及调试,防腐,绝热
		室外给水管网	给水管道安装,消防水泵接合器及室外消火栓安装,管沟及井室
		室外排水管网	排水管道安装,排水管沟与井池
		室外供热管网	管道及配件安装,系统水压试验及调试,防腐,绝热
		建筑中水系统及游泳池系统	建筑中水系统管道及辅助设备安装,游泳池水系统安装
		供热锅炉及辅助设备安装	锅炉安装,辅助设备及管道安装,安全附件安装,烘炉、煮炉和试运行,换热站安装,防腐,绝热
		太阳能热水系统	预埋件及后置锚栓安装和封堵,基座、支架、集热器安装,接地装置安装,电线、电缆敷设,辅助设备及管道安装,防腐,绝热
6	通风与空调	送排风系统	风管与配件制作,部件制作,风管系统安装,空气处理设备安装,消声设备制作与安装,风管与设备防腐,风机安装,系统调试
		防排烟系统	风管与配件制作,部件制作,风管系统安装,防排烟风口、常闭正压风口与设备安装,风管与设备防腐,风机安装,系统调试
		除尘系统	风管与配件制作,部件制作,风管系统安装,除尘器与排污设备安装,风管与设备防腐,风机安装,系统调试

续表

序号	分部工程	子分部工程	分项工程
6	通风与空调	空调风系统	风管与配件制作,部件制作,风管系统安装,空气处理设备安装,消声设备制作与安装,风管与设备防腐,风机安装,风管与设备绝热,系统调试
		空气能量回收系统	空气能量热回收装置安装,新风导入管道安装,排风管道安装,空气过滤系统安装,空气能量回收装置系统运行试验及调试
		净化空调系统	空气质量控制系统,风管与配件制作,部件制作,风管系统安装,空气处理设备安装,消声设备制作与安装,风管与设备防腐,风机安装,风管与设备绝热,高效过滤器安装,系统调试
		制冷设备系统	制冷机组安装,制冷剂管道及配件安装,制冷附属设备安装,管道及设备的防腐与绝热,系统调试
		空调水系统	管道冷热(媒)水系统安装,冷却水系统安装,冷凝水系统安装,阀门及部件安装,冷却塔安装,水泵及附属设备安装,管道与设备的防腐与绝热,系统调试
		地源热泵系统	地埋管换热系统,地下水换热系统,地表水换热系统,建筑物内系统,整体运转、调试
7	建筑电气	室外电气	架空线路及杆上电气设备安装,变压器、箱式变电站安装,成套配电柜、控制柜(屏、台)和动力、照明配电箱(盘)及控制柜安装,电线、电缆导管和线槽敷设,电线、电缆穿管和线槽敷设,电缆头制作、导线连接和线路电气试验,建筑物外部装饰灯具、航空障碍标志灯安装,庭院路灯安装,建筑照明通电试运行,接地装置安装
		变配电室	变压器、箱式变电站安装,成套配电柜、控制柜(屏、台)和动力、照明配电箱(盘)安装,裸母线、封闭母线、插接式母线安装,电缆沟内和电缆竖井内电缆敷设,电缆头制作、导线连接和线路电气试验,接地装置安装,避雷引下线和变配电室接地干线敷设
		供电干线	裸母线、封闭母线、插接式母线安装,桥架安装和桥架内电缆敷设,电缆沟内和电缆竖井内电缆敷设,电线、电缆导管和线槽敷设,电线、电缆穿管和线槽敷线,电缆头制作、导线连接和线路电气试验
		电气动力	成套配电柜、控制柜(屏、台)和动力、照明配电箱(盘)及控制柜安装,低压电动机、电加热器及电动执行机构检查、接线,低压电气动力设备检测、试验和空载试运行,桥架安装和桥架内电缆敷设,电线、电缆导管和线槽敷设,电线、电缆穿管和线槽敷线,电缆头制作、导线连接和线路电气试验,插座、开关、风扇安装

续表

序号	分部工程	子分部工程	分项工程
7	建筑电气	电气照明安装	成套配电柜、控制柜(屏、台)和动力、照明配电箱(盘)安装,电线、电缆导管和线槽敷设,电线、电缆导管和线槽敷线,槽板配线,钢索配线,电缆头制作、导线连接和线路电气试验,普通灯具安装,专用灯具安装,插座、开关、风扇安装,建筑照明通电试运行
		备用和不间断电源安装	成套配电柜、控制柜(屏、台)和动力、照明配电箱(盘)安装,柴油发电机组安装,不间断电源的其他功能单元安装,裸母线、封闭母线、插接式母线安装,电线、电缆导管和线槽敷设,电线、电缆导管和线槽敷线,电缆头制作、导线连接和线路电气试验,接地装置安装
		防雷及接地安装	接地装置安装,避雷引下线和变配电室接地干线敷设,建筑物等电位连接,接闪器安装
8	建筑智能化	通信网络系统	通信系统,卫星及有线电视系统,公共广播系统,视频会议系统
		计算机网络系统	信息平台及办公自动化应用软件,网络安全系统
		建筑设备监控系统	空调与通风系统,空气能量回收系统,室内空气质量控制系统,变配电系统,照明系统,给排水系统,热源和热交换系统,冷冻和冷却系统,电梯和自动扶梯系统,中央管理工作站与操作分站,子系统通信接口
		火灾报警及消防联动系统	火灾和可燃气体探测系统,火灾报警控制系统,消防联动系统
		会议系统与信息导航系统	会议系统、信息导航系统
		专业应用系统	专业应用系统
		安全防范系统	电视监控系统,入侵报警系统,巡更系统,出入口控制(门禁)系统,停车管理系统,智能卡应用系统
		综合布线系统	缆线敷设和终接,机柜、机架、配线架的安装,信息插座和光缆芯线终端的安装
		智能化集成系统	集成系统网络,实时数据库,信息安全,功能接口
		电源与接地	智能建筑电源,防雷及接地
		计算机机房工程	路由交换系统,服务器系统,空间环境,室内外空气能量交换系统,室内空调环境,视觉照明环境,电磁环境
		住宅(小区)智能化系统	火灾自动报警及消防联动系统,安全防范系统(含电视监控系统、入侵报警系统、巡更系统、门禁系统、楼宇对讲系统、住户对讲呼救系统、停车管理系统),物业管理系统(多表现场计量与远程传输系统、建筑设备监控系统、公共广播系统、小区网络及信息服务系统、物业办公自动化系统),智能家庭信息平台

续表

序号	分部工程	子分部工程	分项工程
9	建筑节能	围护系统节能	墙体节能,幕墙节能,门窗节能,屋面节能,地面节能
		供暖空调设备及管网节能	供暖节能,通风与空调设备节能,空调与供暖系统冷热源节能,空调与供暖系统管网节能
		电气动力节能	配电节能,照明节能
		监控系统节能	监测系统节能,控制系统节能
		可再生能源	太阳能系统,地源热泵系统
10	电梯	电力驱动的曳引式或强制式电梯安装	设备进场验收,土建交接检验,驱动主机,导轨,门系统,轿厢,对重,安全部件,悬挂装置,随行电缆,补偿装置,电气装置,整机安装验收
		液压电梯安装	设备进场验收,土建交接检验,液压系统,导轨,门系统,轿厢,对重,安全部件,悬挂装置,随行电缆,电气装置,整机安装验收
		自动扶梯、自动人行道安装	设备进场验收,土建交接检验,整机安装验收

(8)室外工程可根据专业类别和工程规模按表2.1.4的规定划分单位工程、分部工程。

表2.1.4　室外工程的单位工程、分部工程划分

单位工程	子单位工程	分部工程
室外设施	道路	路基,基层,面层,广场与停车场,人行道,人行地道,挡土墙,附属构筑物
	边坡	土石方,挡土墙,支护
附属建筑及室外环境	附属建筑	车棚,围墙,大门,挡土墙
	室外环境	建筑小品,亭台,水景,连廊,花坛,场坪绿化,景观桥
室外安装	给水排水	室外给水系统,室外排水系统
	供热	室外供热系统
	供冷	供冷管道安装
	电气	室外供电系统,室外照明系统

1.3　建筑工程质量验收

1.3.1　检验批质量验收

检验批质量验收合格应符合下列规定。

(1)主控项目的质量经抽样检验均应合格。

(2)一般项目的质量经抽样检验合格。当采用计数抽样时,合格点率应符合有关专业验收规范的规定,且不得存在严重缺陷。对于计数抽样的一般项目,正常检验一次、二次抽样可按表2.1.5及表2.1.6判定。

(3)具有完整的施工操作依据、质量验收记录。

表2.1.5　一般项目正常检验一次抽样判定

样本容量	合格判定数	不合格判定数	样本容量	合格判定数	不合格判定数
5	1	2	32	7	8
8	2	3	50	10	11
13	3	4	80	14	15
20	5	6	125	21	22

表2.1.6　一般项目正常检验二次抽样判定

抽样次数	样本容量	合格判定数	不合格判定数	抽样次数	样本容量	合格判定数	不合格判定数
(1)	3	0	2	(1)	20	3	6
(2)	6	1	2	(2)	40	9	10
(1)	5	0	3	(1)	32	5	9
(2)	10	3	4	(2)	64	12	13
(1)	8	1	3	(1)	50	7	11
(2)	16	4	5	(2)	100	18	19
(1)	13	2	5	(1)	80	11	16
(2)	26	6	7	(2)	160	26	27

注:(1)和(2)表示抽样次数,(2)对应的样本容量为二次抽样的累计数量。

检验批是施工过程中条件相同并有一定数量的材料、构配件或安装项目,由于其质量水平基本均匀一致,因此可以作为检验的基本单元,并按批验收。

检验批是工程验收的最小单位,是分项工程、分部工程、单位工程质量验收的基础。检验批验收包括两个方面:资料检查;主控项目及一般项目检验。

质量控制资料反映了检验批从原材料到最终验收的各施工工序的操作依据、检查情况以及保证质量所必需的管理制度等。对其完整性的检查,实际是对过程控制的确认,是检验批合格的前提。

检验批的合格与否主要取决于主控项目和一般项目的检验结果。主控项目是对检验批的基本质量起决定性影响的检验项目,必须从严要求,因此要求主控项目必须全部符合有关专业验收规范的规定,这意味着主控项目不允许有不符合要求的检验结果。对于一般项目,虽然允许存在一定数量的不合格点,但某些不合格点的指标与合格要求偏差较大或存在严重缺陷时,仍将影响使用功能或观感质量,因此对这些位置应进行维修处理。

为了使检验批的质量满足安全和功能的基本要求,保证建筑工程质量,各专业验收规范应对各检验批的主控项目和一般项目的合格质量给予明确的规定。

1.3.2 分项工程质量验收

分项工程质量验收合格应符合下列规定。

(1)所含检验批的质量均应验收合格。

(2)所含检验批的质量验收记录应完整。

分项工程的验收是以检验批为基础进行的。一般情况下,检验批和分项工程两者具有相同或相近的性质,只是批量的大小不同而已。分项工程质量合格的条件是构成分项工程的各检验批验收资料齐全、完整,且各检验批均已验收合格。

1.3.3 分部工程质量验收

分部工程质量验收合格应符合下列规定。

(1)所含分项工程的质量均应验收合格。

(2)质量控制资料应完整。

(3)有关安全、节能、环境保护和主要使用功能的抽样检验结果应符合相应规定。

(4)观感质量应符合要求。

分部工程的验收是以所含各分项工程验收合格为基础进行的。首先,组成分部工程的各分项工程已验收合格且相应的质量控制资料齐全、完整。其次,由于各分项工程的性质不尽相同,因此分部工程不能通过简单组合而加以验收,尚须进行以下两类检查项目。

(1)涉及安全、节能、环境保护和主要使用功能的地基与基础、主体结构和设备安装等分部工程应进行有关的见证检验或抽样检验。

(2)以观察、触摸或简单测量的方式进行观感质量验收,并由验收人主观进行判断,检查结果并不给出“合格”或“不合格”的结论,而是综合给出“好”“一般”“差”的质量评价结果。评价结果为“差”的检查点应进行返修处理。

1.3.4 单位工程质量验收

单位工程质量验收合格应符合下列规定。

(1)所含分部工程的质量均应验收合格。

(2)质量控制资料应完整。

(3)所含分部工程中有关安全、节能、环境保护和主要使用功能的检验资料应完整。涉及安全、节能、环境保护和主要使用功能的分部工程检验资料应复查合格,这些检验资料与质量控制资料同等重要。资料复查要全面检查其完整性,不得有漏检缺项;复核分部工程验收时要补充进行的见证抽样检验报告,体现对安全和主要使用功能等的重视。

(4)主要使用功能的抽查结果应符合相关专业验收规范的规定。对主要使用功能应进行抽查。这是对建筑工程和设备安装工程质量的综合检验,也是用户最为关心的内容,体现了

《建筑工程施工质量验收统一标准》完善手段、过程控制的原则，也将减少工程投入使用后的质量投诉和纠纷。因此，在分项、分部工程验收合格的基础上，竣工验收时要再做全面检查。

(5)观感质量应符合要求。观感质量检查须由参加验收的各方人员共同进行，最后共同协商是否通过验收。

1.3.5　建筑工程质量验收记录

建筑工程质量验收记录可按下列规定填写。

(1)检验批质量验收记录可按表2.1.7的规定填写。

(2)分项工程质量验收记录可按表2.1.8的规定填写。

(3)分部工程质量验收记录可按表2.1.9的规定填写，分部工程观感质量验收记录应按相关专业验收规范的规定填写。

(4)单位工程质量竣工验收记录、质量控制资料核查记录、安全和功能检验资料核查记录及观感质量检查记录应符合学习情境1中相关表格的规定。

表2.1.7　________检验批质量验收记录　　　　编号:______

单位(子单位)工程名称		分部(子分部)工程名称		分项工程名称	
施工单位		项目负责人		检验批容量	
分包单位		分包单位项目负责人		检验批部位	
施工依据			验收依据		

	序号	验收项目	设计要求及规范规定	最小/实际抽样数量	检查记录	检查结果
主控项目	1					
	2					
	3					
	4					
	5					
	6					
	7					
	8					
一般项目	1					
	2					
	3					
	4					

续表

施工单位检查结果	专业工长： 项目专业质量检查员： 年 月 日
监理单位验收结论	专业监理工程师： 年 月 日

表 2.1.8 ______________分项工程质量验收记录

<table>
<tr><td colspan="2">单位(子单位)工程名称</td><td colspan="2"></td><td colspan="2">分部(子分部)工程名称</td><td></td></tr>
<tr><td colspan="2">分项工程数量</td><td colspan="2"></td><td colspan="2">检验批数量</td><td></td></tr>
<tr><td colspan="2">施工单位</td><td></td><td>项目负责人</td><td></td><td>项目技术负责人</td><td></td></tr>
<tr><td colspan="2">分包单位</td><td></td><td>分包单位负责人</td><td></td><td>分包内容</td><td></td></tr>
<tr><td>序号</td><td>检验批名称</td><td>检验批容量</td><td>部位/区段</td><td colspan="2">施工单位检查结果</td><td>监理单位验收结论</td></tr>
<tr><td>1</td><td></td><td></td><td></td><td colspan="2"></td><td></td></tr>
<tr><td>2</td><td></td><td></td><td></td><td colspan="2"></td><td></td></tr>
<tr><td>3</td><td></td><td></td><td></td><td colspan="2"></td><td></td></tr>
<tr><td>4</td><td></td><td></td><td></td><td colspan="2"></td><td></td></tr>
<tr><td>5</td><td></td><td></td><td></td><td colspan="2"></td><td></td></tr>
<tr><td>6</td><td></td><td></td><td></td><td colspan="2"></td><td></td></tr>
<tr><td>7</td><td></td><td></td><td></td><td colspan="2"></td><td></td></tr>
<tr><td>8</td><td></td><td></td><td></td><td colspan="2"></td><td></td></tr>
<tr><td>9</td><td></td><td></td><td></td><td colspan="2"></td><td></td></tr>
<tr><td>10</td><td></td><td></td><td></td><td colspan="2"></td><td></td></tr>
<tr><td>11</td><td></td><td></td><td></td><td colspan="2"></td><td></td></tr>
<tr><td>12</td><td></td><td></td><td></td><td colspan="2"></td><td></td></tr>
<tr><td colspan="7">说明：</td></tr>
<tr><td colspan="2">施工单位
检查结果</td><td colspan="5">项目专业技术负责人：
年 月 日</td></tr>
<tr><td colspan="2">监理单位
验收结论</td><td colspan="5">专业监理工程师：
年 月 日</td></tr>
</table>

表2.1.9　＿＿＿＿＿＿分部工程质量验收记录

<table>
<tr><td colspan="2">单位(子单位)
工程名称</td><td colspan="2"></td><td>子分部工程
数量</td><td></td><td>分项工程
数量</td><td></td></tr>
<tr><td colspan="2">施工单位</td><td colspan="2"></td><td>项目负责人</td><td></td><td>技术(质量)
负责人</td><td></td></tr>
<tr><td colspan="2">分包单位</td><td colspan="2"></td><td>分包单位
负责人</td><td></td><td>分包内容</td><td></td></tr>
<tr><td>序号</td><td>子分部
工程名称</td><td>分项工
程名称</td><td>检验批
数量</td><td colspan="2">施工单位检查结果</td><td colspan="2">监理单位验收结论</td></tr>
<tr><td>1</td><td></td><td></td><td></td><td colspan="2"></td><td colspan="2"></td></tr>
<tr><td>2</td><td></td><td></td><td></td><td colspan="2"></td><td colspan="2"></td></tr>
<tr><td>3</td><td></td><td></td><td></td><td colspan="2"></td><td colspan="2"></td></tr>
<tr><td>4</td><td></td><td></td><td></td><td colspan="2"></td><td colspan="2"></td></tr>
<tr><td>5</td><td></td><td></td><td></td><td colspan="2"></td><td colspan="2"></td></tr>
<tr><td colspan="4">质量控制资料</td><td colspan="2"></td><td colspan="2"></td></tr>
<tr><td colspan="4">安全和功能检验结果</td><td colspan="2"></td><td colspan="2"></td></tr>
<tr><td colspan="4">观感质量检验结果</td><td colspan="2"></td><td colspan="2"></td></tr>
<tr><td>综合
验收
结论</td><td colspan="7"></td></tr>
<tr><td colspan="2">施工单位
项目负责人:

年　月　日</td><td colspan="2">勘察单位
项目负责人:

年　月　日</td><td colspan="2">设计单位
项目负责人:

年　月　日</td><td colspan="2">监理单位
总监理工程师:

年　月　日</td></tr>
</table>

注:1. 地基与基础分部工程的验收应由施工、勘察、设计单位项目负责人和总监理工程师参加并签字。

2. 主体结构、节能分部工程的验收应由施工、设计单位项目负责人和总监理工程师参加并签字。

1.3.6　建筑工程施工质量不符合规定的处理办法

当建筑工程施工质量不符合规定时,应按下列规定进行处理。

(1)经返工或返修的检验批,应重新进行验收。

(2)经有资质的检测机构检测鉴定能够达到设计要求的检验批,应予以验收。

(3)经有资质的检测机构检测鉴定达不到设计要求,但经原设计单位核算认可能够满足安全和使用功能的检验批,可予以验收。

(4)经返修或加固处理的分项、分部工程,满足安全及使用功能要求时,可按技术处理方案和协商文件的要求予以验收。

1.3.7 资料不完整时的验收规定

工程质量控制资料应齐全完整,当部分资料缺失时,应委托有资质的检测机构按有关标准进行相应的实体检验或抽样试验。

1.3.8 严禁验收的情况

经返修或加固处理仍不能满足安全或使用功能的分部工程及单位工程,严禁验收。

1.4 建筑工程质量验收的程序和组织

(1)检验批应由专业监理工程师组织施工单位项目专业质量检查员、专业工长等进行验收。

(2)分项工程应由专业监理工程师组织施工单位项目专业技术负责人等进行验收。

(3)分部工程应由总监理工程师组织施工单位项目负责人和项目技术、质量负责人等进行验收。勘察、设计单位项目负责人和施工单位技术、质量部门负责人应参加地基与基础分部工程的验收。设计单位项目负责人和施工单位技术、质量部门负责人应参加主体结构、节能分部工程的验收。

(4)单位工程中的分包工程完工后,分包单位应对所承包的工程项目进行自检,并应按《建筑工程施工质量验收统一标准》规定的程序进行验收。验收时,总包单位应派人参加。分包单位应将所分包工程的质量控制资料整理完整后,移交给总包单位。

(5)建设单位收到工程竣工报告后,应由建设单位项目负责人组织监理、施工、设计、勘察等单位项目负责人进行单位工程验收。

任务2 分项、检验批质量验收示例

2.1 建筑地基与基础工程

地基与基础工程施工前,必须具备完备的地质勘察资料及工程附近管线、建筑物、构筑物和其他公共设施的构造情况资料,必要时应做施工勘察和调查,以确保工程质量及邻近建筑的安全。施工单位必须具备相应专业资质,并应建立完善的质量管理体系和质量检验制度。从事地基基础工程检测及见证试验的单位,必须具备省级以上(含省、自治区、直辖市)建设行政主管部门颁发的资质证书和计量行政主管部门颁发的计量认证合格证书。施工过程中出现异常情况时,应停止施工,由监理或建设单位组织勘察、设计、施工等有关单位共同分析情况,解决问题,消除质量隐患,并应形成文件资料。

2.1.1　地基验收的总体要求

(1)建筑物地基的施工应具备下述资料:①岩土工程勘察资料;②邻近建筑物和地下设施类型、分布及结构质量情况;③工程设计图纸、设计要求及需达到的标准,检验手段。

(2)砂、石子、水泥、钢材、石灰、粉煤灰等原材料的质量、检验项目、批量和检验方法,应符合国家现行标准的规定。

(3)地基施工结束,宜在一个间歇期后进行质量验收,间歇期由设计确定。

(4)地基加固工程应在正式施工前进行试验段施工,论证设定的施工参数及加固效果。为验证加固效果所进行的载荷试验,其施加载荷应不低于设计载荷的2倍。

(5)对灰土地基、砂和砂石地基、土工合成材料地基、粉煤灰地基、强夯地基、注浆地基、预压地基,竣工后的结果(地基强度或承载力)必须达到设计要求。检验数量,每单位工程不应少于3点;1 000 m^2 以上工程,每100 m^2 至少应有1点;3 000 m^2 以上工程,每300 m^2 至少应有1点。每一独立基础下至少应有1点,基槽每20延米应有1点。

(6)对于水泥土搅拌桩复合地基、高压喷射注浆桩复合地基、砂桩地基、振冲桩复合地基、土和灰土挤密桩复合地基、水泥粉煤灰碎石桩复合地基及夯实水泥土桩复合地基,其承载力检验数量为总数的0.5%~1%,但不应少于3处;有单桩强度检验要求时,数量为总数的0.5%~1%,但不应少于3根。

(7)除第(5)点和第(6)点指定的主控项目外,其他主控项目及一般项目可随意抽查,但复合地基中的水泥土搅拌桩、高压喷射注浆桩、振冲桩、土和灰土挤密桩、水泥粉煤灰碎石桩及夯实水泥土桩至少应抽查20%。

2.1.2　灰土地基质量验收

(1)灰土土料、石灰或水泥(当水泥替代灰土中的石灰时)等材料及配合比应符合设计要求,灰土应搅拌均匀。

(2)施工过程中应检查分层铺设的厚度,分段施工时上下两层的搭接长度,夯实时的加水量、夯压遍数、压实系数。

(3)施工结束后,应检验灰土地基的承载力。

(4)灰土地基的质量验收标准应符合表2.2.1的规定。

表 2.2.1　灰土地基质量检验标准

项目	序号	检查项目	允许偏差或允许值		检查方法
			单位	数值	
主控项目	1	地基承载力	设计要求		按规定方法
	2	配合比	设计要求		检查拌和时的体积比或质量比
	3	压实系数	设计要求		现场实测
一般项目	1	石灰粒径	mm	≤5	筛分法
	2	土料有机质含量	%	≤5	试验室焙烧法
	3	土颗粒粒径	mm	≤15	筛分法
	4	含水量(与要求的最优含水量比较)	%	±2	烘干法
	5	分层厚度偏差(与设计要求比较)	mm	±50	水准仪

2.1.3　土工合成材料地基质量验收

(1)施工前应对土工合成材料的物理性能(单位面积的质量、厚度、比重)、强度、延伸率以及土、砂石料等做检验。土工合成材料以 100 m^2 为一批,每批应抽查 5%。

(2)施工过程中应检查清基、回填料铺设厚度及平整度、土工合成材料的铺设方向、接缝搭接长度或缝接状况、土工合成材料与结构的连接状况等。

(3)施工结束后,应进行承载力检验。

(4)土工合成材料地基质量检验标准应符合表 2.2.2 的规定。

表 2.2.2　土工合成材料地基质量检验标准

项目	序号	检查项目	允许偏差或允许值		检查方法
			单位	数值	
主控项目	1	土工合成材料强度	%	≤5	置于夹具上做拉伸试验(结果与设计标准相比)
	2	土工合成材料延伸率	%	≤3	置于夹具上做拉伸试验(结果与设计标准相比)
	3	地基承载力	设计要求		按规定方法
一般项目	1	土工合成材料搭接长度	mm	≥300	用钢尺量
	2	土石料有机质含量	%	≤5	焙烧法
	3	层面平整度	mm	≤20	用 2 m 靠尺
	4	每层铺设厚度	mm	±25	水准仪

2.1.4　注浆地基质量验收

(1)施工前应掌握有关技术文件(注浆点位置、浆液配比、注浆施工技术参数、检测要求等)。浆液组成材料的性能应符合设计要求,注浆设备应确保正常运转。

(2)施工中应经常抽查浆液的配比及主要性能指标、注浆的顺序、注浆过程中的压力控制等。

(3)施工结束后,应检查注浆体强度、承载力等。检查孔数为总量的2%~5%,不合格率大于或等于20%时应进行二次注浆。检验应在注浆后15天(沙土、黄土)或60天(黏性土)进行。

(4)注浆地基质量检验标准应符合表2.2.3的规定。

表2.2.3　注浆地基质量检验标准

项目	序号	检查项目			允许偏差或允许值		检查方法
					单位	数值	
主控项目	1	原材料检验	水泥		设计要求		查产品合格证书或抽样送检
			注浆用砂	粒径	mm	<2.5	试验室试验
				细度模数		<2.0	
				含泥量及有机质含量	%	<3	
			注浆用黏土	塑性指数		>14	试验室试验
				黏粒含量	%	>25	
				含砂量	%	<5	
				有机物含量	%	<3	
			粉煤灰	细度	不粗于同时使用的水泥		试验室试验
				烧失量	%	<3	
			水玻璃模数		2.5~3.3		抽样送检
			其他化学浆液		设计要求		查产品合格证书或抽样送检
	2	注浆体强度			设计要求		取样检验
	3	地基承载力			设计要求		按规定方法
一般项目	1	各种注浆材料称量误差			%	<3	抽查
	2	注浆孔位			mm	±20	用钢尺量
	3	注浆孔深			mm	±100	量测注浆管长度
	4	注浆压力(与设计参数比)			%	±10	检查压力表读数

2.1.5 高压喷射注浆地基质量验收

(1)施工前应检查水泥、外掺剂等的质量,桩位,压力表、流量表的精度和灵敏度,高压喷射设备的性能等。

(2)施工中应检查施工参数(压力、水泥浆量、提升速度、旋转速度等)及施工程序。

(3)施工结束后,应检验桩体强度、平均直径、桩身中心位置、桩体质量及承载力等。桩体质量及承载力检验应在施工结束后28日进行。

(4)高压喷射注浆地基质量检验标准应符合表2.2.4的规定。

表2.2.4 高压喷射注浆地基质量检验标准

项目	序号	检查项目	允许偏差或允许值		检查方法
			单位	数值	
主控项目	1	水泥及外掺剂质量	符合出厂要求		查产品合格证书或抽样送检
	2	水泥用量	设计要求		查看流量表及水泥浆水灰比
	3	桩体强度或完整性检验	设计要求		按规定方法
	4	地基承载力	设计要求		按规定方法
一般项目	1	钻孔位置	mm	≤50	用钢尺量
	2	钻孔垂直度	%	≤1.5	经纬仪测钻杆或实测
	3	孔深	mm	±200	用钢尺量
	4	注浆压力	按设计参数指标		查看压力表
	5	桩体搭接	mm	>200	用钢尺量
	6	桩体直径	mm	≤50	开挖后用钢尺量
	7	桩身中心允许偏差	mm	≤0.2D	开挖后桩顶下500 mm处用钢尺量,D为桩径

2.1.6 桩基础的一般规定

(1)桩位的放样允许偏差:群桩为20 mm;单排桩为10 mm。

(2)桩基工程的桩位验收,除设计有规定外,应按下述要求进行。

①当桩顶设计标高与施工场地标高相同时,或桩基施工结束后,有可能对桩位进行检查时,桩基工程的验收应在施工结束后进行。

②当桩顶设计标高低于施工场地标高,送桩后无法对桩位进行检查时,对打入桩可在每根桩桩顶沉至场地标高时,进行中间验收,待全部桩施工结束,承台或底板开挖到设计标高后,再做最终验收。对灌注桩可对护筒位置做中间验收。

(3)打(压)入桩(预制混凝土方桩、先张法预应力管桩、钢桩)的桩位偏差,必须符合表

2.2.5 的规定。斜桩倾斜度的偏差不得大于倾斜角(倾斜角为桩的纵向中心线与铅垂线间的夹角)正切值的15%。

表2.2.5　预制桩(钢桩)桩位的允许偏差　(mm)

序号	项目	允许偏差
1	盖有基础梁的桩: (1)垂直基础梁的中心线 (2)沿基础梁的中心线	 100+0.01H 150+0.01H
2	桩数为1~3桩基中的桩	100
3	桩数为4~16桩基中的桩	1/2桩径或边长
4	桩数大于16桩基中的桩: (1)最外边的桩 (2)中间桩	 1/3桩径或边长 1/2桩径或边长

注:H为施工现场地面标高与桩顶设计标高的距离。

(4)灌注桩的桩位偏差必须符合表2.2.6的规定。桩顶标高至少要比设计标高高出0.5 m,桩底清孔质量按不同的成桩工艺有不同的要求。每浇筑50 m^3必须有1组试件,小于50 m^3的桩,每根桩必须有1组试件。

表2.2.6　灌注桩的平面位置和垂直度的允许偏差

序号	成孔方法		桩径允许偏差(mm)	垂直度允许偏差(%)	桩位允许偏差(mm)	
					1~3根、单排桩基垂直于中心线方向和群桩基础的边桩	条形桩基沿中心线方向和群桩基础的中间桩
1	泥浆护壁钻孔桩	D≤1 000 mm	±50	<1	D/6,且不大于100	D/4,且不大于150
		D>1 000 mm	±50		100+0.01H	150+0.01H
2	套管成孔灌注桩	D≤500 mm	-20	<1	70	150
		D>500 mm			100	150
3	干成孔灌注桩		-20	<1	70	150
4	人工挖孔桩	混凝土护壁	+50	<0.5	50	150
		钢套管护壁	+50	<1	100	200

注:1.桩径允许偏差的负值是指个别断面。
2.采用复打、反插法施工的桩,其桩径允许偏差不受表2.2.6限制。
3.H为施工现场地面标高与桩顶设计标高的距离,D为设计桩径。

(5)工程桩应进行承载力检验。对于地基基础设计等级为甲级或地质条件复杂、成桩质量可靠性低的灌注桩,应采用静载荷试验的方法进行检验,检验桩数不应少于总数的1%,且不应少于3根,当总桩数少于50根时,不应少于2根。

(6)桩身质量应进行检验。对设计等级为甲级或地质条件复杂、成桩质量可靠性低的灌注桩,抽检数量不应少于总数的30%,且不应少于20根;其他桩基工程的抽检数量不应少于总数的20%,且不应少于10根;对混凝土预制桩及地下水位以上且终孔后经过核验的灌注桩,检验数量不应少于总桩数的10%,且不得少于10根。每个柱子承台下不得少于1根。

(7)砂、石子、钢材、水泥等原材料的质量、检验项目、批量和检验方法,应符合国家现行标准的规定。

(8)除第(5)条和第(6)条规定的主控项目以外,其他主控项目应全部检查,对一般项目,除已明确规定外,其他可按20%抽查,但混凝土灌注桩应全部检查。

2.1.7 混凝土灌注桩的质量验收

(1)施工前应对水泥、砂、石子(如现场搅拌)、钢材等原材料进行检查,对施工组织设计中制定的施工顺序、监测手段(包括仪器、方法)也应检查。

(2)施工中应对成孔、清渣、放置钢筋笼、灌注混凝土等进行全过程检查,人工挖孔桩还应复验孔底持力层土(岩)性,嵌岩桩必须有桩端持力层的岩性报告。

(3)施工结束后,应检查混凝土强度,并做桩体质量及承载力的检验。

(4)混凝土灌注桩质量检验标准应符合表2.2.7和表2.2.8的规定。

表2.2.7 混凝土灌注桩钢筋笼质量检验标准 (mm)

项目	序号	检查项目	允许偏差或允许值	检查方法
主控项目	1	主筋间距	±10	用钢尺量
	2	长度	±100	用钢尺量
一般项目	1	钢筋材质检验	设计要求	抽样送检
	2	箍筋间距	±20	用钢尺量
	3	直径	±10	用钢尺量

2.1.8 土方工程的质量验收

(1)土方工程施工前应进行挖、填方的平衡计算,综合考虑土方运距最短、运程合理和各个工程项目的合理施工程序等,做好土方平衡调配,减少重复挖运。土方平衡调配应尽可能与城市规划和农田水利相结合,将余土一次性运到指定弃土场,做到文明施工。

(2)当土方工程挖方较深时,施工单位应采取措施,防止基坑底部土的隆起,并避免危害周边环境。在挖方前,应做好地面排水和降低地下水位工作。

(3)平整场地的表面坡度应符合设计要求,如设计无要求,排水沟方向的坡度不应小于

表2.2.8　混凝土灌注桩质量检验标准

项目	序号	检查项目		允许偏差或允许值		检查方法
				单位	数值	
主控项目	1	桩位		见表2.2.6		基坑开挖前量护筒,开挖后量桩中心
	2	孔深		mm	+300	只深不浅,用重锤测,或测钻杆、套管长度,嵌岩桩应确保进入设计要求的嵌岩深度
	3	桩体质量检验		按基桩检测技术规范。如钻芯取样,大直径嵌岩桩应钻至桩尖下50 cm		按基桩检测技术规范
	4	混凝土强度		设计要求		试件报告或钻芯取样送检
	5	承载力		按基桩检测技术规范		按基桩检测技术规范
一般项目	1	垂直度		见表2.2.6		测套管或钻杆,或用超声波探测,干施工时吊垂球
	2	桩径		见表2.2.6		井径仪或超声波检测,干施工时用钢尺量,人工挖孔桩不包括内衬厚度
	3	泥浆比重(黏土或砂性土中)		1.15~1.20		用比重计测,清孔后在距孔底50 cm处取样
	4	泥浆面标高(高于地下水位)		m	0.5~1.0	目测
	5	沉渣厚度	端承桩	mm	≤50	用沉渣仪或重锤测量
			摩擦桩	mm	≤150	
	6	混凝土坍落度	水下施工	mm	160~220	用坍落度仪
			干施工	mm	70~100	
	7	钢筋笼安装深度		mm	±100	用钢尺量
	8	混凝土充盈系数		>1		检查每根桩的实际灌注量
	9	桩顶标高		mm	+30 -50	水准仪,需扣除桩顶浮浆层及劣质桩体

2‰。平整后的场地表面应逐点检查。检查点为每100~400 m^{2}取1点,但不应少于10点;长度、宽度和边坡均为每20 m取1点,每边不应少于1点。

(4)土方工程施工,应经常测量和校核其平面位置、水平标高和边坡坡度。平面控制桩和水准控制点应采取可靠的保护措施,定期复测和检查。土方不应堆在基坑边缘。

(5)在雨季和冬季施工还应遵守国家现行有关标准。

1. 土方开挖

土方开挖前应检查定位放线、排水和降低地下水位系统，合理安排土方运输车的行走路线及弃土场。施工过程中应检查平面位置、水平标高、边坡坡度、压实度、排水、降低地下水位系统，并随时观测周围的环境变化。土方开挖的顺序、方法必须与设计工况相一致，并遵循"开槽支撑，先撑后挖，分层开挖，严禁超挖"的原则。

土方开挖质量检验标准应符合表 2.2.9 的规定。

表 2.2.9　土方开挖质量检验标准　(mm)

项目	序号	项目	允许偏差或允许值					检验方法
			柱基基坑基槽	挖方场地平整		管沟	地(路)面基层	
				人工	机械			
主控项目	1	标高	-50	±30	±50	-50	-50	水准仪
	2	长度、宽度(由设计中心线向两边量)	+200 -50	+300 -100	+500 -150	+100	—	经纬仪，用钢尺量
	3	边坡	设计要求					观察或用坡度尺检查
一般项目	1	表面平整度	20	20	50	20	20	用 2 m 靠尺和楔形塞尺检查
	2	基底土性	设计要求					观察或土样分析

注：地(路)面基层的偏差只适用于直接在挖、填方上做地(路)面的基层。

2. 土方回填

土方回填前应清除基底的垃圾、树根等杂物，抽除坑穴积水、淤泥，验收基底标高。如在耕植土或松土上填方，应在基底压实后再进行。对填方土料应按设计要求验收后方可填入。

填方施工过程中应检查排水措施、每层填筑厚度、含水量控制、压实程度。填筑厚度及压实遍数应根据土质、压实系数及所用机具确定。

填方施工结束后，应检查标高、边坡坡度、压实程度等，检验标准应符合表 2.2.10 的规定。

表 2.2.10　填土工程质量检验标准　(mm)

项目	序号	检查项目	允许偏差或允许值					检验方法
			柱基基坑基槽	挖方场地平整		管沟	地(路)面基础层	
				人工	机械			
主控项目	1	标高	-50	±30	±50	-50	-50	水准仪
	2	分层压实系数	设计要求					按规定方法

续表

项目	序号	检查项目	允许偏差或允许值					检验方法
			柱基基坑基槽	挖方场地平整		管沟	地(路)面基础层	
				人工	机械			
一般项目	1	回填土料	设计要求					取样检查或直观鉴别
	2	分层厚度及含水量	设计要求					水准仪及抽样检查
	3	表面平整度	20	20	30	20	20	用靠尺或水准仪

2.1.9　基坑工程

(1)在基坑(槽)或管沟工程等开挖施工中，现场不宜进行放坡开挖，当可能对邻近建(构)筑物、地下管线、永久性道路产生危害时，应对基坑(槽)、管沟进行支护后再开挖。

(2)基坑(槽)、管沟开挖前应做好以下工作。

①基坑(槽)、管沟开挖前，应根据支护结构形式、挖深、地质条件、施工方法、周围环境、工期、气候和地面载荷等资料制定施工方案、环境保护措施、监测方案，经审批后方可施工。

②土方工程施工前，应对降水、排水措施进行设计，系统应经检查和试运转，一切正常时方可开始施工。

③有关维护结构的施工质量验收参照《建筑地基工程施工质量验收标准》(GB 50202—2018)中地基、桩基础、基坑工程中的相关规定。

(3)土方开挖的顺序、方法必须与设计工况相一致，并遵循“开槽支撑，先撑后挖，分层开挖，严禁超挖”的原则。

(4)基坑(槽)、管沟的挖土应分层进行。在施工过程中基坑(槽)、管沟边堆置土方不应超过设计荷载，挖方时不应碰撞或损伤支护结构、降水设施。

(5)基坑(槽)、管沟土方施工中应对支护结构、周围环境进行观察和监测，如出现异常情况应及时处理，待恢复正常后方可继续施工。

(6)基坑(槽)、管沟开挖至设计标高后，应对坑底进行保护，经验槽合格后，方可进行垫层施工。对特大型基坑，宜分区分块挖至设计标高，并分区分块及时浇筑垫层，必要时可加强垫层。

(7)基坑(槽)、管沟土方工程验收必须以确保支护结构安全和周围环境安全为前提。当设计有指标时，以设计要求为依据，如无设计指标，应按表2.2.11的规定执行。

表 2.2.11　基坑变形的监控值　(mm)

基坑类别	围护结构墙顶位移监控值	围护结构墙体最大位移监控值	地面最大沉降监控值
一级基坑	3	5	3
二级基坑	6	8	6
三级基坑	8	10	10

注:1. 符合下列情况之一,为一级基坑:
(1)重要工程或支护结构作为主体结构的一部分;
(2)开挖深度大于 10 m;
(3)与邻近建筑物、重要设施的距离在开挖深度以内的基坑;
(4)基坑范围内有历史文物、近代优秀建筑、重要管线等需严加保护的基坑。
2. 三级基坑为开挖深度小于 7 m,且周围环境无特别要求的基坑。
3. 除一级和三级外的基坑属二级基坑。
4. 当周围已有的设施有特殊要求时,尚应符合这些要求。

2.1.10　锚杆及土钉墙支护工程

(1)锚杆及土钉墙支护工程施工前应熟悉地质资料、设计图纸及周围环境,降水系统应确保正常工作,必需的施工设备如挖掘机、钻机、压浆泵、搅拌机等应能正常运转。

(2)一般情况下,应遵循分段开挖、分段支护的原则,不宜按一次挖就、再行支护的方式施工。

(3)施工中应对锚杆或土钉位置,钻孔直径、深度及角度,锚杆或土钉插入长度,注浆配比、压力及注浆量,喷锚墙面厚度及强度、锚杆或土钉应力等进行检查。

(4)每段支护体施工完后,应检查坡顶或坡面位移、坡顶沉降及周围环境变化,如有异常情况应采取措施,恢复正常后方可继续施工。

(5)锚杆及土钉墙支护工程质量检验应符合表 2.2.12 的规定。

表 2.2.12　锚杆及土钉墙支护工程质量检验标准

项目	序号	检查项目	允许偏差或允许值		检查方法
			单位	数值	
主控项目	1	锚杆或土钉长度	mm	±30	用钢尺量
	2	锚杆锁定力	设计要求		现场实测

续表

项目	序号	检查项目	允许偏差或允许值		检查方法
			单位	数值	
一般项目	1	锚杆或土钉位置	mm	±100	用钢尺量
	2	钻孔倾斜度	°	±1	测钻机倾角
	3	浆体强度	设计要求		试样送检
	4	注浆量	大于理论计算浆量		检查计量数据
	5	土钉墙面厚度	mm	±10	用钢尺量
	6	墙体强度	设计要求		试样送检

2.1.11　钢或混凝土支撑系统

(1)支撑系统包括围图及支撑,当支撑较长(一般超过 15 m)时,还包括支撑下的立柱及相应的立柱桩。

(2)施工前应熟悉支撑系统的图纸及各种计算工况,掌握开挖及支撑设置的方式、预加顶力及周围环境保护的要求。

(3)施工过程中应严格控制开挖和支撑的程序及时间,对支撑的位置(包括立柱及立柱桩的位置)、每层开挖深度、预加顶力(如需要时)、钢围图与围护体或支撑与围图的密贴度应做周密检查。

(4)全部支撑安装结束后,仍应维持整个系统的正常运转直至支撑全部拆除。

(5)作为永久性结构的支撑系统尚应符合现行国家标准《混凝土结构工程施工质量验收规范》(GB 50204—2015)的要求。

(6)钢或混凝土支撑系统工程质量检验标准应符合表 2.2.13 的规定。

表 2.2.13　钢或混凝土支撑系统工程质量检验标准

项目	序号	检查项目		允许偏差或允许值		检查方法
				单位	数值	
主控项目	1	支撑位置	标高	mm	30	水准仪 用钢尺量
			平面	mm	100	
	2	预加顶力		kN	±50	油泵读数或传感器

续表

项目	序号	检查项目		允许偏差或允许值		检查方法
				单位	数值	
一般项目	1	围图标高		mm	±100	用钢尺量
	2	立柱桩		参见桩基础		参见桩基础
	3	立柱位置	标高	mm	30	水准仪
			平面		50	用钢尺量
	4	开挖超深(开槽放支撑不在此范围)		mm	<200	水准仪
	5	支撑安装时间		设计要求		用钟表估测

2.2 混凝土结构工程

2.2.1 混凝土结构工程质量验收的总体要求

(1)混凝土结构施工现场质量管理应有相应的施工技术标准、健全的质量管理体系、施工质量控制和质量检验制度。混凝土结构施工项目应有施工组织设计和施工技术方案,并经审查批准。

(2)混凝土结构子分部工程可根据结构的施工方法分为两类:现浇混凝土结构子分部工程和装配式混凝土结构子分部工程。根据结构的分类,还可分为钢筋混凝土结构子分部工程和预应力混凝土结构子分部工程等。

混凝土结构子分部工程可划分为模板、钢筋、预应力、混凝土、现浇结构和装配式结构等分项工程。

可根据与施工方式相一致且便于控制施工质量的原则,按工作班、楼层结构、施工缝或施工段划分为若干检验批。

(3)对混凝土结构子分部工程的质量验收,应在钢筋、预应力、混凝土、现浇结构或装配式结构等相关分项工程验收合格的基础上,进行质量控制资料检查及观感质量验收,并应对涉及结构安全的材料、试件、施工工艺和结构的重要部位进行见证检测或实体检验。

(4)分项工程的质量验收应在所含检验批验收合格的基础上,进行质量验收记录检查。

(5)检验批的质量验收应包括如下内容。

①实物检查按下列方式进行:对原材料、构配件和器具等产品的进场复验,应按进场的批次和产品的抽样检验方案执行;对混凝土强度、预制构件结构性能等,应按国家现行有关标准和规范规定的抽样检验方案执行;对规范中采用计数检验的项目,应按抽查总点数的合格点率进行检查。

②资料检查,包括原材料、构配件和器具等的产品合格证(中文质量合格证明文件、规格、

型号及性能检测报告等)及进场复验报告、施工过程中重要工序的自检和交接检记录、抽样检验报告、见证检测报告、隐蔽工程验收记录等。

(6)检验批质量合格应符合下列规定。

①主控项目的质量经抽样检验合格。

②一般项目的质量经抽样检验合格,当采用计数检验时,除专门要求外,一般项目的合格点率应达到80%及以上,且不得有严重缺陷。

③具有完整的施工操作依据和质量验收记录。对验收合格的检验批,应做出合格标志。

(7)检验批、分项工程、混凝土结构子分部工程的质量验收可按表2.2.14、表2.2.15和表2.2.16的规定记录,质量验收程序和组织应符合《建筑工程施工质量验收统一标准》的规定。

表2.2.14 检验批质量验收

<table>
<tr><td colspan="3">工程名称</td><td></td><td>分项工程名称</td><td></td><td>验收部位</td><td></td></tr>
<tr><td colspan="3">施工单位</td><td></td><td>专业工长</td><td></td><td>项目经理</td><td></td></tr>
<tr><td colspan="3">分包单位</td><td></td><td>分包项目经理</td><td></td><td>施工班组长</td><td></td></tr>
<tr><td colspan="4">施工执行标准名称及编号</td><td colspan="4"></td></tr>
<tr><td colspan="3">检查项目</td><td>质量验收规范的规定</td><td colspan="2">施工单位检查评定记录</td><td colspan="2">监理(建设)单位验收记录</td></tr>
<tr><td rowspan="5">主控项目</td><td>1</td><td></td><td></td><td colspan="2"></td><td rowspan="5" colspan="2"></td></tr>
<tr><td>2</td><td></td><td></td><td colspan="2"></td></tr>
<tr><td>3</td><td></td><td></td><td colspan="2"></td></tr>
<tr><td>4</td><td></td><td></td><td colspan="2"></td></tr>
<tr><td>5</td><td></td><td></td><td colspan="2"></td></tr>
<tr><td rowspan="5">一般项目</td><td>1</td><td></td><td></td><td colspan="2"></td><td rowspan="5" colspan="2"></td></tr>
<tr><td>2</td><td></td><td></td><td colspan="2"></td></tr>
<tr><td>3</td><td></td><td></td><td colspan="2"></td></tr>
<tr><td>4</td><td></td><td></td><td colspan="2"></td></tr>
<tr><td>5</td><td></td><td></td><td colspan="2"></td></tr>
<tr><td colspan="4">施工单位检查评定结果</td><td colspan="4">项目专业质量检查员: 年 月 日</td></tr>
<tr><td colspan="4">监理(建设)单位验收结论</td><td colspan="4">监理工程师:
(建设单位项目专业技术负责人) 年 月 日</td></tr>
</table>

表 2. 2. 15　**分项工程质量验收记录**

<table>
<tr><td>工程名称</td><td></td><td>分项工程名称</td><td></td><td>验收部位</td><td></td></tr>
<tr><td>施工单位</td><td></td><td>专业工长</td><td></td><td>项目技术负责人</td><td></td></tr>
<tr><td>分包单位</td><td></td><td>分包单位负责人</td><td></td><td>分包项目经理</td><td></td></tr>
<tr><td>序号</td><td>检验批部位、区段</td><td colspan="2">施工单位检查评定记录</td><td colspan="2">监理(建设)单位验收记录</td></tr>
<tr><td>1</td><td></td><td colspan="2"></td><td colspan="2"></td></tr>
<tr><td>2</td><td></td><td colspan="2"></td><td colspan="2"></td></tr>
<tr><td>3</td><td></td><td colspan="2"></td><td colspan="2"></td></tr>
<tr><td>4</td><td></td><td colspan="2"></td><td colspan="2"></td></tr>
<tr><td>5</td><td></td><td colspan="2"></td><td colspan="2"></td></tr>
<tr><td>6</td><td></td><td colspan="2"></td><td colspan="2"></td></tr>
<tr><td>7</td><td></td><td colspan="2"></td><td colspan="2"></td></tr>
<tr><td>8</td><td></td><td colspan="2"></td><td colspan="2"></td></tr>
<tr><td>检查
结论</td><td colspan="2">项目技术负责人：
年　月　日</td><td>验收
结论</td><td colspan="2">监理工程师：
(建设单位项目专业技术负责人)
年　月　日</td></tr>
</table>

表 2. 2. 16　**混凝土结构子分部工程质量验收记录**

<table>
<tr><td colspan="2">工程名称</td><td></td><td>结构类型</td><td></td><td>层数</td><td></td></tr>
<tr><td colspan="2">施工单位</td><td></td><td>技术部门负责人</td><td></td><td>质量部门负责人</td><td></td></tr>
<tr><td colspan="2">分包单位</td><td></td><td>分包单位负责人</td><td></td><td>分包技术负责人</td><td></td></tr>
<tr><td>序号</td><td colspan="2">分项工程名称</td><td>检验批数</td><td>施工单位检查评定</td><td colspan="2">验收意见</td></tr>
<tr><td>1</td><td colspan="2">钢筋分项工程</td><td></td><td></td><td colspan="2" rowspan="5"></td></tr>
<tr><td>2</td><td colspan="2">预应力分项工程</td><td></td><td></td></tr>
<tr><td>3</td><td colspan="2">混凝土分项工程</td><td></td><td></td></tr>
<tr><td>4</td><td colspan="2">现浇结构分项工程</td><td></td><td></td></tr>
<tr><td>5</td><td colspan="2">装配式结构分项工程</td><td></td><td></td></tr>
<tr><td colspan="3">质量控制资料</td><td colspan="4"></td></tr>
<tr><td colspan="3">结构实体检验报告</td><td colspan="4"></td></tr>
<tr><td colspan="3">观感质量验收情况</td><td colspan="4"></td></tr>
</table>

续表

验收单位	分包单位	项目经理：　　　　年　月　日
	施工单位	项目经理：　　　　年　月　日
	勘察单位	项目负责人：　　　　年　月　日
	设计单位	项目负责人：　　　　年　月　日
	监理（建设）单位	总监理工程师： （建设单位项目专业负责人）　　　　年　月　日

2.2.2　模板分项工程的质量验收

模板及其支架应根据工程结构形式、荷载大小、地基土类别、施工设备和材料供应等条件进行设计。模板及其支架应具有足够的承载能力、刚度和稳定性，能可靠地承受浇筑混凝土的重力、侧压力以及施工荷载。在浇筑混凝土之前，应对模板工程进行验收。模板安装和浇筑混凝土时，应对模板及其支架进行观察和维护。发现异常情况时，应按施工技术方案及时进行处理。

1. 模板安装

1）主控项目

（1）安装现浇结构的上层模板及其支架时，下层楼板应具有承受上层荷载的能力；或加设支架，上、下层支架的立柱应对准，并铺设垫板。

检查数量：全数检查。

检验方法：对照模板设计文件和施工技术方案观察。

（2）在涂刷模板隔离剂时，不得弄脏钢筋和混凝土接槎处。

检查数量：全数检查。

检验方法：观察。

2）一般项目

（1）模板安装应满足下列要求：模板的接缝不应漏浆；在浇筑混凝土前，木模板应浇水湿润，但模板内不应有积水；模板与混凝土的接触面应清理干净并涂刷隔离剂，但不得采用影响结构性能或妨碍装饰工程施工的隔离剂；浇筑混凝土前，模板内的杂物应清理干净；对清水混凝土工程及装饰混凝土工程，应使用能达到设计效果的模板。

检查数量：全数检查。

检验方法：观察。

（2）用作模板的地坪、胎模等应平整光洁，不得产生影响构件质量的下沉、裂缝、起砂或起鼓。

检查数量:全数检查。

检验方法:观察。

(3)对跨度不小于4 m的现浇钢筋混凝土梁、板,其模板应按设计要求起拱;当设计无具体要求时,起拱高度宜为跨度的1/1 000~3/1 000。

检查数量:在同一检验批内,对梁,应抽查构件数量的10%,且不少于3件;对板,应按有代表性的自然间抽查10%,且不少于3间;对大空间结构,板可按纵、横轴线划分检查面抽查10%,且不少于3面。

检验方法:用水准仪或拉线钢尺检查。

(4)固定在模板上的预埋件、预留孔和预留洞均不得遗漏,且应安装牢固,其偏差应符合表2.2.17的规定。

表2.2.17 预埋件和预留孔洞的允许偏差

<table>
<tr><th colspan="2">项目</th><th>允许偏差(mm)</th></tr>
<tr><td colspan="2">预埋钢板中心线位置</td><td>3</td></tr>
<tr><td colspan="2">预埋管、预留孔中心线位置</td><td>3</td></tr>
<tr><td rowspan="2">插筋</td><td>中心线位置</td><td>5</td></tr>
<tr><td>外露长度</td><td>+10,0</td></tr>
<tr><td rowspan="2">预埋螺栓</td><td>中心线位置</td><td>2</td></tr>
<tr><td>外露长度</td><td>+10,0</td></tr>
<tr><td rowspan="2">预留洞</td><td>中心线位置</td><td>10</td></tr>
<tr><td>尺寸</td><td>+10,0</td></tr>
</table>

检查数量:在同一检验批内,对梁、柱和独立基础,应抽查构件总数的10%,且不少于3件;对墙和板,应按有代表性的自然间抽查10%,且不少于3间;对大空间结构墙可按相邻轴线间高度5 m左右划分检查面,板可按纵、横轴线划分检查面,抽查10%,且均不少于3面。

检验方法:钢尺检查。

2. 模板拆除

1)主控项目

(1)底模及其支架拆除时的混凝土强度应符合设计要求;当设计无具体要求时,混凝土强度应符合表2.2.18的规定。

表 2.2.18　底模拆除时的混凝土强度要求

构件类型	构件跨度(m)	达到设计的混凝土立方体抗压强度标准值的百分率
板	≤2	≥50%
	>2,≤8	≥75%
	>8	≥100%
梁、拱、壳	≤8	≥75%
	>8	≥100%
悬臂构件	—	≥100%

检查数量:全数检查。

检验方法:检查同条件养护试件强度试验报告。

(2)对后张法预应力混凝土结构构件,侧模宜在预应力张拉前拆除;底模支架的拆除应按施工技术方案执行,当无具体要求时,不应在结构构件建立预应力前拆除。

检查数量:全数检查。

检验方法:观察。

(3)后浇带模板的拆除和支顶应按施工技术方案执行。

检查数量:全数检查。

检验方法:观察。

2)一般项目

(1)侧模拆除时的混凝土强度应能保证其表面及棱角不受损伤。

检查数量:全数检查。

检验方法:观察。

(2)模板拆除时,不应对楼层形成冲击荷载。拆除的模板和支架宜分散堆放并及时清运。

检查数量:全数检查。

检验方法:观察。

2.2.3　钢筋分项工程的质量验收

1. 基本要求

(1)当钢筋的品种、级别或规格需做变更时,应办理设计变更文件。

(2)在浇筑混凝土前,应进行钢筋隐蔽工程验收,其检验内容包括:①纵向受力钢筋的品种、规格、数量、位置等;②钢筋的连接方式、接头位置、接头数量、接头面积百分率等;③箍筋、横向钢筋的品种、规格、数量、间距等;④预埋件的规格、数量、位置等。

钢筋分项工程的验收包括原材料的验收、钢筋加工的验收、钢筋连接的验收、钢筋安装的验收等。

2. 钢筋的安装

1)主控项目

钢筋安装时,受力钢筋的品种、级别、规格和数量必须符合设计要求。

检查数量:全数检查。

检验方法:观察,钢尺检查。

2)一般项目

钢筋安装位置的偏差应符合表 2.2.19 的规定。

检查数量:在同一检验批内,对梁、柱和独立基础,应抽查构件数量的 10%,且不少于 3 件;对墙和板,应按有代表性的自然间抽查 10%,且不少于 3 间;对大空间结构,墙可按相邻轴线间高度 5 m 左右划分检查面,板可按纵、横轴线划分检查面,抽查 10%,且均不少于 3 面。

表 2.2.19 钢筋安装位置的允许偏差和检验方法 (mm)

<table>
<tr><th colspan="3">项目</th><th>允许偏差</th><th>检验方法</th></tr>
<tr><td rowspan="2">绑扎钢筋网</td><td colspan="2">长、宽</td><td>±10</td><td>钢尺检查</td></tr>
<tr><td colspan="2">网眼尺寸</td><td>±20</td><td>钢尺量连续三档,取最大值</td></tr>
<tr><td rowspan="2">绑扎钢筋骨架</td><td colspan="2">长</td><td>±10</td><td>钢尺检查</td></tr>
<tr><td colspan="2">宽、高</td><td>±5</td><td>钢尺检查</td></tr>
<tr><td rowspan="5">受力钢筋</td><td colspan="2">间距</td><td>±10</td><td rowspan="2">钢尺量两端中间,各一点取最大值</td></tr>
<tr><td colspan="2">排距</td><td>±5</td></tr>
<tr><td rowspan="3">保护层厚度</td><td>基础</td><td>±10</td><td>钢尺检查</td></tr>
<tr><td>柱、梁</td><td>±5</td><td>钢尺检查</td></tr>
<tr><td>板、墙、壳</td><td>±3</td><td>钢尺检查</td></tr>
<tr><td colspan="3">绑扎箍筋、横向钢筋间距</td><td>±20</td><td>钢尺量连续三档,取最大值</td></tr>
<tr><td colspan="3">钢筋弯起点位置</td><td>20</td><td>钢尺检查</td></tr>
<tr><td rowspan="2">预埋件</td><td colspan="2">中心线位置</td><td>5</td><td>钢尺检查</td></tr>
<tr><td colspan="2">水平高差</td><td>+3,0</td><td>钢尺和塞尺检查</td></tr>
</table>

注:1. 检查预埋件中心线位置时,应沿纵、横两个方向量测,并取其中的较大值。

2. 表中梁类、板类构件上部纵向受力钢筋保护层厚度的合格点率应达到 90% 及以上,且不得有超过表中数值 1.5 倍的尺寸偏差。

钢筋分项工程其余部分的验收内容可参见《混凝土结构工程施工质量验收规范》。

2.2.4　混凝土分项工程的质量验收

1. 配合比设计

1）主控项目

混凝土应按国家现行标准《普通混凝土配合比设计规程》（JGJ 55—2011）的有关规定，根据混凝土强度等级、耐久性和工作性等要求进行配合比设计。

对有特殊要求的混凝土，其配合比设计还应符合国家现行有关标准的专门规定。

检验方法：检查配合比设计资料。

2）一般项目

（1）首次使用的混凝土配合比应进行开盘鉴定，其工作性应满足设计配合比的要求。开始生产时应至少留置一组标准养护试件，作为检验配合比的依据。

检验方法：检查开盘鉴定资料和试件强度试验报告。

（2）混凝土拌制前，应测定砂、石含水率，并根据测试结果调整材料用量，提出施工配合比。

检查数量：每工作班检查一次。

检验方法：检查含水率测试结果和施工配合比通知单。

2. 混凝土施工

1）主控项目

（1）结构混凝土的强度等级必须符合设计要求。用于检查结构构件混凝土强度的试件应在混凝土的浇筑地点随机抽取。取样与试件留置应符合下列规定：①每拌制100盘且不超过100 m^3 的同一配合比的混凝土，取样不得少于一次；②每工作班拌制的同一配合比的混凝土不足100盘时，取样不得少于一次；③当一次连续浇筑超过1 000 m^3 时，同一配合比的混凝土每200 m^3，取样不得少于一次；④每一楼层，同一配合比的混凝土，取样不得少于一次；⑤每次取样应至少留置一组标准养护试件，同条件养护试件的留置组数应根据实际需要确定。

检验方法：检查施工记录及试件强度试验报告。

（2）对有抗渗要求的混凝土结构，其混凝土试件应在浇筑地点随机取样。同一工程、同一配合比的混凝土，取样不应少于一次，留置组数可根据实际需要确定。

检验方法：检查试件抗渗试验报告。

（3）混凝土原材料每盘称量的偏差应符合表2.2.20的规定。

表2.2.20　混凝土原材料每盘称量的允许偏差

材料名称	允许偏差
水泥、掺和料	±2%
粗、细骨料	±3%
水、外加剂	±2%

注：1. 各种衡器应定期校验，每次使用前应进行零点校核，保持计量准确。

2. 当遇雨天或含水率有显著变化时，应增加含水率检测次数，并及时调整水和骨料的用量。

检查数量:每工作班抽查不应少于一次。

检验方法:复称。

(4)混凝土运输、浇筑及间歇的全部时间不应超过混凝土的初凝时间。同一施工段的混凝土应连续浇筑,并应在底层混凝土初凝之前将上一层混凝土浇筑完毕。当底层混凝土初凝后浇筑上一层混凝土时,应按施工技术方案中对施工缝的要求进行处理。

检查数量:全数检查。

检验方法:观察,检查施工记录。

2)一般项目

(1)施工缝的位置应在混凝土浇筑前按设计要求和施工技术方案确定。施工缝的处理应按施工技术方案执行。

检查数量:全数检查。

检验方法:观察,检查施工记录。

(2)后浇带的留置位置应按设计要求和施工技术方案确定。后浇带混凝土浇筑应按施工技术方案进行。

检查数量:全数检查。

检验方法:观察,检查施工记录。

(3)混凝土浇筑完毕后应按施工技术方案及时采取有效的养护措施,并应符合下列规定。

①应在浇筑完毕后的12 h以内,对混凝土加以覆盖,并做保湿养护。

②混凝土浇水养护的时间:对采用硅酸盐水泥、普通硅酸盐水泥或矿渣硅酸盐水泥拌制的混凝土,不得少于7日;对掺用缓凝型外加剂或有抗渗要求的混凝土,不得少于14日。

③浇水次数应能保持混凝土处于湿润状态,混凝土养护用水应与拌制用水相同。

④采用塑料布覆盖养护的混凝土,其敞露的全部表面应覆盖严密,并应保持塑料布内有凝结水。

⑤混凝土强度达到1.2 N/mm^2前,不得在其上踩踏或安装模板及支架。

注:①当日平均气温低于5 ℃时不得浇水;②当采用其他品种水泥时,混凝土的养护时间应根据所采用水泥的技术性能确定;③混凝土表面不便浇水或使用塑料布时,宜涂刷养护剂;④对大体积混凝土的养护,应根据气候条件按施工技术方案采取控温措施。

检查数量:全数检查。

检验方法:观察,检查施工记录。

其他关于混凝土结构部分的质量验收内容参见《混凝土结构工程施工质量验收规范》。

复习思考题

1. 简述如何对检验批进行质量验收。
2. 简述什么是主控项目,什么是一般项目,错判概率和漏判概率应符合哪些规定。
3. 简述单位工程、分项工程以及分部工程按哪些原则进行划分。
4. 简述检验批、分项工程、分部工程质量验收合格应服从哪些规定。

5. 绘制并填写检验批质量验收记录、分项工程质量验收记录。

6. 依据实例，对高压喷射注浆地基进行质量验收。

7. 简述基坑工程的质量验收应符合哪些基本规定。

学习情境3　建筑工程专项验收

【学习目标】

※了解建筑工程节能验收的要求，掌握划分建筑节能各分项工程的检验批，掌握对建筑节能各分项工程的验收。

※了解住宅分户验收的要求，掌握住宅分户验收的程序、方法和验收的主要内容。

※了解档案验收的要求，掌握档案验收的组织、验收的程序及评定标准。

※了解消防验收的要求，掌握消防验收的准备资料、验收的申报及验收内容。

※了解环保验收的要求，掌握环保验收的准备工作、验收的程序及验收内容。

※了解规划验收的要求，掌握规划验收的准备资料、验收的程序及验收内容。

【技能目标】

通过学习，学生能根据专项验收类别进行验收准备，正确进行专项验收；能正确准备专项验收的资料；能正确按照验收的类别进行专项验收；能正确按照建筑工程验收资料的要求，进行专项验收资料的收集整理；学生可以清楚地理解什么是建筑工程专项验收，为什么要进行建筑工程专项验收。

【教学准备】

专项验收规范；建筑工程施工质量验收规范、验收相关表格和相关视频等。

【教学建议】

任务教学、案例分析、实境教学、观看录像、对比教学、分组学习等。

【建议学时】

6(2)

任务1　建筑工程节能验收

1.1　准备资料

准备资料见表3.1.1。

表3.1.1　建筑工程节能验收准备资料

<table>
<tr><th>序号</th><th colspan="3">名称</th><th>一式几份</th><th>责任单位</th><th>原件/复印件/电子版</th><th>备注</th></tr>
<tr><td>1</td><td colspan="3">城建档案案卷目录
(参考:建筑节能工程文件归档内容一览表)</td><td>3</td><td>施工单位</td><td></td><td></td></tr>
<tr><td>2</td><td colspan="3">××市建筑能效测评与标识提交资料检查表</td><td></td><td>建设单位</td><td></td><td></td></tr>
<tr><td>2.1</td><td colspan="3">××市建筑能效测评与标识申请表</td><td>4</td><td>建设单位</td><td>原件及电子版</td><td>必要</td></tr>
<tr><td>2.2</td><td colspan="3">初步设计审批意见</td><td>1</td><td>建设单位</td><td>复印件</td><td>必要</td></tr>
<tr><td rowspan="4">2.3</td><td rowspan="4">施工图设计文件</td><td colspan="2">建筑、电气、暖通、给排水设计图</td><td>1</td><td>建设单位</td><td>电子版</td><td>建筑专业应提供原件</td></tr>
<tr><td colspan="2">建筑节能设计模型</td><td>1</td><td>建设单位</td><td>电子版</td><td>必要</td></tr>
<tr><td colspan="2">节能计算报告书</td><td>1</td><td>建设单位</td><td>原件及电子版</td><td>必要</td></tr>
<tr><td colspan="2">空调热负荷及逐项、逐时冷负荷计算书</td><td>1</td><td>建设单位</td><td>原件</td><td>采用集中空调系统时必要</td></tr>
<tr><td>2.4</td><td colspan="3">施工图建筑节能专项审查意见及设计单位的回复资料</td><td>1</td><td>建设单位</td><td>复印件</td><td>必要</td></tr>
<tr><td rowspan="2">2.5</td><td rowspan="2">施工图建筑节能工程设计变更文件</td><td colspan="2">变更图说(含变更后的节能设计模型及计算报告书</td><td>1</td><td>建设单位</td><td>原件/复印件</td><td>有变更时,必要</td></tr>
<tr><td colspan="2">相应的审查文件</td><td>1</td><td>建设单位</td><td>复印件</td><td>有变更时,必要</td></tr>
<tr><td>2.6</td><td colspan="3">××民用建筑节能设计审查备案登记表</td><td>1</td><td>建设单位</td><td>复印件</td><td>必要</td></tr>
<tr><td rowspan="6">2.7</td><td rowspan="6">涉及建筑节能分部工程的相关资料</td><td colspan="2">竣工图</td><td>1</td><td>建设单位</td><td>原件</td><td>建筑、电气照明部分,采用集中空调系统时增加暖通专业</td></tr>
<tr><td colspan="2">节能施工变更(必须有节能部分的施工变更,包括设计单位的变更确认手续和施工图审查单位的审查及认可手续)</td><td>1</td><td>建设单位</td><td>原件/复印件</td><td>必要</td></tr>
<tr><td>施工质量检查记录、隐蔽工程验收记录</td><td rowspan="2">包括门、窗、墙体、屋面、地面等分项工程</td><td>1</td><td>建设单位</td><td>原件/复印件</td><td>必要</td></tr>
<tr><td>节能工程检验批及分项工程量验收记录表</td><td>1</td><td>建设单位</td><td>原件/复印件</td><td>必要</td></tr>
<tr><td colspan="2">节能工程分部工程量验收表</td><td>1</td><td>建设单位</td><td>原件/复印件</td><td>必要</td></tr>
<tr><td colspan="2">节能分部工程验收会议签收记录及会议纪要报告(须由甲方主体签字/盖章)</td><td>1</td><td>建设单位</td><td>原件/复印件</td><td>必要</td></tr>
</table>

续表

序号	名称				一式几份	责任单位	原件/复印件/电子版	备注
2.8	与建筑节能相关的设备、材料、产品（部品）	外墙、屋面、楼地面（采取节能措施时）	节能材料合格证及形式检验报告		1	建设单位	原件/复印件	必要
			节能材料进场复验报告（使用保温浆料时需同条件养护试件见证取样检测报告）		1	建设单位	复印件	必要
			对于面砖饰面，提供抗拔试验检测报告		1	建设单位	复印件	外墙采用保温浆料系统时，必要
			现场拉拔试验报告（包括保温板材与基层的黏结强度、后置锚固件的锚固力）		1	建设单位	复印件	外墙采用保温板材时，必要
			外墙节能构造钻芯检验报告		1	建设单位	复印件	采用外墙外保温或内保温时，必要
			保温材料燃烧性能质量证明文件		1	建设单位	复印件	采用有机保温材料时，必要
		外窗	合格证及形式检验报告（包括外窗型材和玻璃的相关性能）		1	建设单位	复印件	必要
			外窗的施工进场见证取样"四性"检测报告		1	建设单位	复印件	必要
			遮阳系数、可见光透射比、中空玻璃露点的施工进场见证取样检测报告		1	建设单位	复印件	采用普通白玻可不提供遮阳系数、可见光透射比的复验报告
		幕墙	合格证	包括保温隔热材料、隔热型材和幕墙玻璃	1	建设单位	复印件	有幕墙工程时，必要
			形式检验报告		1	建设单位	复印件	有幕墙工程时，必要
			进场复验报告		1	建设单位	复印件	有幕墙工程时，必要
			遮阳性能的质量证明文件		1	建设单位	复印件	普通白玻可不提供
			保温隔热材料燃烧性能质量证明文件		1	建设单位	复印件	用有机材料时，必要
		用能系统和设备	合格证		1	建设单位	复印件	暖通、建筑照明相关设备及材料
			形式检验报告		1	建设单位	复印件	
			进场复验报告		1	建设单位	复印件	
			采暖空调系统运行调试报告		1	建设单位	复印件	采用集中空调系统时，必要
			照明系统的照度和照明功率密度值实测报告		1	建设单位	复印件	住宅公共部位及公建各主要功能部位

续表

序号	名称		一式几份	责任单位	原件/复印件/电子版	备注
2.9	法定检测机构出具的工程围护结构热工性能检测报告		1	建设单位	复印件	已进行检测的，必要
2.10	采用建筑节能新技术、新设备、新材料	情况报告	1	建设单位	复印件	采用建筑节能新技术、新设备、新材料时，应提供
		评审、鉴定、备案、技术性能认定的有关文件	1	建设单位	复印件	

注：所报资料为复印件的，需提供原件查验，且复印件应加盖建设单位公章。

1.2 基本规定

1.2.1 验收项目的划分

(1)建筑节能工程为单位建筑工程的一个分部工程，其分项工程和检验批的划分应符合相关规定。建筑节能分项工程划分见表3.1.2。

表3.1.2 建筑节能分项工程划分

序号	分项工程	主要验收内容
1	墙体节能工程	主体结构基层、保温材料、饰面层等
2	幕墙节能工程	主体结构基层、隔热材料、保温材料、隔汽层、幕墙玻璃、单元式幕墙板块、通风换气系统、遮阳设施、冷凝水收集排放系统等
3	门窗节能工程	门、窗、玻璃、遮阳设施等
4	屋面节能工程	基层、保温隔热层、保护层、防水层、面层等
5	地面节能工程	基层、保温隔热层、保护层、面层等
6	采暖节能工程	系统制式、散热器、阀门与仪表、热力入口装置、保温材料、调试等
7	通风与空气调节节能工程	系统制式、通风与空气调节设备、阀门与仪表、绝热材料、调试等
8	空调与采暖系统的冷热源和附属设备及其管网节能工程	系统制式、冷热源设备，辅助设备，管网，阀门与仪表，绝热、保温材料，调试等
9	配电与照明节能工程	低压配电电源，照明光源、灯具，附属装置，控制功能，调试等

续表

序号	分项工程	主要验收内容
10	监测与控制	冷、热源系统的监测控制系统,空调水系统的监测控制系统,通风与空调系统的监测控制系统,监测与计量装置,供配电的监测控制系统,照明自动控制系统,综合控制系统等

(2)建筑节能分项工程应按照分项工程进行验收。当建筑节能分项工程的工程量较大时,可以将分项工程划分为若干个检验批进行验收。

(3)当建筑节能验收难以按照上述要求进行划分时,可由建设、监理、设计、施工等各方协商进行划分,但验收项目、验收内容、验收标准和验收记录均应遵守规范的规定。

(4)建筑节能分项工程和检验批的验收应单独写验收记录,节能验收资料应单独组卷。

1.2.2 验收项目的要求

(1)承担建筑节能工程的施工企业应具备相应的资质,施工现场应建立有效的质量管理体系、施工质量控制和检验制度,具有相应的施工技术标准。

(2)设计变更不得降低建筑节能效果。当设计变更涉及建筑节能效果时,应经原施工图设计审查机构审查,在实施前应办理设计变更手续,并获得监理或建设单位的确认。

(3)建筑节能工程采用的新技术、新设备、新材料、新工艺,应按照有关规定进行评审、鉴定及备案。施工前应对新的或首次采用的施工工艺进行评价,并制定专门的施工技术方案。

(4)单位工程的施工组织设计应包括建筑节能工程施工内容。建筑节能工程施工前,施工企业应编制建筑节能工程施工技术方案并经监理(建设)单位审查批准。施工单位应对从事建筑节能工程施工作业的专业人员进行技术交底和必要的实际操作培训。

(5)建筑节能工程的质量检测,应由具备资质的检测机构承担。

1.2.3 材料与设备

(1)建筑节能工程使用的材料、设备、构件和部品必须符合施工图设计要求及国家有关标准的规定,严禁使用国家明令禁止使用与淘汰的材料和设备。

(2)材料和设备的进场验收应遵守下列规定。

①应对材料和设备的品种、规格、包装、外观和尺寸等进行检查验收,并应经监理工程师(建设单位代表)核准,形成相应的验收记录。

②应对材料和设备的质量合格证明文件进行核查,并应经监理工程师(建设单位代表)确认,纳入工程技术档案。所有进入施工现场用于节能工程的材料和设备均应具有出厂合格证、中文说明书及相关性能检测报告;进口材料和设备应按规定进行出入境商品检验。

(3)对材料和设备按照表3.1.3及分项工程验收的规定在施工现场抽样复验,复验应为见证取样送检。

表3.1.3　建筑节能工程进场材料和设备的复验项目

序号	分项工程	复验项目
1	墙体节能工程	1. 保温板材的导热系数、密度、抗压强度或压缩强度 2. 黏结材料的黏结强度 3. 增强网的力学性能、抗腐蚀性能
2	幕墙节能工程	1. 保温材料：导热系数、密度、防火性能 2. 幕墙玻璃：可见光透射比、传热系数、遮阳系数、中空玻璃露点 3. 隔热型材：拉伸、抗剪强度
3	门窗节能工程	1. 严寒、寒冷地区：气密性、传热系数和中空玻璃露点 2. 夏热冬冷地区：气密性、传热系数、玻璃遮阳系数、可见光透射比、中空玻璃露点 3. 夏热冬暖地区：气密性、玻璃遮阳系数、可见光透射比、中空玻璃露点
4	屋面节能工程	保温隔热材料的导热系数、密度、抗压强度或压缩强度
5	地面节能工程	保温材料的导热系数、密度、抗压强度或压缩强度
6	采暖节能工程	1. 散热器的单位散热量、金属热强度 2. 保温材料的导热系数、密度、吸水率
7	通风与空调节能工程	1. 风机盘管机组的供冷量、供热量、风量、出口静压、噪声及功率 2. 绝热材料的导热系数、密度、吸水率
8	空调与采暖系统冷、热源及管网节能工程	绝热材料的导热系数、密度、吸水率
9	配电与照明节能工程	电缆、电线截面和每芯导体电阻值

(4)建筑节能工程所使用材料的燃烧性能等级和阻燃处理，应符合设计要求和国家现行标准《建筑设计防火规范(2018版)》(GB 50016—2014)、《建筑内部装修设计防火规范》(GB 50222—2017)的规定。

(5)建筑节能工程使用的材料应符合国家现行有关对材料有害物质限量标准的规定，不得对室内外环境造成污染。

(6)现场配制的材料如保温浆料、聚合物砂浆等，应按设计要求或试验室给出的配合比配制。当未给出要求时，应按照施工方案和产品说明书配制。

(7)节能保温材料在施工使用时的含水率应符合设计要求、工艺要求及施工技术方案要求。当无上述要求时，节能保温材料在施工使用时的含水率不应大于正常施工环境湿度下的自然含水率，否则应采取降低含水率的措施。

1.2.4　施工与控制

(1)建筑节能工程应当按照经审查合格的设计文件和经审批的建筑节能工程施工技术方案的要求施工。

(2)建筑节能工程施工前，对于重复采用建筑节能设计的房间和构造做法，应在现场采用相同材料和工艺制作样板间或样板件，经有关各方确认后方可进行施工。

（3）建筑节能工程的施工作业环境和条件，应满足相关标准和施工工艺的要求。节能保温材料不宜在雨雪天气中露天施工。

1.3 墙体节能工程验收

（1）建主体结构完成后进行施工的墙体节能工程，应在基层质量验收合格后施工，施工过程中应及时进行质量检查、隐蔽工程验收和检验批验收，施工完成后应进行墙体节能分项工程验收。与主体结构同时施工的墙体节能工程，应与主体结构一同验收。

（2）当墙体节能工程采用外保温定型产品或成套技术或产品时，其形式检验报告中应包括安全性和耐候性检验。

（3）墙体节能工程应对下列部位或内容进行隐蔽工程验收，并应有详细的文字记录和必要的图像资料。

①保温层附着的基层及其表面处理。

②保温板黏结或固定。

③锚固件。

④增强网铺设。

⑤墙体热桥部位处理。

⑥预制保温板或预制保温墙板的板缝及构造节点。

⑦现场喷涂或浇筑有机类保温材料的界面。

⑧被封闭的保温材料的厚度。

⑨保温隔热砌块填充墙体。

（4）墙体节能工程的保温材料在施工过程中应采取防潮、防水等保护措施。

（5）墙体节能工程验收的检验批划分应符合下列规定。

①采用相同材料、工艺和施工做法的墙面每 500 ~ 1 000 m^2 面积划分为一个检验批，不足 500 m^2 也为一个检验批。

②检验批的划分也可根据与施工流程相一致且方便施工与验收的原则，由施工单位与监理（建设）单位共同商定。

1.4 玻璃幕墙节能工程验收

（1）附着于主体结构上的隔汽层、保温层应在主体结构工程质量验收合格后施工。施工过程中应及时进行质量检查、隐蔽工程验收和检验批验收，施工完成后应进行建筑幕墙节能分项工程验收。

（2）当幕墙节能工程采用隔热型材时，隔热型材生产企业应提供型材隔热材料的力学性能和热变形性能试验报告。

（3）幕墙节能工程施工中应对下列部位或项目进行隐蔽工程验收，并应有详细的文字记录和必要的图像资料。

①被封闭的保温材料厚度和保温材料的固定。

②幕墙周边与墙体的接缝处保温材料的填充。

③构造缝、沉降缝。

④隔汽层。

⑤热桥部位、断热节点。

⑥单元式幕墙板块间的接缝构造。

⑦凝结水收集和排放构造。

⑧幕墙的通风换气装置。

(4)幕墙节能工程使用的保温材料在安装过程中应采取防潮、防水等保护措施。

(5)幕墙节能工程检验批划分及检查数量,应按照《建筑装饰装修工程质量验收规范》(GB 50210—2018)的规定执行。

①相同设计、材料、工艺和施工条件的幕墙工程每 500 ~ 1 000 m^2应划分为一个检验批,不足 500 m^2也应划分为一个检验批。

②同一单位工程的不连续的幕墙工程应单独划分检验批。

③对于异型或有特殊要求的幕墙,检验批的划分应根据幕墙的结构、工艺特点及幕墙工程规模,由监理单位(或建设单位)和施工单位协商确定。

1.5　门窗节能工程验收

(1)建筑门窗进场后,应对其外观、品种、规格及附件等进行检查验收,对质量证明文件进行核查。

(2)建筑外门窗工程施工中,应对门窗框与墙体缝隙的保温填充做法进行隐蔽工程验收,并应有隐蔽工程验收记录和必要的图像资料。

(3)建筑外门窗工程的检验批应按下列规定划分。

①同一厂家的同一品种、类型、规格的门窗及门窗玻璃每 100 樘划分为一个检验批,不足 100 樘也划分为一个检验批。

②同一厂家的同一品种、类型和规格的特种门每 50 樘划分为一个检验批,不足 50 樘也划分为一个检验批。

③对于异型或有特殊要求的门窗,检验批的划分应根据其特点和数量,由监理(建设)单位和施工单位协商确定。

(4)建筑外门窗工程的检查数量应符合下列规定。

①建筑门窗每个检验批应至少抽查 5%,并不得少于 3 樘,不足 3 樘时应全数检查;高层建筑的外窗,每个检验批应至少抽查 10%,并不得少于 6 樘,不足 6 樘时应全数检查。

②特种门每个检验批应至少抽查 50%,并不得少于 10 樘,不足 10 樘时应全数检查。

1.6 屋面节能工程验收

(1)本节适用于建筑屋面节能工程,包括采用松散保温材料、现浇保温材料、喷涂保温材料及板材、块材等保温隔热材料的屋面节能工程的质量验收。

(2)屋面保温隔热工程的施工,应在基层质量验收合格后进行。施工过程中应及时进行质量检查、隐蔽工程验收和检验批验收,施工完成后应进行屋面节能分项工程验收。

(3)屋面保温隔热工程应对下列部位进行隐蔽工程验收,并应有隐蔽工程验收记录和图像资料。

①基层。

②保温层的敷设方式、厚度,板材缝隙填充质量。

③屋面热桥部位。

④隔汽层。

(4)屋面保温隔热层施工完成后,应及时进行找平层和防水层的施工,避免保温层受潮、浸泡或受损。

1.7 地面节能工程验收

(1)本节适用于建筑室内地面节能工程的质量验收,包括地面接触室外空气、土壤或毗邻不采暖空间的地面节能工程。

(2)地面节能工程的施工,应在主体或基层质量验收合格后进行。施工过程中应及时进行质量检查、隐蔽工程验收和检验批验收,施工完成后应进行地面节能分项工程验收。

(3)地面节能工程应对下列部位进行隐蔽工程验收,并应有详细的文字记录和必要的图像资料。

①基层。

②被封闭的保温材料的厚度。

③保温材料黏结。

④隔断热桥部位。

(4)地面节能工程分项工程检验批划分应符合下列规定。

①检验批可按施工段或变形缝划分。

②当面积超过 200 m^2 时,每 200 m^2 可划分为一个检验批,不足 200 m^2 也为一个检验批。

③不同构造做法的地面节能工程应单独划分检验批。

1.8　建筑节能分部工程质量验收记录表

建筑节能分部工程质量验收记录表见表3.1.4。

表3.1.4　建筑节能分部工程质量验收记录表

<table>
<tr><td colspan="2">单位工程名称</td><td colspan="6"></td><td colspan="2">结构类型及层数</td><td></td></tr>
<tr><td colspan="2">总承包施工单位</td><td colspan="2"></td><td colspan="3">技术部门负责人</td><td></td><td colspan="2">质量部门负责人</td><td></td></tr>
<tr><td colspan="2">专业承包单位</td><td colspan="2"></td><td colspan="3">专业承包单位负责人</td><td></td><td colspan="2">专业承包单位技术负责人</td><td></td></tr>
<tr><td>序号</td><td colspan="6">分项工程名称</td><td>验收结论</td><td colspan="2">监理工程师签字</td><td>备注</td></tr>
<tr><td>1</td><td colspan="6">墙体节能工程</td><td></td><td colspan="2"></td><td></td></tr>
<tr><td>2</td><td colspan="6">幕墙节能工程</td><td></td><td colspan="2"></td><td></td></tr>
<tr><td>3</td><td colspan="6">门窗节能工程</td><td></td><td colspan="2"></td><td></td></tr>
<tr><td>4</td><td colspan="6">屋面节能工程</td><td></td><td colspan="2"></td><td></td></tr>
<tr><td>5</td><td colspan="6">地面节能工程</td><td></td><td colspan="2"></td><td></td></tr>
<tr><td>6</td><td colspan="6">采暖节能工程</td><td></td><td colspan="2"></td><td></td></tr>
<tr><td>7</td><td colspan="6">通风与空气调节节能工程</td><td></td><td colspan="2"></td><td></td></tr>
<tr><td>8</td><td colspan="6">空调与采暖系统的冷、热源及管网节能工程</td><td></td><td colspan="2"></td><td></td></tr>
<tr><td>9</td><td colspan="6">配电与照明节能工程</td><td></td><td colspan="2"></td><td></td></tr>
<tr><td>10</td><td colspan="6">监测与控制节能工程</td><td></td><td colspan="2"></td><td></td></tr>
<tr><td colspan="4">质量控制资料</td><td colspan="7"></td></tr>
<tr><td colspan="4">外墙节能构造现场实体检验</td><td colspan="7"></td></tr>
<tr><td colspan="4">外窗气密性现场实体检验</td><td colspan="7"></td></tr>
<tr><td colspan="4">系统节能性能检测</td><td colspan="7"></td></tr>
<tr><td colspan="11">验收结论：</td></tr>
<tr><td colspan="11">其他参加验收人员：</td></tr>
<tr><td rowspan="2">验收单位</td><td colspan="2">专业承包单位</td><td colspan="3">施工总承包单位</td><td colspan="3">设计单位</td><td colspan="2">监理(建设)单位</td></tr>
<tr><td colspan="2">项目经理：

年　月　日</td><td colspan="3">项目经理：

年　月　日</td><td colspan="3">项目负责人：

年　月　日</td><td colspan="2">总监理工程师或建设单位项目专业负责人：

年　月　日</td></tr>
</table>

任务2 住宅分户验收

2.1 基本规定

2.1.1 分户验收的主要内容

(1)室内空间、构件尺寸。

(2)地面、墙面和顶棚面层质量。

(3)门窗安装质量。

(4)防水工程质量。

(5)通风、空调系统安装质量。

(6)给排水系统安装质量。

(7)室内电器工程安装质量。

2.1.2 分户验收的条件

(1)工程已完成设计和合同约定的工作内容。

(2)所含(子)分部工程的质量验收均合格。

(3)工程质量控制资料完整。

(4)主要功能项目的抽查结果均符合要求。

(5)有关安全和功能的检测资料应完整。

2.1.3 分户验收前的准备工作

(1)根据工程特点制定分户验收方案,对验收人员进行培训交底。

(2)配备好分户验收所需要的检测仪器和工具。

(3)做好屋面蓄(淋)水、卫生间等有防水要求房间的蓄水、外窗淋水试验的准备工作。

(4)在室内地面上标识好暗埋水、电管线的走向和室内空间尺寸测量的控制点、线;配电控制箱内电器回路标志清楚。

(5)确定检查单元。

(6)建筑物外墙的显著部位镶刻工程铭牌。

2.1.4 分户验收人员应具备的相应资格

(1)建设单位参验人员应为项目负责人、专业技术人员。

(2)施工单位参验人员应为项目负责人、项目技术负责人、质量员、施工员等。

(3)监理单位参验人员应为总监理工程师、相关专业的监理工程师、监理员。

2.1.5　住宅工程分户验收应符合的规定

(1)分户验收应当依据国家、地方建设工程质量标准及经审查合格的施工图设计文件进行。检查项目应符合《××市住宅工程质量分户验收实施指南》的规定。

(2)每一检查单元计量检查的项目中有80%及以上检查点在允许偏差的范围内。

(3)分户验收记录完整。

2.1.6　分户验收时应形成的资料

(1)分户验收过程中,每户应按附录F填写"住宅工程质量分户验收记录表"。

(2)单位工程全数验收完毕,按附录G填写"住宅工程质量分户验收汇总表"(此表应与工程竣工验收报告等有关资料一起在单位工程竣工验收前报送质量监督机构)。

2.1.7　住宅工程质量分户验收不符合要求时的处理办法

(1)由建设单位组织监理、施工单位制定处理方案,对不符合要求的部位进行返修或返工。

(2)处理完成后,应对返修或返工部位重新组织验收,直至全部符合要求。

(3)返修或返工确有困难,为了避免社会财富遭受更大的损失,在不影响工程结构安全和基本使用功能的情况下,建设单位可根据《建筑工程施工质量验收统一标准》的相关规定,按照一定的技术处理方案和协商文件对单位工程进行验收。

(4)当卧室、起居室(厅)的室内净高低于2.40 m,局部(指梁底等)净高低于2.10 m,室内净高允许偏差值超过-50 mm时,建设单位应在"住宅工程质量分户验收结果表"中明确告知业主(用户),并积极与业主(用户)协商处理。

2.2　室内地面、墙面、顶棚抹灰工程

2.2.1　室内地面

1.质量要求

1)整体面层

地面面层及各构造层之间应结合牢固,无空鼓(空鼓面积不大于400 cm^2,且每自然间不多于2处者可不计);面层表面不应有裂缝、脱皮、麻面、起砂等缺陷;有排水坡度要求的,表面坡度应符合设计要求,不得有倒泛水和积水。

2)板块面层

面层在结合层上铺设时,应结合(黏结)牢固,无空鼓或松动;板块无裂纹、掉角、缺棱等缺陷,镶嵌正确,接缝均匀、顺直,色泽均匀一致,图案清晰,面层表面的平整度和坡度符合要求。

3)竹、木面层

面层铺设应牢固;板的拼缝平直度、宽度及与踢脚线的接缝、相邻板高差符合要求,接头构造正确,板面无翘曲,颜色均匀,图案清晰,面层平整度符合要求。

2. 检验方法

空鼓用小锤锤击检查;坡度泼水检查,表面平整度、缝格平直度、接缝高低差和宽度目测观察检查,必要时辅以相应的检查工具进行检查;其他面层外观质量目测观察,并结合手摸、脚踩等方式检查。

3. 检查数量

自然间和阳台全数检查,公共部分走道和楼梯间按层检查。其中,地面空鼓检查数量,每间房间及阳台、公共部分走道和楼梯间应各不少于5处,1处应布置在房间或阳台、公共部分走道和楼梯间中部,4角部加1中心处,每处面积约1 m^2 范围。初装饰工程卫生间不检查空鼓。

2.2.2 墙面

1. 质量要求

1)抹灰

抹灰层与基层之间及各抹灰层之间必须黏结牢固,抹灰层应无空鼓(空鼓面积不大于200 cm^2者可不计);抹灰面层应无爆灰和裂缝;孔洞、槽、盒周围的抹灰表面应整齐、光滑;管道后面的抹灰表面应平整。

2)饰面板(砖)

饰面板安装和饰面砖粘贴必须牢固;满粘法施工的饰面砖墙面应无空鼓、裂缝;接缝、嵌缝应平直光滑、密实,宽度、深度符合要求,表面应平整、洁净、色泽一致,无裂痕和缺损;石材表面应无泛碱等污染。

3)涂饰

颜色、图案应符合设计要求;涂饰均匀、黏结牢固,不得漏涂、透底、起皮、掉粉和反锈;涂层与其他装修材料和设备衔接处应吻合,无交叉污染,界面应清晰。

2. 检验方法

空鼓用小锤锤击检查;其他面层外观质量目测,并结合手摸、尺量检查。

3. 检查数量

自然间和阳台全数检查,公共部分走道和楼梯间按层检查,其中抹灰空鼓沿墙面长、宽两个方向每个墙面各测不少于3处,即墙面两端加中间部位,每处面积约1 m^2范围;当单片墙长度超过3 m时,每增加1 m应增加1处,均匀布点。初装饰工程有防水层的部位不检查空鼓。

2.2.3 顶棚抹灰工程

1. 质量要求

抹灰层与基层之间必须黏结牢固,无脱层、空鼓;抹灰层面层应无爆灰和裂缝;采用免抹灰工艺的顶棚不应有可见的裂缝；装修装饰图案应符合设计要求，缝格顺直，色泽均匀，无污染或明显色差。

2. 检验方法

抹灰空鼓用小锤锤击检查；其他面层外观质量站立于室内地面仰视目测检查，必要时结合尺量拉线检查。

3. 检查数量

自然间和阳台全数检查，公共部分走道和楼梯间按层检查，其中抹灰空鼓检查数量，每间房间及阳台、公共部分走道和楼梯间应各不少于5处，其中1处应布置在房间或阳台、公共部分走道和楼梯间中部，即4角部加1中心处，每处面积约1 m^2范围。

2.3　空间尺寸

2.3.1　套内空间

1. 质量要求

房间内平行墙面之间净距极差值控制在20 mm以内；室内净高应符合设计要求，室内净高偏差值控制在 -20 mm以内，极差值控制在20 mm以内。非矩形房间的内墙面净距尺寸偏差控制在20 mm以内。

2. 检验方法

用尺或仪器等检查，墙面之间净距测点宜在离地1 m高左右，距墙角约500 mm处。

3. 检查数量

自然间全数检查；房间内墙面之间净距按每两个平行墙面之间各测不少于2点；非矩形房间的内墙面净距尺寸偏差测点由分户验收组自行确定；起居室和卧室室内净高测点应不少于5点，其中1个测点应布置在房间中部，即4角点加1中心点；其余房间各测不少于4点，即4角点。角部测点宜在房间四角距纵横墙200 mm处。有坡度的房间不测室内净高。

2.3.2　公共部分

1. 质量要求

走道和楼梯间墙面净距应满足相关规范的最小值要求。

2. 检验方法

用尺或仪器等检查，墙面之间净距测点宜在离地1 m高左右，距墙角200 mm处；墙面有凸出物处，墙面之间净距应增加测点。

3. 检查数量

走道和楼梯间墙面之间的净距按每层分别各测不少于2点。

2.4 门窗、栏杆及玻璃安装工程验收

2.4.1 门窗

1. 外窗台高度

(1)质量要求:外窗台完成面高度低于0.9 m时,应有防护措施。低窗台、凸窗等下部能上人站立的宽窗台面,防护高度应从窗台面开始计算。

(2)检验方法:尺量检查。

(3)检查数量:全数检查。

2. 门窗开启性能

(1)质量要求:门窗开启方向应符合设计要求;门窗应开启灵活、关闭严密,无倒翘;推拉门窗扇必须有防脱落措施,扇与框的搭接量符合设计或规范要求。

(2)检验方法:手扳、尺量和观察检查。

(3)检查数量:全数检查。

3. 门窗密封性能

(1)质量要求:门窗扇的橡胶密封条或毛毡密封条应安装完好,不得脱槽。

(2)检验方法:手扳和观察检查。

(3)检查数量:全数检查。

4. 门窗的防、排水性能

(1)质量要求:外门窗及周边无渗漏;室外门窗框与墙体之间的缝隙表面应采用密封胶封闭,密封胶应光滑、顺直、无裂纹;设置排水孔的门窗,排水孔应通畅,位置及数量符合设计要求。

(2)检验方法:观察检查。

(3)检查数量:全数检查。

5. 门窗的玻璃安装

(1)质量要求:门窗玻璃的涂膜朝向应符合设计要求;安全玻璃的使用应符合相关规定;玻璃不应与门窗框型材直接接触;密封条与玻璃、玻璃槽口的接触应紧密、平整。

(2)检验方法:手扳和观察检查。

(3)检查数量:全数检查。

6. 门窗节能

(1)质量要求:玻璃品种、规格应符合设计要求,金属外门窗隔断热桥措施应符合设计要求。

(2)检验方法:尺量和观察检查。

(3)检查数量:全数检查。

2.4.2　栏杆

1. 栏杆安装

(1)质量要求:栏杆安装必须牢固。

(2)检验方法:手扳检查。

(3)检查数量:全数检查。

2. 栏杆高度、栏杆间距

(1)质量要求:栏杆高度必须满足设计要求。当设计无要求时,临空处栏杆净高,六层及六层以下不应低于1.05 m,七层及七层以上不应低于1.10 m。防护栏杆的垂直杆件间净距不应大于0.11 m。

(2)检验方法:尺量检查。

(3)检查数量:每片栏杆不少于一处。

3. 防攀爬措施

(1)质量要求:栏杆应采用防止少年儿童攀登的构造。

(2)检验方法:观察检查。

(3)检查数量:全数检查。

4. 栏板玻璃

(1)质量要求:承受水平荷载的栏板玻璃应使用公称厚度不小于12 mm的钢化玻璃或公称厚度不小于16.76 mm钢化夹层玻璃。当栏板玻璃最低点离一侧楼地面高度在3 m或3 m以上、5 m或5 m以下时,应使用公称厚度不小于16.76 mm的钢化夹层玻璃。当栏板玻璃最低点离一侧楼地面高度大于5 m时,不得使用承受水平荷载的栏板玻璃。不承受水平荷载的栏板玻璃应符合施工质量验收规范的要求。

(2)检验方法:观察检查玻璃上的安全认证标识;尺量检查。

(3)检查数量:全数检查。

2.5　防水工程验收

2.5.1　屋面

(1)质量要求:屋面工程不应有渗漏和积水现象。

(2)检验方法:屋面渗漏和积水通过蓄水或雨后观察检查,蓄水检查最浅蓄水深度不得小于20 mm,蓄水时间不得小于24小时。

(3)检查数量:全数检查。

2.5.2　厨房、卫生间和阳台

(1)质量要求:排水坡向正确,排水通畅,不应有渗漏和积水现象。

(2)检验方法:卫生间采用蓄水检查,最浅处蓄水深度不得小于20 mm,蓄水时间不得小于24小时;阳台采用泼水检查;当厨房有防水要求时,采用蓄水检查。

(3)检查数量:全数检查。

2.5.3 外墙

(1)质量要求:外墙面不应有渗漏现象。

(2)检验方法:雨后或淋水1小时后目测观察检查。

(3)检查数量:全数检查。

2.6 给排水、电气安装工程

2.6.1 给排水工程

1. 管道、配件安装

(1)质量要求:管道、配件安装固定牢固,支、吊架间距符合施工质量验收规范要求;管道安装坡度、坡向符合设计和施工质量验收规范要求;排水管道清扫口和塑料排水管道伸缩节、阻火圈的设置符合设计和施工质量验收规范要求;管道穿楼板、穿墙的套管安装符合设计或施工质量验收规范要求;给水暗埋管道标识清楚;给水口位置符合设计要求。

(2)检验方法:安装牢固通过目测观察或手扳检查;支、吊架间距用尺量检查;管道坡度、坡向用坡度尺、水平尺、拉线和尺量检查;清扫口、伸缩节、阻火圈目测观察检查;套管目测观察检查;暗埋管道标识目测观察检查;给水口位置目测观察检查。

(3)检查数量:全数检查。

2. 地漏、存水弯

(1)质量要求:地漏形式符合设计要求,有效水封深度不小于50 mm;存水弯设置符合设计要求,有效水封深度不小于50 mm。

(2)检验方法:地漏和存水弯形式及设置目测观察检查,有效水封深度用尺量检查。

(3)检查数量:全数检查。

3. 管道系统功能

(1)质量要求:管道、配件等接口严密,无渗漏;管道畅通,不堵塞。

(2)检验方法:系统通水后目测观察检查。

(3)检查数量:全数检查。

2.6.2 电气安装工程

1. 线路敷设

(1)质量要求:(强弱电)导线的材质、规格符合设计要求。

(2)检验方法:打开配电箱目测观察,并与设计图纸进行核对检查。

(3)检查数量:配电箱内进出导线全数检查。

2.配电箱(强弱电)安装

(1)质量要求:配电箱内电气元件规格、型号、数量符合设计要求;电气元件标识清楚、动作灵活;箱体接地连接正确。

(2)检验方法:电气元件规格、型号、数量和标识目测观察,并与设计图纸进行核对检查;电气元件进行现场动作试验检查;接地目测观察检查。

(3)检查数量:配电箱内电气元件全数核对检查;每个空气开关现场开、关动作不少于2次。

3.灯具安装

(1)质量要求:距地高度小于2.4 m,灯具金属外壳应接地;照明系统灯具选择正确,光源无损坏,灯具与控制开关对应正确。

(2)检验方法:接地情况拆开灯具目测观察检查;其余通电检查。

(3)检查数量:全数检查。

4.开关、插座、弱电终端设备安装

(1)质量要求:开关、插座形式符合设计要求,接线符合施工质量验收规范要求;开关操作灵活、控制有序;插座接地线无串接现象;除空调插座外的其他插座回路按规范要求设置漏电保护装置;弱电出线口、终端插座、终端设备位置符合设计要求。

(2)检验方法:开关、插座形式目测观察,并与设计图纸进行核对检查;接线拆开开关、插座进行检查;带漏电保护的插座用适配仪表进行漏电开关的模拟动作试验;开关操作现场动作试验检查;弱电出线口、终端插座、终端设备位置目测观察检查。

(3)检查数量:开关、插座形式全数检查;插座接线拆开数量每个回路不少于1个,且每户总数不少于4个;开关接线拆开数量每个回路不少于1个,且每户总数不少于4个;漏电模拟动作试验全数检查;每个开关现场动作试验不少于2遍;弱电出线口、终端插座、终端设备位置全数检查。

5.等电位连接

(1)质量要求:等电位连接所用材料和连接方式符合设计和施工质量验收规范要求。

(2)检验方法:目测观察检查。

(3)检查数量:全数检查。

2.7 建筑节能和空调工程

2.7.1 建筑节能

1.保温层厚度

(1)质量要求:符合设计要求。

(2)检验方法:保温层施工完成后用钢针插入或剖开后用尺量检查。

(3)检查数量:每套住宅检查不少于3处。

2. 保温层的固定措施

(1)质量要求:锚固件数量、位置和锚固深度应符合设计要求。

(2)检验方法:锚固件施工完成后观察检查、尺量检查。

(3)检查数量:每套住宅检查不少于3处,每处不小于1 m^2。

2.7.2 空调工程

(1)质量要求:空调室外机应留设搁置位置,且便于装拆、检修,并应符合设计要求;穿墙空调孔洞应预留,并应符合设计要求,且无渗漏和反坡;冷凝水应有组织排放,并应符合设计要求。

(2)检验方法:目测观察,并与设计图纸进行核对检查。

(3)检查数量:全数检查。

任务3 建筑工程档案验收

3.1 验收条件

在建设工程竣工验收前,施工单位已按合同约定完成施工内容,建设工程档案按相关规定要求已收集齐全,并装订成两套建设工程档案。建设单位、监理单位对建设工程档案内容的齐全性和真实性已进行审查认定。建设单位会同监理单位、施工单位向建设行政主管部门提交"建设工程档案验收申请暨受理通知书""城建档案案卷目录"和"建设工程档案报送责任书"。

3.2 验收组织

建设工程档案专项验收由建设单位组织,建设行政主管部门主持。建设行政主管部门,建设单位项目负责人、技术负责人、城建档案管理员,监理单位总监、监理工程师,施工单位项目经理、技术负责人、城建档案管理员参加档案专项验收会议。验收评定小组由建设行政主管部门会同建设单位、监理单位组成。具体验收按下列规定执行。

(1)市级重点建设工程档案专项验收由市建设行政主管部门主持,并核发"建设工程档案验收意见书"。

(2)凡属市城乡建设主管部门报建的建设工程,其档案专项验收由市建设行政主管部门主持,并核发"建设工程档案验收意见书"。

(3)属区城乡建设主管部门报建,但按照《××市城乡建设委员会关于该城区建设工程档案验收和报送的有关事项的通知》的规定,由市建设行政主管部门负责业务指导的建设工程,其档案专项验收由市建设行政主管部门主持,并核发"建设工程档案验收意见书",该城区建设行政主管部门参加;由该城各区建设行政主管部门负责业务指导的建设工程,其档案专项验收由该城各区建设行政主管部门主持,并核发"建设工程档案验收意见书",市建设行政主管部门参加。

(4)远郊各区县(自治县)建设行政主管部门接收的建设工程,由远郊区县(自治县)建设行政主管部门会同建设、监理单位进行档案专项验收,并核发"建设工程档案验收意见书"。

(5)其他专业工程(交通、水利、能源等)按相关的规定进行档案专项验收。

3.3　验收程序

1. 单位工程档案专项验收

施工单位已按合同内容完成单位工程竣工技术文件材料(含竣工图)的编制、收集,并按有关文件规定整理、装订成册,在工程竣工验收前,由建设单位提交"建设工程档案验收申请暨受理通知书",经建设行政主管部门同意,即可会同建设单位、监理单位进行单位工程档案专项验收。

2. 建设工程档案专项验收

建设工程已按有关规定要求全部完成,各单位工程档案已通过专项验收,工程准备阶段文件、竣工验收文件和监理文件已收集齐全,并整理、装订成册。在建设项目竣工综合验收前,由建设单位提交"建设工程档案验收申请暨受理通知书",经建设行政主管部门同意,即可会同建设单位、监理单位进行建设工程档案专项验收。

建设行政主管部门应当自受理之日起,在规定时间内出具建设工程档案验收意见。工程档案专项验收不合格的,必须按照要求进行整改、补充,并重新申请建设工程档案专项验收。

3.4　验收评定标准

建设工程档案评定采用100分制。

1. 工程档案的完整性(30分)

工程准备阶段文件、竣工验收文件、监理文件、施工文件、竣工图等必须齐全,包括文字、图纸、照片、录像、电子档案等各种形式和载体。对缺项和具体内容不完善的适当扣分。

2. 工程档案的准确性(25分)

各种技术文件材料填写齐全,内容要求反映施工的结果,真实可靠,签字盖章完善,并符合有关技术规定、规范,竣工图的编制达到图(说)物相符,并注明各种修改依据。

3. 工程档案的系统性(10分)

建设工程档案按归档一览表上的顺序进行分类组卷,图纸按专业依图号顺序整理,录像已编辑并配解说词,照片已装订成册,文件材料移交目录已填写页数和份数。

4. 符合归档要求(30 分)

(1)制作材料。应用优质纸张,建筑安装、市政工程必须使用统一印制的表格。

(2)书写材料。档案书写应用墨汁、碳素墨水、蓝黑墨水等不易褪色的材料,禁止用红墨水笔、蓝色复写纸、圆珠笔和铅笔书写档案。

(3)书写要求。字迹工整、清晰,不能自造简化字;需绘制的图纸、图样、图表一定要规范,达到制图要求。

(4)原件归档。原件是指盖有鲜章的原始签证的文件材料。归档时纸张尺寸不统一的,要用 A4 的白纸裱糊。

(5)案卷要素和装订要求。案卷编目要完善,如填写卷内目录、编章页号、填备考表、书写案卷标题和封面,并装订成册。凡进馆(室)的档案一律要使用市城建档案管理部门监制的规格统一的装具,并按规定装订成册,其中文字材料立卷净厚度不宜超过 15 mm,图纸、照片不宜超过 20 mm。

5. 重视程度(5 分)

应落实档案工作所需人、财、物。档案人员必须持有"城建档案管理员证书"。建设工程应在竣工验收前进行档案专项验收。

3.5 等级标准

(1)建设工程档案专项验收,满分为 100 分,90 分及以上为优良,80 分及以上为合格,80 分以下为不合格。

(2)单位工程档案专项验收,应扣除单位工程档案验收评定表中 1、2、3 项后采用 90 分制进行评定,80 分及以上为优良,70 分及以上为合格,70 分以下为不合格。

3.6 评定权限

建设工程档案专项验收评定等级分为优良和合格。各区县(自治县)建设行政主管部门主持的档案专项验收只能评定为合格,凡达优良等级标准的建设工程档案,须经市建设行政主管部门复查才能评定,并核发"建设工程档案优良证书"。

城建档案管理部门应参加工程竣工验收,其核发的"建设工程档案验收意见书"作为工程竣工验收的重要内容之一。

3.7　建设工程档案验收评定例表

建设工程档案验收评定例表见表3.3.1。

表3.3.1　建设工程档案验收评定例表

序号	分值	工程名称					
		工程地址			应得分	扣分	实得分
一	30分	完整性	1	建设单位准备阶段文件内容齐全	4		
			2	建设单位竣工验收文件内容齐全	3		
			3	监理单位监理文件内容齐全	3		
			4	施工单位竣工技术文件内容及竣工图(新蓝图)齐全	12		
			5	原貌、施工过程(各分部分项工程)、竣工验收主要环节有详细照片档案	2		
			6	原貌、施工过程(各分部分项工程)、竣工验收主要环节有详细录像	4		
			7	电子档案及著录信息	2		
二	25分	准确性	1	文件材料内容表述完整、填写齐全	5		
			2	文字材料填写及时,内容真实、准确	5		
			3	文字材料内容签证、签字完善	5		
			4	竣工图按规定修改,签字齐全,符合制图规范,并注明修改依据	10		
三	10分	系统性	1	文字材料按工程实施程序、分部分项工程分类组卷,整理有序	3		
			2	竣工图按专业分部位整理有序	3		
			3	工程录像已剪辑并配解说词,工程照片独立成册	2		
			4	有城建档案案卷目录,有单位工程竣工文件移交目录(已填写页数、份数)	2		
四	30分	归档要求	1	制作材料为优质纸张,建筑安装、市政工程必须使用统一印制的表格,且使用有著录信息的筑业软件	5		
			2	书写材料用规定墨水	5		
			3	书写字迹工整、线条清晰	5		
			4	有两套以上的原件归档	5		
			5	案卷要素完善,装订整齐、美观、规范	10		

续表

序号	分值	工程名称					
		工程地址			应得分	扣分	实得分
五	5 分	重视程度	1	领导重视，解决档案工作所需人、财、物；档案人员持证上岗；建设工程竣工验收前进行档案专项验收	5		
合计					100		
评定结果： 年　月　日		建设单位技术负责人： 年　月　日		监理单位总监： 年　月　日	城建档案机构业务指导人： 年　月　日		

3.8　单位工程竣工档案验收评定例表

单位工程竣工档案验收评定例表见表 3.3.2。

表 3.3.2　单位工程竣工档案验收评定例表

序号	分值	工程名称					
		单位工程					
		工程地址			应得分	扣分	实得分
一	20 分	完整性	1	竣工技术文件内容及竣工图（新蓝图）齐全	12		
			2	原貌、施工过程（各分部分项工程）、竣工验收主要环节有详细照片档案	2		
			3	原貌、施工过程（各分部分项工程）、竣工验收主要环节有详细录像	4		
			4	电子档案及著录信息	2		
二	25 分	准确性	1	文件材料内容表述完整、填写齐全	5		
			2	文字材料填写及时，内容真实、准确	5		
			3	文字材料内容签证、签字完善	5		
			4	竣工图按规定修改，签字齐全，符合制图规范，并注明修改依据	10		

续表

序号	分值	工程名称					
		单位工程					
		工程地址			应得分	扣分	实得分
三	10分	系统性	1	文字材料按工程实施程序、分部分项工程分类组卷,整理有序	3		
			2	竣工图按专业分部位整理有序	3		
			3	工程录像已剪辑并配解说词,工程照片独立成册	2		
			4	有城建档案案卷目录,有单位工程竣工文件移交目录(已填写页数、份数)	2		
四	30分	归档要求	1	制作材料为优质纸张,建筑安装、市政工程必须使用统一印制的表格,且使用有著录信息的筑业软件	5		
			2	书写材料用规定墨水	5		
			3	书写字迹工整、线条清晰	5		
			4	有两套以上的原件归档	5		
			5	案卷要素完善,装订整齐、美观、规范	10		
五	5分	重视程度	1	领导重视,解决档案工作所需人、财、物;档案人员持证上岗;建设工程竣工验收前进行档案专项验收	5		
合计					90		

评定结果:	建设单位技术负责人:	监理单位总监:	城建档案机构业务指导人:
年　月　日	年　月　日	年　月　日	年　月　日

任务4　建筑工程消防验收

4.1　基本规定

4.1.1　建设工程消防验收申报

建筑工程消防验收应由建设单位进行申报,申报表见表3.4.1。

表3.4.1　建筑工程消防验收申报表

建筑工程消防验收申报表

工程名称____________________

建设单位____________________(印章)

填表日期____________________

中华人民共和国公安部制

建设单位		法定代表人/ 主要负责人		联系电话	
工程名称		联系人		联系电话	
工程地址			使用性质		
类别	□新建　□扩建　□改建(□装修　□建筑保温　□改变用途)				
《建设工程消防设计审核意见书》文号			审核日期		
单位类别	单位名称	资质等级	法定代表人/ 主要负责人	联系人	联系电话
设计单位					
施工单位					
监理单位					

单体建筑名称	结构类型	耐火等级	层数		建筑高度(m)	占地面积(m^2)	建筑面积(m^2)	
			地上	地下			地上	地下

储罐	设置位置		总容量(m^3)	
	设置形式	浮顶罐(□外　□内)　□固定顶罐　□卧式罐 球形罐(□液体　□气体)　可燃气体储罐(□干式　□湿式)　□其他		
	储存形式	□地上 □半地下 □地下	储存物质名称	
堆场	储量		储存物质名称	
□建筑保温	材料类别	□A　□B_1　□B_2	保温层数	
	使用性质		原有用途	
□装修工程	装修部位	□顶棚　□墙面　□地面　□隔断　□固定家具　□装饰织物 □其他		
	装修面积(m^2)		装修层数	
	使用性质		原有用途	

竣工验收情况			
验收内容	验收情况	验收内容	验收情况
□建筑类别		□室内消火栓系统	
□总平面布局		□自动喷水灭火系统	
□平面布置		□其他灭火设施	
□消防水源		□防烟排烟系统	
□消防电源		□安全疏散	
□装修防火		□防烟分区	
□建筑保温		□消防电梯	
□防火分区		□防爆	
□室外消火栓系统		□灭火器	
□火灾自动报警系统		□其他	
设计单位确认： （设计单位印章） 年 月 日		施工单位确认： （施工单位印章） 年 月 日	
监理单位确认： （监理单位印章） 年 月 日		建设单位确认： （建设单位印章） 年 月 日	
同时提交的材料： □ 1. 工程竣工验收报告； □ 2. 有关消防设施的工程竣工图纸，数量______份（大写）； □ 3. 消防产品质量合格证明文件； □ 4. 具有防火性能要求的建筑构件、建筑材料（含建筑保温材料）、装修材料符合国家标准或者行业标准的证明文件、出厂合格证，数量______份（大写）； □ 5. 消防设施检测合格证明文件； □ 6. 施工、工程监理、检测单位的合法身份证明和资质等级证明文件； □ 7. 建设单位的工商营业执照等合法身份证明文件； □ 8. 法律、行政法规规定的其他材料。			
其他需要说明的情况：			

4.1.2　需要提供的申报资料

(1)合格的“建设工程消防设计审核意见书”和经公安消防部门的变更设计。

(2)消防工程施工合同、开工报告、企业资质证书、竣工报告。

(3)施工简要说明。

(4)施工单位出具的正式竣工图。

(5)施工组织、施工方案、调试方案。

(6)设计交底会审纪要。

(7)质量隐患整改通知单。

(8)中间交工验收证明。

(9)消防产品订购合同、产品合格证书、质量认证书、形式认可证书、强制性产品认证书及检验报告复印件等。

(10)气象部门出具的防雷、防静电审核合格意见书。

4.1.3　同时提交的相应消防设施设备质量保证材料

(1)火灾自动报警系统。

(2)固定灭火系统。

(3)质量检测及消防验收资料,质量检测资料包括电器检测合格报告、建筑消防设施技术检测合格报告。

(4)消防产品资料及认购合同原件。

4.2　验收主要内容

(1)总图布置。

(2)建筑物的耐火等级、材料的燃烧性能和构件的耐火极限。

(3)防火分隔、防烟分区的设计及建筑构造。

(4)安全疏散设施。

(5)室内外消防给水管网、消火栓、泵房及有关来火设施。

(6)防烟、排烟系统。

(7)通风及空调系统的设置是否符合防火安全要求。

(8)事故备用电源、事故照明及安全疏散疏导设施。

(9)火灾自动报警及事故广播系统。

(10)建筑防火材料、消防产品性能的资料及有关质量保证、质量鉴定的产品合格书等。

4.3　建筑工程消防监督审核和验收时限

(1)公安消防机构在接到建设单位的消防验收申请时,应当查验建筑消防设施技术测试报告等消防验收申报资料。资料齐全后，在10日内按照国家消防技术标准进行消防验收，并在验收后7日内签发“建筑工程消防验收意见书”。

(2)对验收不合格的建筑工程，建设单位应当组织单位针对整改意见进行整改，整改完成后，提交整改情况报告，申请复验。

(3)验收或复检合格，在“建筑工程消防验收意见书”上填写“验收合格，同意投入使用”，并与具备建筑消防设施维修保养资格的企业签订建筑消防设施定期维修保养合同，保证消防设施正常运行。

4.4 建筑工程竣工消防验收报告

建设单位申报建筑工程消防验收或备案时，应报送建筑工程竣工消防验收报告，见表3.4.2。

表3.4.2 建筑工程竣工消防验收报告

建筑工程竣工消防验收报告

工程名称____________________

验收日期____________________

建设单位(盖章)：________________

填表说明：

1. 本表由建筑工程建设单位在组织消防验收时填写，建设、设计、施工、监理单位对本职责范围内的验收质量负责；

2. 建设单位申报建筑工程消防验收或备案时，应报送本表，建设单位必须如实填写；

3. 本表不得使用圆珠笔、铅笔填写，表内内容不得涂改；

4. 随本表应当附送建筑总平面布置图、标准层和非标准层建筑平面布置图。

一、建筑工程基本情况			
建设单位		联系人	
工程名称		联系电话	
设计单位		联系人	
土建施工单位		联系人	
消防工程施工单位		联系人	
监理单位		联系人	
装修单位		联系人	
建筑地点		建筑面积	
建筑高度		建筑层数	

建筑类别	□多层民用建筑　□高层民用建筑　□多层工业建筑　□高层工业建筑
建设类别	□新建　□改建　□扩建　□内部装修
消防许可（备案）文号	
主要使用功能	
备注	
二、土建及装修工程验收情况	
验收项目	抽查部位及检查情况
建筑分类和耐火等级	**抽查部位：**____ 耐火等级：□符合　□不符合 □主控项目____； □一般项目____。 建筑幕墙设置：□符合　□不符合 □主控项目____； □一般项目____。
总平面布局和平面布置	**抽查部位：**____ 防火间距：□符合　□不符合 □主控项目____； □一般项目____。 消防车道：□符合　□不符合 □主控项目____； □一般项目____。 消防登高扑救面：□符合　□不符合 □主控项目____； □一般项目____。 平面及空间布置：□符合　□不符合 □主控项目____； □一般项目____。

防火、防烟分区和建筑构造	**抽查部位:**______________ 防火、防烟分区:□符合　□不符合 □主控项目______________; □一般项目______________。 防火墙、隔墙和楼板及变形缝、伸缩缝:□符合　□不符合 □主控项目______________; □一般项目______________。 电梯井、管道井等竖向井道:□符合　□不符合 □主控项目______________; □一般项目______________。 防火门、防火窗:□符合　□不符合 □主控项目______________; □一般项目______________。 防火卷帘:□符合　□不符合 □主控项目______________; □一般项目______________。
安全疏散和消防电梯	**抽查部位:**______________ 疏散楼梯间和楼梯:□符合　□不符合 □主控项目______________; □一般项目______________。 安全出口、疏散走道和疏散门:□符合　□不符合 □主控项目______________; □一般项目______________。 避难层(间):□符合　□不符合 □主控项目______________; □一般项目______________。 消防电梯:□符合　□不符合 □主控项目______________; □一般项目______________。
装修工程	**抽查部位:**______________ 吊顶、隔墙、墙面、地面:□符合　□不符合 □主控项目______________; □一般项目______________。
备　注	

三、消防给水和灭火设备	
验收项目	抽查部位及检查情况
消防水源、室外消火栓给水系统	抽查部位:______ 消防水源:□天然 □市政 □符合 □不符合 □主控项目______; □一般项目______。 室外消防火栓给水系统:□符合 □不符合 □主控项目______; □一般项目______。
室内消火栓给水系统、消防水泵房和消防水泵	抽查部位:______ 室内消火栓系统:□符合 □不符合 □主控项目______; □一般项目______。 消防水泵房和消防水泵:□符合 □不符合 □主控项目______; □一般项目______。
自动喷水灭火系统	抽查部位:______ 系统形式:□湿式 □干式 □预作用 系统设置:□符合 □不符合 □主控项目______; □一般项目______。 系统功能:□符合 □不符合 □主控项目______; □一般项目______。
水喷雾灭火系统	抽查部位:______ 系统设置:□符合 □不符合 □主控项目______; □一般项目______。 系统功能:□符合 □不符合 □主控项目______; □一般项目______。

水幕系统	**抽查部位:**__________ 系统设置:□符合　□不符合 □主控项目__________; □一般项目__________。 系统功能:□符合　□不符合 □主控项目__________; □一般项目__________。
雨淋喷水灭火系统	**抽查部位:**__________ 系统设置:□符合　□不符合 □主控项目__________; □一般项目__________。 系统功能:□符合　□不符合 □主控项目__________; □一般项目__________。
泡沫灭火系统	**抽查部位:**__________ 系统设置:□符合　□不符合 □主控项目__________; □一般项目__________。 系统功能:□符合　□不符合 □主控项目__________; □一般项目__________。
气体灭火系统	**抽查部位:**__________ 系统设置:□符合　□不符合 □主控项目__________; □一般项目__________。 系统功能:□符合　□不符合 □主控项目__________; □一般项目__________。
其他灭火系统	**抽查部位:**__________ 系统名称:__________ 系统设置:□符合　□不符合 □主控项目__________; □一般项目__________。 系统功能:□符合　□不符合 □主控项目__________; □一般项目__________。
备注	

四、防烟、排烟和通风、空气调节	
验收项目	抽查部位及检查情况
自然排烟系统	抽查部位:______ 自然排烟系统:□符合　□不符合 □主控项目______; □一般项目______。
机械防烟、排烟系统设置	抽查部位:______ 机械防烟系统:□符合　□不符合 □主控项目______; □一般项目______。 机械排烟系统:□符合　□不符合 □主控项目______; □一般项目______。
机械防烟、排烟系统功能	抽查部位:______ 机械防烟系统:□符合　□不符合 □主控项目______; □一般项目______。 机械排烟系统:□符合　□不符合 □主控项目______; □一般项目______。
通风、空气调节	抽查部位:______ 通风、空气调节:□符合　□不符合 □主控项目______; □一般项目______。
备注	
五、电气	
验收项目	抽查部位及检查情况
消防电源及其配电	抽查部位:______ 消防电源:□符合　□不符合 □主控项目______; □一般项目______。 消防配电:□符合　□不符合 □主控项目______; □一般项目______。

火灾应急照明 和疏散指示标志	**抽查部位：**____ 火灾应急照明：□符合　□不符合 □主控项目____； □一般项目____。 疏散指示标志：□符合　□不符合 □主控项目____； □一般项目____。
电力线路及 电器装置	**抽查部位：**____ 电力线路：□符合　□不符合 □主控项目____； □一般项目____。 电器装置：□符合　□不符合 □主控项目____； □一般项目____。
火灾自动 报警系统	**抽查部位：**____ 系统形式：□区域报警系统　□集中报警系统　□控制中心报警系统 探测器类型：□离子感烟　□光电感烟　□感温　□火焰　□可燃气体 □线型　□其他 系统设置：□符合　□不符合 □主控项目____； □一般项目____。 系统功能：□符合　□不符合 □主控项目____； □一般项目____。
漏电火灾报警系统	**抽查部位：**____ 漏电火灾报警系统：□符合　□不符合 □主控项目____； □一般项目____。
备　注	
六、建筑灭火器配置	
验收项目	抽查部位及检查情况
建筑灭火器 配置	**抽查部位：**____ 配置类型：□清水　□ABC 干粉　□BC 干粉　□化学泡沫　□其他 建筑灭火器配置：□符合　□不符合 □主控项目____； □一般项目____。
备注	

<table>
<tr><td colspan="6">七、验收综合结论</td></tr>
<tr><td colspan="6">经综合评定，该工程消防验收：

□合格。但仍存在以下一般不合格项：

□不合格。存在以下问题：
□主控项目：

□一般项目：</td></tr>
<tr><td>建设单位</td><td>设计单位</td><td>土建工程
施工单位</td><td>消防工程
施工单位</td><td>装修
施工单位</td><td>监理单位</td></tr>
<tr><td>（盖章）

负责人
签　名：</td><td>（盖章）

负责人
签　名：</td><td>（盖章）

负责人
签　名：</td><td>（盖章）

负责人
签　名：</td><td>（盖章）

负责人
签　名：</td><td>（盖章）

负责人
签　名：</td></tr>
</table>

八、参加验收人员

姓名	单位	职务/职称	签名

任务5　建筑工程环保验收

5.1　验收准备

(1)建设前期环境保护审查、审批手续完备,技术资料与环境保护档案资料齐全。

(2)环境保护设施及其他措施等已按批准的环境影响报告书或者环境影响登记表和设计文件的要求建成或落实,环境保护设施经负荷试车检验合格。

(3)环境保护设施安装质量符合国家和有关部门颁发的专业工程验收规范、规程和检验评定标准。

(4)具备环境保护设施正常运转的条件,包括合格的操作人员、健全的岗位操作规程及相应的规章制度,原料、动力供应落实,符合交付使用的其他要求。

(5)污染物排放符合环境影响报告书或环境影响登记表和设计文件中提出的标准及核定的污染物排放总量控制指标的要求。

(6)各项生态保护措施按环境影响报告书规定的要求落实,对项目建设过程中受到破坏并可恢复的环境已按规定采取恢复措施。

(7)环境监测项目、点位、机构设置及人员配备符合环境影响报告书和有关规定的要求。

(8)环境影响报告书提出需对环境进行工程环境监理的,已按规定要求完成。

(9)环境影响报告书要求建设单位采取措施消减其他设施污染物排放总量的,其相应措施得到落实。

5.2　验收程序

(1)建设项目试生产前,建设单位向环境保护行政主管部门提出试生产申请。

(2)主管部门应自接到试生产申请之日起30日内,组织对申请试生产的建设项目环境保护设施及其他环境保护措施的落实情况进行现场检查,并做出审查决定。

(3)对环境保护设施已建成及其他环境保护措施已按规定要求落实的,同意试生产申请。试生产申请经环境保护行政主管部门同意后,方可进行试生产。

(4)自试生产起3个月内,向行政主管部门申请该建设项目竣工环境保护验收。对试生产3个月却不具备环境保护验收条件的,建设单位在试生产3个月内,向有审批权的环境保护行政主管部门提出环境保护延期验收申请,并说明理由和拟定进行验收时间,试生产期限最长不超过1年。

5.3 验收申请表

验收申请表见表3.5.1。

表3.5.1 ××市建设项目竣工环境保护验收申请表

(填报环境影响登记表的项目) 编号:

项目名称		建设单位	
法人代表		联系人及联系电话	
通信地址		邮政编码	
建设地点		建设性质:☐新建 ☐扩建 ☐改建	

总投资（万元）		环保投资(万元)		投资比例(%)	

环评登记表审批部门、文号及时间	
建设项目开工日期、试运行日期	
工程占地面积: m^2	使用面积: m^2

审批登记部门主要意见及标准要求	
废水污染治理措施要求	
废气污染治理措施要求	
噪声污染治理措施要求	
固废污染治理措施要求	

项目实施内容及规模(包括主要设施规格、数量、产量或经营能力,原、辅材料名称、用量,水、电、煤、油等项目与原登记表的变化情况):

污染防治措施、辐射安全防护设施的落实情况:

废水排放情况	用水量(吨/日)		废气排放情况	处理设施	
	废水排放量(吨/日)			高度及去向	
	废水排放去向	市政污水管网			
噪声排放情况	产生噪声设备及个数		固体废弃物排放情况	产生量(吨/年)	
	周围噪声敏感点及个数			去向	

辐射源	监测点(或区域)	与辐射源的距离(m)	监测最大值		
			辐射剂量率(μGy/h)	α表面污染(Bq/cm^2)	β表面污染(Bq/cm^2)

建设单位其他环境问题说明:

任务6　建筑工程规划验收

6.1　验收准备

(1)建设单位按规定自检后持下列必备材料到市规划局或各县(市)规划行政主管部门提出规划验收申请。建设工程规划验收合格证申请表见表3.6.1。

表3.6.1　建设工程规划验收合格证申请表

报建编号：

<table>
<tr><td rowspan="3">建设单位</td><td>名称</td><td colspan="3">(章)</td><td rowspan="3">联建单位</td><td>名称</td><td colspan="3">(章)</td></tr>
<tr><td>地址</td><td colspan="3"></td><td>地址</td><td colspan="3"></td></tr>
<tr><td>联系人</td><td></td><td>电话</td><td></td><td>联系人</td><td></td><td>电话</td><td></td></tr>
<tr><td colspan="2">项目名称</td><td colspan="3"></td><td colspan="2">建设地址</td><td colspan="3"></td></tr>
<tr><td colspan="2">建设内容</td><td></td><td>建设规模</td><td>m²</td><td colspan="2">投资性质</td><td></td><td>投资总额</td><td>万元</td></tr>
<tr><td colspan="2">用地情况</td><td></td><td>用地面积</td><td>m²</td><td colspan="3">批准机关及文号</td><td colspan="2"></td></tr>
<tr><td rowspan="5">技术指标</td><td>拆房情况(含临设)</td><td colspan="2"></td><td>地块面积</td><td colspan="2">m²</td><td colspan="2">容积率</td><td></td></tr>
<tr><td>使用性质</td><td colspan="2"></td><td>建筑密度</td><td colspan="2">%</td><td colspan="2">绿地比例</td><td>%</td></tr>
<tr><td>主要出入口</td><td colspan="2"></td><td>配套设施</td><td colspan="2"></td><td colspan="2">底面积</td><td>m²</td></tr>
<tr><td>停车泊位</td><td colspan="2">个</td><td>建筑面积</td><td colspan="2">m²</td><td colspan="2">建筑高度</td><td>m</td></tr>
<tr><td>建筑界限</td><td colspan="2"></td><td colspan="3">层数(含地上、地下)</td><td colspan="3"></td></tr>
<tr><td colspan="10">需报送的图文资料清单</td></tr>
<tr><td>1</td><td colspan="4">书面申请</td><td colspan="4">原件1份</td><td></td></tr>
<tr><td>2</td><td colspan="4">建筑工程竣工图(建施部分)</td><td colspan="4">原件1套</td><td></td></tr>
<tr><td>3</td><td colspan="4">该工程规划许可证</td><td colspan="4">复印件1份</td><td></td></tr>
<tr><td>4</td><td colspan="4">批准的施工图</td><td colspan="4">原件1套</td><td></td></tr>
<tr><td>5</td><td colspan="4">竣工实测地形图</td><td colspan="4">原件2份,附电子文档</td><td></td></tr>
<tr><td>6</td><td colspan="4">竣工验线回单</td><td colspan="4">原件1份</td><td></td></tr>
<tr><td>7</td><td colspan="4">竣工规划实测面积测量报告及建筑工程实测图</td><td colspan="4">原件2份,附电子文档</td><td></td></tr>
<tr><td>8</td><td colspan="4">竣工管线测量成果资料及竣工管线地形图</td><td colspan="4">原件2份,附电子文档</td><td></td></tr>
</table>

续表

备注： 管线工程提交经××市测绘产品质量监督站验收合格的管线竣工图(原件2套及电子文档) 验线比较图及验线比较表(原件1份) 身份证明材料(复印件1份)		
交件人：	电话：	交件时间：　年　月　日
收件人：	电话：	交件时间：　年　月　日

(2)规划图原件一份。

(3)建设工程规划许可证(副本)原件和复印件各一份。

(4)施工许可证。

(5)质量监督书。

(6)中标通知书。

(7)消防验收合格单。

(8)人防工程审核单。

(9)放线、验线记录及建设工程正负零验线合格单。

(10)灯光工程有关材料。

(11)由具备资质的测绘单位测绘的建设项目竣工测量图(1:500,1:1 000)。

(12)已审批的工程总平面图、施工图和其他相关资料。

(13)需报送的其他相关资料。

6.2 验收程序

(1)受理。建设单位按上述规定备齐资料,到规划行政主管部门申请规划验收。

(2)审查。规划行政主管部门对符合条件的规划验收申请,由经办科室组织现场勘察,对建设项目实施情况进行复核。

(3)发证。确认建设项目符合规划验收标准的,规划行政主管部门核发建设工程规划验收合格证。

6.3 验收的主要内容

(1)规划要求:建筑平面位置,地域位置、用地范围,出入口设置,出入方位,建筑尺寸,建筑物与周边建筑、道路的关系,建筑间距,室外地坪标高等。

(2)功能和指标:建筑使用性质、建筑面积、建筑层数、建筑高度、建筑密度、容积率、绿地率、停车位等技术指标。

(3)建筑环境和形象：建筑造型、立面色彩、材质、外墙广告等，绿地、小品、雕塑、水池等，临时设施和施工场地。

(4)配套和服务设施：道路、踏步、围墙、大门、停车场、基地高程等，公厕、垃圾站、各种管线等。

(5)核发建设工程规划许可证时规定拆除的建筑物、构筑物及工程建设时所设的全部临时设施是否拆除。

6.4　验收达到的标准

申请规划验收的建筑物、构筑物必须已严格按规划审批的规划平面和建筑施工图实施；由有资质的测量单位放线；验线合格。

(1)建筑平面定位符合审批项目总平面图要求。

(2)建筑单体符合已审批的施工图。

(3)绿化：已完成楼宇周边绿化，并应按规划或约定完成区内配套绿地。

(4)拆迁：拆除核发建设工程规划许可证时规定拆除的建筑物、构筑物及工程建设时所建的全部临时设施，施工渣土清运完毕。

(5)道路：已建成周边道路，并应按规划或约定完成区内道路建设。

(6)室外停车场：已建成附属停车场，并应按规划或约定完成区配套停车场。

(7)居委会：出具接收意见书。

(8)其他配套公共建筑按规划实施完成。

(9)给水管道已埋设完成，“室内给水管道工程竣工验收评定表”已完成评定并合格。

(10)电力设施埋设完成，完成配电房和配电设施，取得合格的查验报告单。

(11)燃气、排水管道埋设完成。

(12)电视、电信、路灯线路铺设完成。

(13)场地清理完毕。施工设备离场，施工垃圾清理完毕。

(14)成片开发的住宅小区，可以组织整体规划验收，小区的配套设施应与住宅同步实施。

(15)分期建设的小区进行分期验收，前期配套设施投资完成量至少达到配套设施投资总额的70%。

复习思考题

一、习题

1. 建筑工程中的墙体节能主要包括哪些验收内容？
2. 对于门窗节能工程的验收，门窗工程的检查数量应符合哪些要求？
3. 防水工程质量属于住宅分户验收的内容吗？如果是，试说明其中的屋面防水检验方法。
4. 住宅分户验收的条件有哪些？
5. 如果建设单位的人员参加住宅分户验收，其应具备什么资格？

6. 试举例说明顶棚抹灰工程需符合哪些质量要求(列举三种以上质量要求)。

7. 给排水系统的安装非常重要,在住宅分户验收时,其管道、配件安装需符合哪些质量要求?

8. 保护层厚度属于建筑节能的检查内容之一,其检验方法有哪些?

9. 建筑工程档案专项验收由哪个单位组织?

10. 建筑工程消防验收需提供哪些材料?

11. 建筑工程消防主要验收哪些内容?

12. 建筑工程的环保验收需要做哪些准备?

13. 环保验收属于建筑工程专项验收的重要内容之一,其废水排放情况应检查哪些内容?

14. 建设单位在规划验收时需要准备报送哪些材料?

15. 建筑环境和形象是规划验收的重要内容之一,其主要包括哪些验收内容?

二、综合实训题

1. 收集某个具体工程的专项验收相关资料,并对其进行分类。

2. 收集某个具体工程的相关资料,并准备相关的节能验收资料。

3. 收集某个工程的某一具体楼栋资料,并准备相应的住宅分户验收资料。

4. 本班同学进行分组,每组分别准备不同地区的消防验收资料并比较分析,最后总结一份消防验收资料。

学习情境4　建筑工程竣工验收的程序及组织

【学习目标】

※掌握单位工程竣工验收的程序。

※掌握单位工程竣工验收的组织。

※正确理解工程竣工验收与交付中不同岗位的任务和职责。

※能正确叙述工程竣工移交的条件、步骤和要求。

【技能目标】

通过学习,学生能够熟悉建筑工程竣工验收的程序、组织形式和要求,能够正确地进行竣工验收,从而形成岗位职业能力。

【教学准备】

验收规范,移交范本,相关视频,验收案例。

【教学建议】

任务教学,案例分析,实境教学,小组讨论。

【建议学时】

6(2)

任务1　单位工程竣工验收的程序

1.1　施工单位参与单位工程竣工验收的程序

(1)施工单位项目经理部组成单位工程自评验收组,制定验收方案并实施。

工程完工后,施工单位项目经理部应对单位工程质量竣工进行自查,评出质量等级,并连同工程竣工报告、单位(子单位)工程竣工预验收报验表、单位(子单位)工程质量竣工验收记录、单位(子单位)工程质量控制资料检查记录、单位(子单位)工程安全和功能检验资料核查及主要功能抽查记录、单位(子单位)工程观感质量检查记录一并报告施工单位质量管理部门。

(2)施工单位成立单位工程自评验收组,组织单位工程自我评定。

在项目经理部对单位工程质量评定验收的基础上,施工企业应由施工单位负责人和总工程师牵头,技术质量部门由有上岗资质证书的人员进行单位工程质量等级评定验收,确定质量等级是否合格,并整理好有关质量保证资料,连同工程竣工报告、单位(子单位)工程竣工预验收报验表、单位(子单位)工程质量竣工验收记录、单位(子单位)工程质量控制资料检查记录、单位(子单位)工程安全和功能检验资料核查及主要功能抽查记录、单位(子单位)工程观感质量检查记录一并报告法人代表和总工程师签认。

(3)施工单位填写工程竣工报告,连同单位(子单位)工程竣工预验收报验表、单位(子单位)工程质量竣工验收记录、单位(子单位)工程质量控制资料检查记录、单位(子单位)工程安全和功能检验资料核查及主要功能抽查记录、单位(子单位)工程观感质量检查记录报建设单位。

(4)会同建设单位填写房屋建筑工程质量保修书,连同单位(子单位)工程质量控制资料检查记录、单位(子单位)工程安全和功能检验资料核查及主要功能抽查记录、单位(子单位)工程观感质量检查记录报建设单位。

(5)准备与提供有关质量检查表格,便于建设单位组织竣工验收。

(6)协助建设单位进行建设工程竣工验收备案表和建设工程竣工验收报告的申领。

建设单位应在工程竣工验收7日前,向建设工程质量监督机构申领建设工程竣工验收备案表和建设工程竣工验收报告,并同时将竣工验收时间、地点和验收组成员名单书面通知建设工程质量监督机构。施工单位应给予必要协助,包括填写建设单位竣工验收通知单中施工单位参与验收人员名单。

建设工程质量监督机构应审查该工程竣工验收十项条件和资料是否符合要求,必要时施工单位应给予必要解释。在监督机构认为工程不符合验收条件时,应配合建设单位整改,直至符合要求。

(7)施工单位参与竣工验收人员的工作责任与义务如下。

参与工程竣工验收的建设、勘察、设计、施工、监理等各方不能形成一致意见时,施工单位参与人员不能无原则地调解或折中,应积极参与协商并提出解决方法,待意见一致后,重新组织工程竣工验收。当不能协商解决时,再由建设行政主管部门或者其委托的建设工程质量监督机构裁决。施工单位参与人员应自始至终公正、无私地发表意见,坚持原则。

施工单位应配合建设单位及单位工程竣工验收组认真填写建设工程竣工验收报告,其内容包括:①认真复核单位工程概况、开竣工日期、工程有关参数;②认真阅看竣工验收报告中对施工单位的评价;③认真阅看工程竣工验收意见;④认真阅看工程竣工验收结论。

如有异议,可向竣工验收组及质量监督机构如实反映,或向政府有关部门申诉。

1.2 监理单位参与单位工程竣工验收的程序

(1)总监理工程师应组织专业监理工程师,依据有关法律、法规、工程建设强制性标准、设计文件及施工合同,对承包单位报送的竣工资料进行审查,并对工程质量进行竣工预验收,对存在的问题,应及时要求承包单位整改。整改完毕后,由总监理工程师签署工程竣工报验单,并在此基础上提出工程质量评估报告,工程质量评估报告应经总监理工程师和监理单位技术负责人审核签字。

(2)项目监理机构应参加由建设单位组织的竣工验收,并提供相关监理资料。对验收中提出的整改问题,项目监理机构应要求承包单位进行整改。工程质量符合要求,由总监理工程师会同参加验收的各方签署竣工验收报告。

1.3　建设单位参与单位工程竣工验收的程序

(1)工程完工,建设单位收到施工单位的工程质量竣工报告,勘察、设计单位的工程质量检查报告,监理单位的工程质量评估报告后,对符合竣工验收条件的工程,组织勘察、设计、施工、监理等单位和其他有关方面的专家组成验收组,制定验收方案。

(2)建设单位在工程竣工验收7日前,向建设工程质量监督机构申领建设工程竣工验收备案表和建设工程竣工验收报告,并同时将竣工验收时间、地点及验收组成员名单以建设单位竣工验收通知单的形式通知建设工程质量监督机构。

(3)建设工程质量监督机构审查该工程竣工验收十项条件和资料是否符合要求,符合要求的给建设单位发放建设工程竣工验收备案表和建设工程竣工验收报告;不符合要求的,通知建设单位整改,并重新确定竣工验收时间。

1.4　勘察、设计单位参与单位工程竣工验收的程序

(1)由竣工验收组组长(建设单位法人代表或其委托人)主持竣工验收。

(2)设计、勘察单位分别书面汇报工程建设质量状况、合同履约及执行国家法律法规和工程建设强制性标准情况。

(3)勘察、设计单位代表以验收组成员身份进行检查验收,具体内容如下。

①检查工程实体质量。

②检查工程建设参与各方提供的竣工资料。

③对建设工程使用功能进行抽查、试验。例如厕所、阳台泼水试验,浴缸、水盘、水池盛水试验,通水、通电试验,排污立管通球试验及绝缘电阻、接地电阻、漏电跳闸试验等。

④对竣工验收情况进行汇总讨论,并听取质量监督机构对该工程质量的监督情况。

⑤形成竣工验收意见,填写建设工程竣工验收备案表和建设工程竣工验收报告,验收小组人员分别签字,建设单位盖章。

⑥当在验收过程中发现质量问题,达不到竣工验收标准时,验收组应责成责任单位立即整改,并宣布本次验收无效,重新确定时间组织竣工验收。

⑦当在竣工验收过程中发现一般需整改的质量问题时,验收组可以形成初步验收意见,填写相关表格,由有关人员签字,但建设单位不加盖公章。验收组责成有关责任单位整改,可委

托建设单位项目负责人组织复查，整改完毕符合要求后，加盖建设单位公章。

⑧当竣工验收组各方不能形成一致竣工验收意见时，应当协商提出解决办法，待意见一致后，重新组织工程竣工验收。当协商不成时，应报建设行政主管部门或质量监督机构进行协调裁决。

1.5 监督单位参与单位工程竣工验收的程序

(1)建设工程质量监督机构对建设单位组织的竣工验收实施重点监督，主要有下列内容。

①工程竣工标准是否符合规定。

②工程竣工验收的组织形式、验收程序、执行标准、验收内容是否正确。

③工程实物质量情况及质量保证资料有无重大缺陷。

④竣工验收组成员签字及验收文件是否齐全，工程建设参与方各主要质量责任人签字手续是否齐全，质量终身责任制档案是否建立。

(2)对符合竣工验收标准的工程，建设工程质量监督机构应当在工程竣工验收之日起5日内，向备案部门提交单位工程的质量监督报告。

任务2 单位工程竣工验收的组织

单位工程竣工验收由建设单位负责组织实施。

2.1 基本议程

(1)由建设、勘察、设计、施工、监理单位分别汇报。汇报内容包括工程合同履行情况和工程建设各个环节执行法律、法规和工程建设强制性标准的情况。

(2)由验收组组长宣布分组情况。

①资料组：验收组人员2~3人，重点审查建设、监理、施工资料；建设、施工、监理单位配备资料员配合检查。

②外场土建组：验收组人员3~4人，重点检查屋面、门窗、楼地面、装饰；建设、监理、施工单位配备相关人员配合检查。

③安装组：验收组人员2~3人，重点检查水、电、设备安装质量；建设、监理、施工单位配备相关人员配合检查。

④功能检测组：验收组人员2~3人，重点检查建设工程竣工验收质量检验和功能试验记录表上所列内容；建设、监理、施工单位配备相关人员及所需相关工具配合检查。

(3)验收组成员分组查验工程质量。

(4)验收组成员汇总分组检查意见。

(5)组长宣读竣工验收初步意见。

(6)验收组成员讨论竣工验收意见。

(7)验收组成员签署验收意见(在验收报告上签名)。

(8)验收组组长宣布竣工验收结论。

(9)监督机构宣布监督意见。

2.2　竣工验收前的准备工作

(1)水通、电通、路通。

(2)屋面做好蓄水工作,水池做好盛水工作。

2.3　竣工验收时的常用器具

竣工验收时所需的常用器具包括上屋面所用楼梯、各规格的排水管通球试验用具、泼水用水盆、摇表、接地电阻测试仪、绝缘电阻兆欧表、漏电测试仪及常用电工用具。

2.4　竣工验收组组长由建设单位法人代表或其委托的负责人担任

验收组副组长应至少有一名工程技术人员。验收组成员由建设单位上级主管部门、建设单位项目负责人、建设单位项目现场管理人员及勘察、设计、施工、监理单位与项目无直接关系的技术负责人或质量负责人组成。建设单位也可邀请有关专家参加验收组。验收组成员中土建及水电安装专业人员应配备齐全。

工程竣工验收程序如图4.2.1所示。

单位工程质量竣工验收的程序包括施工单位自验收、竣工预验收、正式验收三部分。

2.4.1　施工单位自验收

质量竣工自验收的标准与正式验收一样,主要内容包括以下几点。

(1)工程是否符合国家(或地方政府主管部门)规定的竣工标准。

(2)工程完成情况是否符合施工图纸和设计的要求。

(3)工程质量是否符合国家和地方政府规定的标准和要求。

(4)工程是否达到合同规定的要求和标准。

另外,参加竣工自验收的人员,应由项目经理组织生产、技术、质量、合同、预算以及有关的施工工长(或施工员、工号负责人)等共同组成。自验收应分层、分段、分房间地由上述人员按照自己主管的内容逐一进行检查,在检查中要做好记录。对不符合要求的部位和项目,确定修补措施和标准,并指定专人负责,定期整改完毕。

在施工单位自我检查的基础上,对查出的问题全部整改完毕以后,项目经理应提请上级(分公司或总公司一级)进行复验(按一般习惯,国家重点工程、省市级重点工程都应提请总公

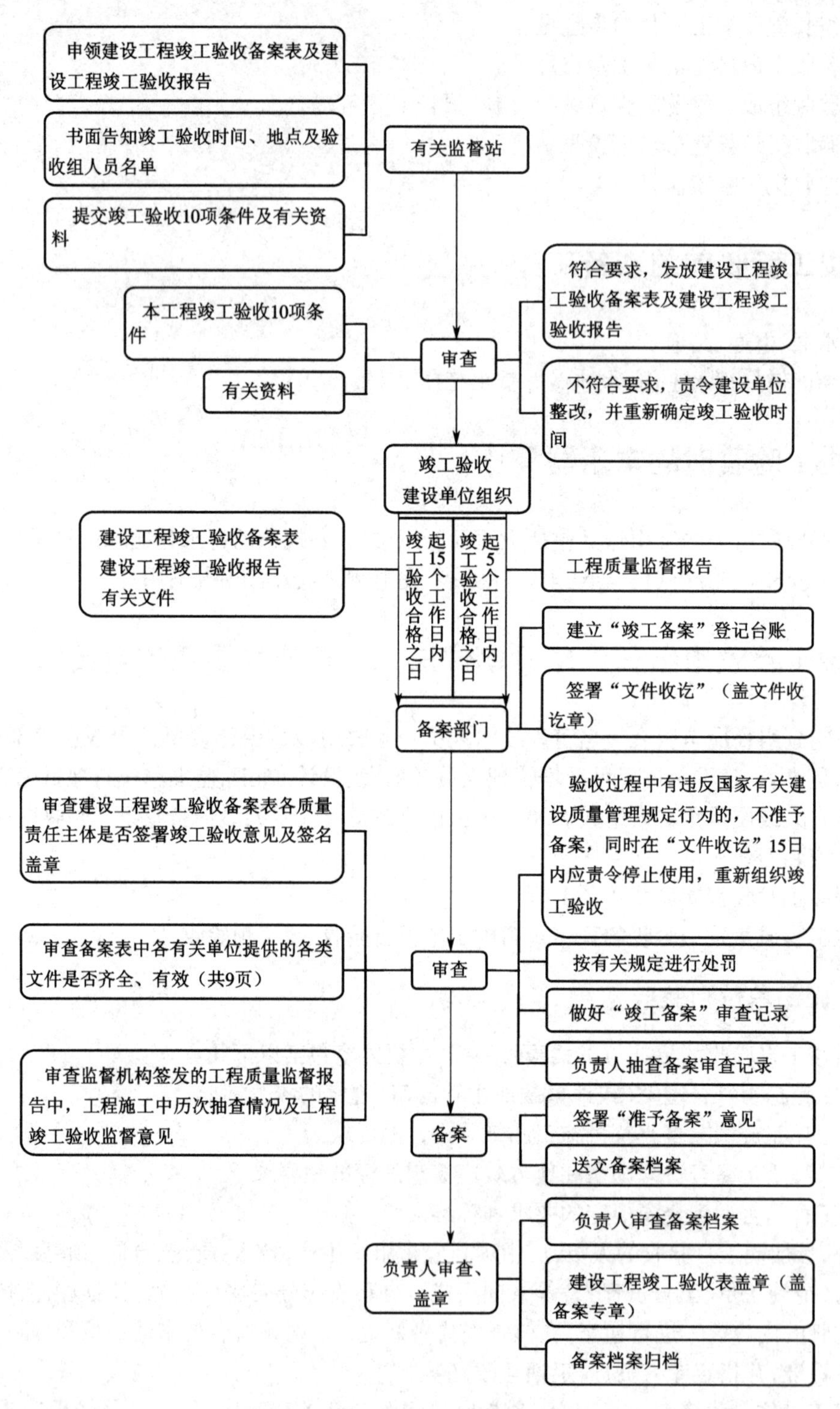

图 4.2.1　工程竣工验收程序

司级的上级单位复验）。通过复验，要解决全部遗留问题，为正式验收做好充分准备。

施工单位在自查、自评工作完成后，应编制工程竣工报告，由项目负责人、单位法定代表人和技术负责人签字并加盖单位公章后，和全部竣工资料一起提交给监理单位进行初验。未委托监理的工程，施工单位应将工程竣工报告直接提交给建设单位。

2.4.2　竣工预验收

监理单位收到工程竣工报告后，总监理工程师应组织各专业监理工程师对竣工资料及各专业工程的质量情况进行全面检查，对检查出的问题，应督促施工单位及时整改；对需要进行功能试验的项目（包括单机试车和无负荷试车），监理工程师应督促施工单位及时进行试验，并对重要项目进行监督、检查，必要时请建设单位和设计单位参加；监理工程师应认真审查试验报告单，并督促施工单位做好成品保护和现场清理。

预验收合格的，由施工单位向建设单位申请竣工验收，同时由总监理工程师向建设单位提出质量评估报告；初验不合格的，监理单位应提出具体整改意见，由施工单位根据监理单位的意见进行整改。未委托监理的工程，由建设单位组织有关单位初验。

2.4.3　正式验收

1. 正式验收准备

（1）建设单位收到施工单位工程竣工报告和总监理工程师签发的质量评估报告后，对符合竣工验收要求的工程，组织设计、施工、监理等单位和有关方面的专业人员组成验收组，并制定建设工程施工质量竣工验收方案与单位工程施工质量竣工验收通知书。建设单位的项目负责人、施工单位的技术负责人和项目经理（含分包单位的项目负责人）、监理单位的总监理工程师、设计单位的项目负责人必须是验收组的成员。验收方案中应包含验收的程序、时间、地点、人员组成、执行标准等，各责任主体准备好验收所需的报告材料。

（2）建设单位应在竣工验收7个工作日前将验收的时间、地点及验收组成员名单通知建设工程质量监督机构，建设工程质量监督机构接到通知后，在验收之日应列席参加验收。

2. 正式验收

建设工程质量监督机构在竣工验收之日应派人列席参加验收会议，对工程质量竣工验收的组织形式、验收程序、执行验收标准等情况进行现场监督。

正式验收会议由建设单位宣布验收会议开始，建设单位应首先汇报工程概况和专项验收情况，介绍工程验收方案和验收组成员名单，并安排参验人员签到，然后按以下步骤进行验收。

（1）建设、设计、施工、监理等单位按顺序汇报工程合同的履约情况以及工程建设各个环节执行法律、法规和工程建设强制性标准的情况。

（2）验收组审阅建设、勘察、设计、施工、监理等单位提交的工程施工质量验收资料（放在现场），形成单位（子单位）工程施工质量控制资料核查记录，由验收组相关成员签字。

（3）明确有关工程安全和功能检查资料的核查内容，确定抽查项目，验收组成员进行现场抽查，对每个抽查项目形成检查记录，验收组相关成员签字，再汇总到单位（子单位）工程安全和功能检验资料核查及主要功能抽查记录，由验收组相关成员签字。

(4)验收组现场查验工程实物观感质量，形成单位(子单位)工程观感质量检查记录，由验收组相关成员签字。

验收组对以上四项验收内容做出全面评价，形成工程施工质量竣工验收结论意见，由验收组成员签字。如果验收不合格，验收组提出书面整改意见，限期整改，并重新组织工程施工质量竣工验收；如果验收合格，填写单位(子单位)工程施工质量竣工验收记录，由相关单位签字盖章。

参与工程竣工验收的建设、设计、施工、监理单位等各方不能形成一致意见时，应当协商提出解决办法，协商不成的，可请建设行政主管部门或建设工程质量监督机构协调处理。

复习思考题

1. 根据一个单位工程的验收实例，制作一个竣工验收程序图。
2. 简述施工单位的竣工验收程序。
3. 简述各个参建单位协同参与竣工验收的过程。
4. 简述竣工验收是如何进行人员组织的。
5. 简述工程竣工移交的条件、步骤和要求。

学习情境5　建筑工程竣工验收备案管理

【学习目标】

※掌握建筑工程竣工验收备案的制度及要求。

※熟悉建筑工程竣工验收备案应该提交的文件清单。

※掌握建筑工程竣工验收备案的程序及意义。

【技能目标】

通过学习,学生能够熟悉工程竣工验收的备案要求、程序及需要提交的文件清单,从而有效地进行文件备案,为保证工程质量提供依据,提高自身的岗位职业能力。

【教学准备】

验收规范,备案实例,相关视频。

【教学建议】

任务教学,案例分析,小组讨论。

【建议学时】

4(2)

任务1　建筑工程竣工验收备案要求

国务院令(第279号)《建设工程质量管理条例》(2017年修订)第十六条规定:建设单位收到建设工程竣工报告后,应当组织设计、施工、工程监理等有关单位进行竣工验收。第十七条规定:建设单位应当严格按照国家有关档案管理的规定,及时收集、整理建设项目各环节的文件资料,建立、健全建设项目档案,并在建设工程竣工验收后,及时向建设行政主管部门或者其他有关部门移交建设项目档案。这两条规定明确了建设、勘察、设计、施工、监理单位对建设工程应负的质量责任和义务,即建设、勘察、设计、施工、监理单位是建设工程质量的责任主体。

建设工程竣工验收备案制度是加强政府监督管理,防止不合格工程流向社会的一个重要手段。建设单位应依据《建设工程质量管理条例》有关规定和《房屋建筑和市政基础设施工程竣工验收备案管理办法》的规定,自工程竣工验收合格之日起15日内,向工程所在地的县级以上地方人民政府建设行政主管部门(以下简称备案机关)备案。否则,不允许投入使用。

《建设工程质量管理条例》规定:建设工程竣工验收工作应当由建设单位组织,勘察、设计、施工、监理单位共同参加,建设工程质量监督站进行监督,建设行政主管部门备案。

《建设工程施工质量验收统一标准》规定:单位工程质量验收合格后,建设单位应在规定时间内将工程竣工验收报告和有关文件报建设行政管理部门备案。

1.1 建筑工程竣工验收备案的范围

凡在我国境内新建、扩建、改建的各类房屋建筑工程及市政基础设施工程都实行竣工验收备案制度。

《房屋建筑和市政基础设施工程竣工验收备案管理办法》规定:抢险救灾工程、临时性房屋建筑工程和农民自建低层住宅工程,不适用本办法;军用房屋建筑工程竣工验收备案,按照中央军事委员会的有关规定执行。

竣工验收备案管理工作,一般由市、区(县)两级建委委托市、区(县)两级监督机构,按现行的工程质量监督范围,具体负责房屋建筑工程和市政基础设施工程的竣工验收备案工作。各建设工程质量监督站完成工程竣工验收后,由建设单位向建委竣工验收备案管理部门办理竣工验收备案。

1.2 建筑工程竣工验收备案的文件

建设单位应当自工程竣工验收合格之日起 15 个工作日内将建设工程竣工验收报告和有关文件,报建设工程备案机关办理工程竣工验收备案手续。建设单位办理建筑工程竣工验收备案应当提交的资料见表 5.1.1。

表 5.1.1　建筑工程竣工验收备案应当提交的资料

序号	材料名称	份数	材料形式	备注
1	建设工程竣工验收备案表	4	原件	
2	建设工程竣工验收报告	6	原件	
3	工程施工许可证	1	复印件(核对原件)	
4	工程施工质量验收申请表	1	原件	
5	单位(子单位)工程质量竣工验收记录	1	原件	
6	工程质量评估报告	1	原件	
7	设计文件质量检查报告	1	原件	
8	勘察文件质量检查报告	1	原件	
9	施工图设计文件审查报告	1	复印件(核对原件)	
10	建设工程规划许可证及规划验收合格证	1	复印件(核对原件)	

续表

序号	材料名称	份数	材料形式	备注
11	建设工程消防验收意见书	1	复印件(核对原件)	
12	建设工程竣工验收档案认可书	1	复印件(核对原件)	
13	环境保护验收意见	1	复印件(核对原件)	
14	建设工程质量验收监督意见书	1	原件	
15	燃气工程验收文件	1	复印件(核对原件)	有该项工程内容的,提供
16	电梯安装分部工程质量验收书	1	原件	有该项工程内容的,提供
17	室内环境污染物检测报告	1	复印件(核对原件)	按照标准、规范需要实施该项工程内容的,提供
18	工程质量保修书	1	原件	
19	住宅单位保证书和住宅使用说明书	1	原件	属于高品质住宅工程的,提供
20	单位工程施工安全评价书	1	复印件(核对原件)	
21	中标通知书(设计、监理、施工)	1	复印件(核对原件)	必须招标的工程,提供
22	建设施工合同	1	复印件(核对原件)	
23	工程款支付证明及发票复印件	1	复印件(核对原件)	
24	人防工程验收证明	1	复印件(核对原件)	依照标准、规范需要实施该项工程内容的,提供
25	工程质量安全监督报告	1	原件	监督站提供

工程竣工验收报告应当包括工程报建日期,施工许可证号,施工图设计文件审查意见,勘察、设计、施工、工程监理等单位分别签署的质量合格文件及验收人员签署的竣工验收原始文件,市政基础设施的有关质量检测和功能性试验资料以及备案机关认为需要提供的有关资料。

1.3　建筑工程竣工验收备案的程序

(1)建设工程竣工验收备案应具备的条件包括以下几点。

①工程竣工验收已合格,并完成工程竣工验收报告。

②工程质量监督机构已出具工程质量监督报告。

③已办理工程监理合同登记核销及施工合同(总包、专业分包和劳务分包合同)备案核销手续。

④各项专项资金等已结算。

(2)建设单位向备案机关领取房屋建筑工程和市政基础设施工程竣工验收备案表。

(3)建设单位持加盖单位公章和单位项目负责人签名的房屋建筑工程和市政基础设施工程竣工验收备案表一式四份及上述规定的材料,向备案机关备案。

(4)备案机关在收齐、验证备案材料后15个工作日内在房屋建筑工程和市政基础设施工程竣工验收备案表上签署备案意见(盖章),建设单位、施工单位、监督站和备案机关各持一份。

1.4 各参建单位竣工验收备案要求

1.4.1 建设单位竣工验收备案要求

(1)建设单位应当自建设工程竣工验收合格之日起15日内,按照有关规定向竣工验收备案部门办理竣工验收备案手续。

(2)建设单位办理工程竣工验收备案时,应当提交下列文件。

①建设工程竣工验收备案表。

②建设工程竣工验收报告。

③建设工程施工许可证。

④建筑工程施工图设计文件审查意见。

⑤单位工程质量综合验收文件(施工单位的工程质量竣工报告、勘察设计单位的质量检测报告、监理单位的质量评估报告)。

⑥建设工程质量检测报告和功能试验资料。

⑦规划、公安消防、环保等部门出具的认可文件或准许使用文件。

⑧施工单位签署的工程质量保修书。

⑨建设单位按合同约定支付工程款的工程款支付证明。

⑩商品住宅的住宅质量保修书和住宅使用说明书。

⑪法规、规章规定必须提交的其他文件和备案机关认为需要提供的有关资料。

(3)住宅小区建设过程中,按单位工程即单幢住宅工程逐幢进行竣工验收备案(不包括最后一幢(批)住宅)的,建设单位需出具住宅建设过程中执行政府有关规划、消防、环保政策规定的书面说明(附有办理规划、消防、环保手续的证明资料),并书面承诺待住宅小区全面竣工后,按规定申请规划、消防、环保检查,取得认可文件或者准许使用文件。住宅小区竣工后,建设单位应在取得规划、消防、环保部门出具的住宅小区认可文件或者准许使用文件后,办理包括最后一幢(批)住宅在内的住宅小区竣工验收备案。

(4)群体工程竣工验收备案可参照住宅小区竣工验收备案的办法执行。

(5)建设单位独立报验的工程造价在150万元及以下的、在同一建筑单体中相同建设单位的同类型小型建筑装饰工程,可合并一次办理竣工验收备案。

(6)面积小于1 000 m^2的建筑工程、造价在100万元以下的构筑物、室外配套附属工程等小型建筑工程,在同一工程项目中,类型相同的若干小型建筑工程,可合并一次办理竣工验收备案。

(7)以销售、招租、招商为主要目标的新建高级公寓、商厦、商住楼、商办楼等建设工程,可根据建设功能、用途或条件划分成若干竣工验收备案阶段,分阶段办理竣工验收备案。一个单位工程分阶段连同最终竣工验收备案的次数,最多不得超过3次。

①建设工程分阶段竣工验收备案申请。采用分阶段竣工验收备案的工程，建设单位应会同施工单位事先向备案部门和监督机构提出书面申请，经备案部门和监督机构批准后方可实施。

②建设工程分阶段竣工验收备案的条件。

a. 申请分阶段竣工验收备案工程部位按设计图纸和合同要求已经完成，内容包括：屋面工程，外墙装饰工程，室内公共部位工程，水、电、通风设备工程，电梯工程，室外总体工程等。

b. 分阶段竣工验收备案部位使用功能应齐全，供电系统，消火栓给水系统，给排水系统，通风、空调系统，消防排烟系统，煤气系统，防雷系统，安全接地系统，应急照明系统，防火隔断系统，设计文件明确的其他系统等应正常开通。

c. 已采用正式电源和正式水源供电、供水，供电量及供水量能满足备案工程竣工区域内正常使用，并满足消防用水量。

d. 分阶段竣工验收备案工程所有原材料，各项检测、鉴定手续齐全，通球、通水、盛水、泼水等试验和通风、空调、电梯等主机及系统调试均已完毕，检测与鉴定结果符合要求。

e. 监理单位就完成部位做出监理评估报告。

f. 工程分阶段竣工验收备案部位质量保证资料基本齐全、真实。

g. 建设单位会同勘察设计单位、监理单位、施工单位对工程拟备案部位进行质量验收，达到国家工程质量检验评定标准，企业自评、设计认可、监理核定、建设单位验收程序符合要求，资料齐全。

h. 对分阶段竣工验收备案工程，建设单位必须承诺：

(i)会同物业管理部门加强对已竣工验收备案部位的管理，及时解决用户提出的质量问题；

(ii)如已备案区域进行二次装潢，应加强对装潢施工单位的管理，并及时向有关监督机构办理装饰工程质量监督手续；

(iii)必须确定单位工程最终竣工期限，确保建设工程质量，并及时向备案部门申报单位工程最终竣工验收备案。

i. 备案工程区域内无建筑垃圾，并达到窗明、墙洁、地净、无污染。

j. 尚未竣工验收区域采取安全隔离封闭措施，以保证使用范围内安全，并做好成品保护。

③分阶段竣工验收备案的办理。工程分阶段验收合格后，由建设单位负责，在10日内向备案部门办理分阶段竣工验收备案。整个单位工程竣工验收合格后，按有关规定办理整个单位工程竣工验收备案。

(8)办理竣工验收备案手续时提交的建设工程质量检测报告和功能试验资料应符合以下要求。

①建设工程施工全过程中有关原材料的检验、质量检测报告和竣工阶段功能试验资料，均由工程质量监督机构负责监督抽查，这些资料不送备案部门。

②建设单位在组织竣工验收过程中，应落实竣工验收组人员对部分功能性试验内容进行抽查，具体如下：

a. 厕所间及不封闭阳台进行泼水试验；

b. 排污水立管进行通球试验，给水管进行通水试验；

c. 浴缸、水盘、水池进行盛水试验；

d. 绝缘电阻及接地电阻测试;

e. 通电试验及漏电保护测试。

若抽查结果符合要求,由竣工验收组组长在试验测试单上签字认可。若不符合要求,责成有关单位整改。

③建设单位办理竣工验收备案手续时提交的建设工程质量检测报告和功能试验资料,即为竣工验收组组长签字的资料。

(9)备案部门发现建设单位在竣工验收过程中有违反国家有关建设工程质量管理规定行为的,将在收讫竣工验收备案文件15个工作日内,责令停止使用,重新组织竣工验收。建设单位在重新组织竣工验收前,继续擅自使用的,将按有关规定处罚。

(10)建设单位在工程竣工验收合格之日起15个工作日内未办理工程竣工验收备案的,将被责令限期改正,并按有关规定处罚。

(11)建设单位违反国家法律、法规、规章、规定,采用虚假证明文件办理工程竣工验收备案的,竣工工程验收无效,将被责令停止使用,重新组织竣工验收,并按有关规定处罚,构成犯罪的,依法追究刑事责任。

(12)经备案部门决定重新组织竣工验收,并责令停止使用的工程,建设单位在备案前已投入使用或者建设单位擅自使用造成使用人损失的,由建设单位依法承担赔偿责任。

1.4.2 施工单位竣工验收备案要求

施工单位应配合建设单位填写房屋建筑工程和市政基础设施工程竣工验收备案表,建设单位填写建设工程竣工验收备案表。

工程竣工验收合格后,当建设单位填写建设工程竣工验收备案表时,施工单位应在房屋建筑工程和市政基础设施工程竣工验收备案表中“竣工验收意见”栏的“施工单位意见”一栏中填写对工程质量验收的意见(即填上工程质量等级),填写完毕,由施工单位总工程师和企业法定代表人分别签字并加盖施工单位公章,写明日期。如有异议,可向竣工验收组及质量监督机构如实反映,或向政府有关部门申诉。

1.4.3 监理单位竣工验收备案要求

工程竣工验收合格后,监理单位应在房屋建筑工程和市政基础设施工程竣工验收备案表中“竣工验收意见”栏的“监理单位意见”一栏中填写对工程质量验收的意见,并填上工程核定质量等级,填写完毕,由总监理工程师和企业法定代表人分别签字并加盖监理单位公章。

任务2　竣工验收备案表实例

建设工程竣工验收备案申请书如图5.2.1所示。

编号____________

建设工程竣工验收备案申请书

工程名称______________________

建设单位______________________

建设委员会制

图5.2.1　建设工程竣工验收备案申请书

工程竣工验收备案表如表5.2.1所示。

表5.2.1　工程竣工验收备案表

工程名称			工程地址		
工程规模		项目总投资		工程决算	
层数高度		工程类别		结构类型	
施工许可证编号			规划验收合格证号		
质量监督通知书编号			质量监督报告编号		

单位名称		负责人	联系电话
建设单位			
勘察单位			
设计单位			
施工单位			
监理单位			
监督机构			

本工程已按国务院《建设工程质量管理条例》第十六条和住建部《房屋建筑和市政基础设施工程竣工验收规定》进行了竣工验收，验收合格，备案文件齐全。现报送备案。

建设单位________________（公章）
负责人__________________
联系电话：
报送时间：　　　年　　月　　日

续表

<table>
<tr><td rowspan="5">竣工验收</td><td>勘察单位意见</td><td>单位(项目负责人)：　　　　　年　月　日(公章)</td></tr>
<tr><td>设计单位意见</td><td>单位(项目负责人)：　　　　　年　月　日(公章)</td></tr>
<tr><td>施工单位意见</td><td>单位(项目负责人)：　　　　　年　月　日(公章)</td></tr>
<tr><td>监理单位意见</td><td>单位(项目负责人)：　　　　　年　月　日(公章)</td></tr>
<tr><td>建设单位意见</td><td>单位(项目负责人)：　　　　　年　月　日(公章)</td></tr>
</table>

续表

<table>
<tr><td rowspan="15">竣工验收备案文件清单</td><td>内容</td><td>审查</td><td>备注</td></tr>
<tr><td>1. 建设工程竣工验收备案申请书</td><td></td><td></td></tr>
<tr><td>2. 建设工程竣工验收意见书(原件)</td><td></td><td></td></tr>
<tr><td>3. 建设工程档案验收意见书(原件)</td><td></td><td></td></tr>
<tr><td>4. 施工单位出具的工程竣工报告(原件)</td><td></td><td></td></tr>
<tr><td>5. 监理单位出具的工程质量评估报告(原件)</td><td></td><td></td></tr>
<tr><td>6. 勘察单位出具的勘察文件质量检查报告(原件)</td><td></td><td></td></tr>
<tr><td>7. 设计单位出具的设计文件及设计变更质量检查报告(原件)</td><td></td><td></td></tr>
<tr><td>8. 施工单位出具的工程质量保修书(复印件)</td><td></td><td></td></tr>
<tr><td>9. 建设工程结算书、施工单位提供的建设单位已按合同支付工程款的证明各一份(原件)</td><td></td><td></td></tr>
<tr><td>10. 房屋建筑工程和市政基础设施工程竣工验收备案表(原件)</td><td></td><td></td></tr>
<tr><td>11. 商品房工程应提供新建商品房使用说明书和质量保证书(复印件)</td><td></td><td></td></tr>
<tr><td>12. 市政基础设施工程应提供该工程有关质量检测和功能性试验资料(核验原件)</td><td></td><td></td></tr>
<tr><td>13. 法律、行政法规规定应当由规划、消防、环保、防雷等部门出具的认可文件或者准许使用文件:
建设工程规划验收合格证 1 份(核验原件)
建设工程消防验收意见书 1 份(核验原件)
建设项目试生产(预验收)环保审批意见书 1 份(核验原件)
建设项目防雷工程竣工验收合格证 1 份(核验原件)</td><td></td><td></td></tr>
<tr><td>14. 建设工程竣工备案规费缴纳审核表 1 份(原件)</td><td></td><td></td></tr>
<tr><td colspan="4">注:在确认收到工程质量监督机构出具的工程质量监督报告后接收备案文件。

上述竣工验收备案文件于　　　　年　　月　　日收讫

（章）</td></tr>
<tr><td colspan="4">备案管理部门负责人 |　　　| 经办人 |　　　| 日期 |　　　</td></tr>
</table>

注:1. 本表用不易褪色的蓝黑墨水笔填写清楚。

2. 本表中竣工验收备案文件清单所列文件如为复印件应加盖报送单位公章,并注明原件存放处。

（1）工程名称及各建设单位名称应填写全称，工程地址是指已建成工程所在位置。

（2）工程规模包括工程量规模（如建筑面积××m^2，道路面积××m^2，……）和工作量规模（如工程造价××万元，……）。

（3）工程类别是指道路、桥梁、排水、给水等。

（4）结构类型是指沥青路面、混凝土路面、钢结构、砖混结构等。

（5）建设单位的工程竣工验收报告主要包括工程概况，执行基本建设程序情况，对工程勘察、设计、施工、监理等方面的评价，工程竣工验收时间、程序、内容和组织形式，工程竣工验收意见等内容。

（6）施工单位的工程竣工报告应包括以下内容：①工程建设概况及完成主要工程量；②施工过程中产生的质量缺陷、相应的处理措施、遗留问题对工程质量的影响；③地基基础、主体结构及关键部位变更设计原因、审批手续情况；④关键部位、重要工序的质量控制措施及自检结果；⑤工程质量总体评价、自评分值及质量等级。

（7）监理单位的验收质量评价报告应包括以下内容：①监理准入、现场监理组成及工作情况简介；②重要工序及分部分项工程质量认证情况统计汇总；③工程质量缺陷等问题的整改、复查情况；④监理抽检（食物和材料）质量情况统计及汇总；⑤对工程质量总体及重要部位的安全及使用性能的评价和评分值，对施工单位申报质量等级的意见和建议；⑥其他需要说明的问题。

（8）勘察、设计单位的验收质量认可报告应包括以下内容：①工程主体功能主要设计指标及采用的设计标准；②设计变更和变更设计情况对原设计功能目标的影响；③对工程总体质量是否达到设计目标的评价。

（9）对没有提交的文件需要做出说明。

（10）竣工验收备案文件清单所列文件如为复印件应加盖报送单位公章，并注明原件存放处。

（11）本表应使用不易褪色的蓝黑墨水笔填写，字迹工整，无涂改。

复习思考题

1. 简述单位工程竣工验收备案的制度及要求。
2. 竣工验收备案应该提交哪些文件?
3. 简述竣工验收备案的程序。
4. 竣工验收备案制度有哪些现实意义?

附录

附录 A

中华人民共和国国务院令
第　279　号

《建设工程质量管理条例》已经 2000 年 1 月 10 日国务院第 25 次常务会议通过,现予发布,自发布之日起施行。

总理　朱镕基

二〇〇〇年一月三十日

建设工程质量管理条例

第一章　总则

第一条　为了加强对建设工程质量的管理,保证建设工程质量,保护人民生命和财产安全,根据《中华人民共和国建筑法》,制定本条例。

第二条　凡在中华人民共和国境内从事建设工程的新建、扩建、改建等有关活动及实施对建设工程质量监督管理的,必须遵守本条例。

本条例所称建设工程,是指土木工程、建筑工程、线路管道和设备安装工程及装修工程。

第三条　建设单位、勘察单位、设计单位、施工单位、工程监理单位依法对建设工程质量负责。

第四条　县级以上人民政府建设行政主管部门和其他有关部门应当加强对建设工程质量的监督管理。

第五条　从事建设工程活动,必须严格执行基本建设程序,坚持先勘察、后设计、再施工的原则。

县级以上人民政府及其有关部门不得超越权限审批建设项目或者擅自简化基本建设程序。

第六条 国家鼓励采用先进的科学技术和管理方法，提高建设工程质量。

第二章 建设单位的质量责任和义务

第七条 建设单位应当将工程发包给具有相应资质等级的单位。

建设单位不得将建设工程肢解发包。

第八条 建设单位应当依法对工程建设项目的勘察、设计、施工、监理以及与工程建设有关的重要设备、材料等的采购进行招标。

第九条 建设单位必须向有关的勘察、设计、施工、工程监理等单位提供与建设工程有关的原始资料。

原始资料必须真实、准确、齐全。

第十条 建设工程发包单位，不得迫使承包方以低于成本的价格竞标，不得任意压缩合理工期。

建设单位不得明示或者暗示设计单位或者施工单位违反工程建设强制性标准，降低建设工程质量。

第十一条 建设单位应当将施工图设计文件报县级以上人民政府建设行政主管部门或者其他有关部门审查。施工图设计文件审查的具体办法，由国务院建设行政主管部门、国务院其他有关部门制定。

施工图设计文件未经审查批准的，不得使用。

第十二条 实行监理的建设工程，建设单位应当委托具有相应资质等级的工程监理单位进行监理，也可以委托具有工程监理相应资质等级并与被监理工程的施工承包单位没有隶属关系或者其他利害关系的该工程的设计单位进行监理。

下列建设工程必须实行监理：

（一）国家重点建设工程；

（二）大中型公用事业工程；

（三）成片开发建设的住宅小区工程；

（四）利用外国政府或者国际组织贷款、援助资金的工程；

（五）国家规定必须实行监理的其他工程。

第十三条 建设单位在领取施工许可证或者开工报告前，应当按照国家有关规定办理工程质量监督手续。

第十四条 按照合同约定，由建设单位采购建筑材料、建筑构配件和设备的，建设单位应当保证建筑材料、建筑构配件和设备符合设计文件和合同要求。

建设单位不得明示或者暗示施工单位使用不合格的建筑材料、建筑构配件和设备。

第十五条 涉及建筑主体和承重结构变动的装修工程，建设单位应当在施工前委托原设计单位或者具有相应资质等级的设计单位提出设计方案；没有设计方案的，不得施工。

房屋建筑使用者在装修过程中，不得擅自变动房屋建筑主体和承重结构。

第十六条 建设单位收到建设工程竣工报告后，应当组织设计、施工、工程监理等有关单位进行竣工验收。

建设工程竣工验收应当具备下列条件：

（一）完成建设工程设计和合同约定的各项内容；

（二）有完整的技术档案和施工管理资料；

（三）有工程使用的主要建筑材料、建筑构配件和设备的进场试验报告；

（四）有勘察、设计、施工、工程监理等单位分别签署的质量合格文件；

（五）有施工单位签署的工程保修书。

建设工程经验收合格的，方可交付使用。

第十七条 建设单位应当严格按照国家有关档案管理的规定，及时收集、整理建设项目各环节的文件资料，建立、健全建设项目档案，并在建设工程竣工验收后，及时向建设行政主管部门或者其他有关部门移交建设项目档案。

第三章 勘察、设计单位的质量责任和义务

第十八条 从事建设工程勘察、设计的单位应当依法取得相应等级的资质证书，并在其资质等级许可的范围内承揽工程。

禁止勘察、设计单位超越其资质等级许可的范围或者以其他勘察、设计单位的名义承揽工程。禁止勘察、设计单位允许其他单位或者个人以本单位的名义承揽工程。

勘察、设计单位不得转包或者违法分包所承揽的工程。

第十九条 勘察、设计单位必须按照工程建设强制性标准进行勘察、设计，并对其勘察、设计的质量负责。

注册建筑师、注册结构工程师等注册执业人员应当在设计文件上签字，对设计文件负责。

第二十条 勘察单位提供的地质、测量、水文等勘察成果必须真实、准确。

第二十一条 设计单位应当根据勘察成果文件进行建设工程设计。

设计文件应当符合国家规定的设计深度要求，注明工程合理使用年限。

第二十二条 设计单位在设计文件中选用的建筑材料、建筑构配件和设备，应当注明规格、型号、性能等技术指标，其质量要求必须符合国家规定的标准。

除有特殊要求的建筑材料、专用设备、工艺生产线等外，设计单位不得指定生产厂、供应商。

第二十三条 设计单位应当就审查合格的施工图设计文件向施工单位作出详细说明。

第二十四条 设计单位应当参与建设工程质量事故分析，并对因设计造成的质量事故，提出相应的技术处理方案。

第四章 施工单位的质量责任和义务

第二十五条 施工单位应当依法取得相应等级的资质证书，并在其资质等级许可的范围内承揽工程。

禁止施工单位超越本单位资质等级许可的业务范围或者以其他施工单位的名义承揽工程。禁止施工单位允许其他单位或者个人以本单位的名义承揽工程。

施工单位不得转包或者违法分包工程。

第二十六条　施工单位对建设工程的施工质量负责。

施工单位应当建立质量责任制，确定工程项目的项目经理、技术负责人和施工管理负责人。

建设工程实行总承包的，总承包单位应当对全部建设工程质量负责；建设工程勘察、设计、施工、设备采购的一项或者多项实行总承包的，总承包单位应当对其承包的建设工程或者采购的设备的质量负责。

第二十七条　总承包单位依法将建设工程分包给其他单位的，分包单位应当按照分包合同的约定对其分包工程的质量向总承包单位负责，总承包单位与分包单位对分包工程的质量承担连带责任。

第二十八条　施工单位必须按照工程设计图纸和施工技术标准施工，不得擅自修改工程设计，不得偷工减料。

施工单位在施工过程中发现设计文件和图纸有差错的，应当及时提出意见和建议。

第二十九条　施工单位必须按照工程设计要求、施工技术标准和合同约定，对建筑材料、建筑构配件、设备和商品混凝土进行检验，检验应当有书面记录和专人签字；未经检验或者检验不合格的，不得使用。

第三十条　施工单位必须建立、健全施工质量的检验制度，严格工序管理，作好隐蔽工程的质量检查和记录。隐蔽工程在隐蔽前，施工单位应当通知建设单位和建设工程质量监督机构。

第三十一条　施工人员对涉及结构安全的试块、试件以及有关材料，应当在建设单位或者工程监理单位监督下现场取样，并送具有相应资质等级的质量检测单位进行检测。

第三十二条　施工单位对施工中出现质量问题的建设工程或者竣工验收不合格的建设工程，应当负责返修。

第三十三条　施工单位应当建立、健全教育培训制度，加强对职工的教育培训；未经教育培训或者考核不合格的人员，不得上岗作业。

第五章　工程监理单位的质量责任和义务

第三十四条　工程监理单位应当依法取得相应等级的资质证书，并在其资质等级许可的范围内承担工程监理业务。

禁止工程监理单位超越本单位资质等级许可的范围或者以其他工程监理单位的名义承担工程监理业务。禁止工程监理单位允许其他单位或者个人以本单位的名义承担工程监理业务。

工程监理单位不得转让工程监理业务。

第三十五条　工程监理单位与被监理工程的施工承包单位以及建筑材料、建筑构配件和设备供应单位有隶属关系或者其他利害关系的，不得承担该项建设工程的监理业务。

第三十六条　工程监理单位应当依照法律、法规以及有关技术标准、设计文件和建设工程承包合同，代表建设单位对施工质量实施监理，并对施工质量承担监理责任。

第三十七条　工程监理单位应当选派具备相应资格的总监理工程师和监理工程师进驻施

工现场。

未经监理工程师签字,建筑材料、建筑构配件和设备不得在工程上使用或者安装,施工单位不得进行下一道工序的施工。未经总监理工程师签字,建设单位不拨付工程款,不进行竣工验收。

第三十八条 监理工程师应当按照工程监理规范的要求,采取旁站、巡视和平行检验等形式,对建设工程实施监理。

第六章 建设工程质量保修

第三十九条 建设工程实行质量保修制度。

建设工程承包单位在向建设单位提交工程竣工验收报告时,应当向建设单位出具质量保修书。质量保修书中应当明确建设工程的保修范围、保修期限和保修责任等。

第四十条 在正常使用条件下,建设工程的最低保修期限:

(一)基础设施工程、房屋建筑的地基基础工程和主体结构工程,为设计文件规定的该工程的合理使用年限;

(二)屋面防水工程、有防水要求的卫生间、房间和外墙面的防渗漏,为5年;

(三)供热与供冷系统,为2个采暖期、供冷期;

(四)电气管线、给排水管道、设备安装和装修工程,为2年。

其他项目的保修期限由发包方与承包方约定。

建设工程的保修期,自竣工验收合格之日起计算。

第四十一条 建设工程在保修范围和保修期限内发生质量问题的,施工单位应当履行保修义务,并对造成的损失承担赔偿责任。

第四十二条 建设工程在超过合理使用年限后需要继续使用的,产权所有人应当委托具有相应资质等级的勘察、设计单位鉴定,并根据鉴定结果采取加固、维修等措施,重新界定使用期。

第七章 监督管理

第四十三条 国家实行建设工程质量监督管理制度。

国务院建设行政主管部门对全国的建设工程质量实施统一监督管理。国务院铁路、交通、水利等有关部门按照国务院规定的职责分工,负责对全国的有关专业建设工程质量的监督管理。

县级以上地方人民政府建设行政主管部门对本行政区域内的建设工程质量实施监督管理。县级以上地方人民政府交通、水利等有关部门在各自的职责范围内,负责对本行政区域内的专业建设工程质量的监督管理。

第四十四条 国务院建设行政主管部门和国务院铁路、交通、水利等有关部门应当加强对有关建设工程质量的法律、法规和强制性标准执行情况的监督检查。

第四十五条 国务院发展计划部门按照国务院规定的职责,组织稽查特派员,对国家出资的重大建设项目实施监督检查。

国务院经济贸易主管部门按照国务院规定的职责，对国家重大技术改造项目实施监督检查。

第四十六条 建设工程质量监督管理，可以由建设行政主管部门或者其他有关部门委托的建设工程质量监督机构具体实施。

从事房屋建筑工程和市政基础设施工程质量监督的机构，必须按照国家有关规定经国务院建设行政主管部门或者省、自治区、直辖市人民政府建设行政主管部门考核；从事专业建设工程质量监督的机构，必须按照国家有关规定经国务院有关部门或者省、自治区、直辖市人民政府有关部门考核。经考核合格后，方可实施质量监督。

第四十七条 县级以上地方人民政府建设行政主管部门和其他有关部门应当加强对有关建设工程质量的法律、法规和强制性标准执行情况的监督检查。

第四十八条 县级以上地方人民政府建设行政主管部门和其他有关部门履行监督检查职责时，有权采取下列措施：

(一)要求被检查的单位提供有关工程质量的文件和资料；

(二)进入被检查单位的施工现场进行检查；

(三)发现有影响工程质量的问题时，责令改正。

第四十九条 建设单位应当自建设工程竣工验收合格之日起 15 日内，将建设工程竣工验收报告和规划、公安消防、环保等部门出具的认可文件或者准许使用文件报建设行政主管部门或者其他有关部门备案。

建设行政主管部门或者其他有关部门发现建设单位在竣工验收过程中有违反国家有关建设工程质量管理规定行为的，责令停止使用，重新组织竣工验收。

第五十条 有关单位和个人对县级以上人民政府建设行政主管部门和其他有关部门进行的监督检查应当支持与配合，不得拒绝或者阻碍建设工程质量监督检查人员依法执行职务。

第五十一条 供水、供电、供气、公安消防等部门或者单位不得明示或者暗示建设单位、施工单位购买其指定的生产供应单位的建筑材料、建筑构配件和设备。

第五十二条 建设工程发生质量事故，有关单位应当在 24 小时内向当地建设行政主管部门和其他有关部门报告。对重大质量事故，事故发生地的建设行政主管部门和其他有关部门应当按照事故类别和等级向当地人民政府和上级建设行政主管部门和其他有关部门报告。

特别重大质量事故的调查程序按照国务院有关规定办理。

第五十三条 任何单位和个人对建设工程的质量事故、质量缺陷都有权检举、控告、投诉。

第八章 罚则

第五十四条 违反本条例规定，建设单位将建设工程发包给不具有相应资质等级的勘察、设计、施工单位或者委托给不具有相应资质等级的工程监理单位的，责令改正，处 50 万元以上 100 万元以下的罚款。

第五十五条 违反本条例规定，建设单位将建设工程肢解发包的，责令改正，处工程合同价款 0.5% 以上 1% 以下的罚款；对全部或者部分使用国有资金的项目，可以暂停项目执行或者暂停资金拨付。

第五十六条 违反本条例规定,建设单位有下列行为之一的,责令改正,处20万元以上50万元以下的罚款:

(一)迫使承包方以低于成本的价格竞标的;

(二)任意压缩合理工期的;

(三)明示或者暗示设计单位或者施工单位违反工程建设强制性标准,降低工程质量的;

(四)施工图设计文件未经审查或者审查不合格,擅自施工的;

(五)建设项目必须实行工程监理而未实行工程监理的;

(六)未按照国家规定办理工程质量监督手续的;

(七)明示或者暗示施工单位使用不合格的建筑材料、建筑构配件和设备的;

(八)未按照国家规定将竣工验收报告、有关认可文件或者准许使用文件报送备案的。

第五十七条 违反本条例规定,建设单位未取得施工许可证或者开工报告未经批准,擅自施工的,责令停止施工,限期改正,处工程合同价款1%以上2%以下的罚款。

第五十八条 违反本条例规定,建设单位有下列行为之一的,责令改正,处工程合同价款2%以上4%以下的罚款;造成损失的,依法承担赔偿责任:

(一)未组织竣工验收,擅自交付使用的;

(二)验收不合格,擅自交付使用的;

(三)对不合格的建设工程按照合格工程验收的。

第五十九条 违反本条例规定,建设工程竣工验收后,建设单位未向建设行政主管部门或者其他有关部门移交建设项目档案的,责令改正,处1万元以上10万元以下的罚款。

第六十条 违反本条例规定,勘察、设计、施工、工程监理单位超越本单位资质等级承揽工程的,责令停止违法行为,对勘察、设计单位或者工程监理单位处合同约定的勘察费、设计费或者监理酬金1倍以上2倍以下的罚款;对施工单位处工程合同价款2%以上4%以下的罚款,可以责令停业整顿,降低资质等级;情节严重的,吊销资质证书;有违法所得的,予以没收。

未取得资质证书承揽工程的,予以取缔,依照前款规定处以罚款;有违法所得的,予以没收。

以欺骗手段取得资质证书承揽工程的,吊销资质证书,依照本条第一款规定处以罚款;有违法所得的,予以没收。

第六十一条 违反本条例规定,勘察、设计、施工、工程监理单位允许其他单位或者个人以本单位名义承揽工程的,责令改正,没收违法所得,对勘察、设计单位和工程监理单位处合同约定的勘察费、设计费和监理酬金1倍以上2倍以下的罚款;对施工单位处工程合同价款2%以上4%以下的罚款;可以责令停业整顿,降低资质等级;情节严重的,吊销资质证书。

第六十二条 违反本条例规定,承包单位将承包的工程转包或者违法分包的,责令改正,没收违法所得,对勘察、设计单位处合同约定的勘察费、设计费25%以上50%以下的罚款;对施工单位处工程合同价款0.5%以上1%以下的罚款;可以责令停业整顿,降低资质等级;情节严重的,吊销资质证书。

工程监理单位转让工程监理业务的,责令改正,没收违法所得,处合同约定的监理酬金

25%以上50%以下的罚款;可以责令停业整顿,降低资质等级;情节严重的,吊销资质证书。

第六十三条 违反本条例规定,有下列行为之一的,责令改正,处10万元以上30万元以下的罚款:

(一)勘察单位未按照工程建设强制性标准进行勘察的;

(二)设计单位未根据勘察成果文件进行工程设计的;

(三)设计单位指定建筑材料、建筑构配件的生产厂、供应商的;

(四)设计单位未按照工程建设强制性标准进行设计的。

有前款所列行为,造成重大工程质量事故的,责令停业整顿,降低资质等级;情节严重的,吊销资质证书;造成损失的,依法承担赔偿责任。

第六十四条 违反本条例规定,施工单位在施工中偷工减料的,使用不合格的建筑材料、建筑构配件和设备的,或者有不按照工程设计图纸或者施工技术标准施工的其他行为的,责令改正,处工程合同价款2%以上4%以下的罚款;造成建设工程质量不符合规定的质量标准的,负责返工、修理,并赔偿因此造成的损失;情节严重的,责令停业整顿,降低资质等级或者吊销资质证书。

第六十五条 违反本条例规定,施工单位未对建筑材料、建筑构配件、设备和商品混凝土进行检验,或者未对涉及结构安全的试块、试件以及有关材料取样检测的,责令改正,处10万元以上20万元以下的罚款;情节严重的,责令停业整顿,降低资质等级或者吊销资质证书;造成损失的,依法承担赔偿责任。

第六十六条 违反本条例规定,施工单位不履行保修义务或者拖延履行保修义务的,责令改正,处10万元以上20万元以下的罚款,并对在保修期内因质量缺陷造成的损失承担赔偿责任。

第六十七条 工程监理单位有下列行为之一的,责令改正,处50万元以上100万元以下的罚款,降低资质等级或者吊销资质证书;有违法所得的,予以没收;造成损失的,承担连带赔偿责任:

(一)与建设单位或者施工单位串通,弄虚作假、降低工程质量的;

(二)将不合格的建设工程、建筑材料、建筑构配件和设备按照合格签字的。

第六十八条 违反本条例规定,工程监理单位与被监理工程的施工承包单位以及建筑材料、建筑构配件和设备供应单位有隶属关系或者其他利害关系承担该项建设工程的监理业务的,责令改正,处5万元以上10万元以下的罚款,降低资质等级或者吊销资质证书;有违法所得的,予以没收。

第六十九条 违反本条例规定,涉及建筑主体或者承重结构变动的装修工程,没有设计方案擅自施工的,责令改正,处50万元以上100万元以下的罚款;房屋建筑使用者在装修过程中擅自变动房屋建筑主体和承重结构的,责令改正,处5万元以上10万元以下的罚款。

有前款所列行为,造成损失的,依法承担赔偿责任。

第七十条 发生重大工程质量事故隐瞒不报、谎报或者拖延报告期限的,对直接负责的主管人员和其他责任人员依法给予行政处分。

第七十一条 违反本条例规定,供水、供电、供气、公安消防等部门或者单位明示或者暗示建设单位或者施工单位购买其指定的生产供应单位的建筑材料、建筑构配件和设备的，责令改正。

第七十二条 违反本条例规定，注册建筑师、注册结构工程师、监理工程师等注册执业人员因过错造成质量事故的，责令停止执业1年；造成重大质量事故的，吊销执业资格证书，5年以内不予注册；情节特别恶劣的，终身不予注册。

第七十三条 依照本条例规定，给予单位罚款处罚的，对单位直接负责的主管人员和其他直接责任人员处单位罚款数额5%以上10%以下的罚款。

第七十四条 建设单位、设计单位、施工单位、工程监理单位违反国家规定，降低工程质量标准，造成重大安全事故，构成犯罪的，对直接责任人员依法追究刑事责任。

第七十五条 本条例规定的责令停业整顿，降低资质等级和吊销资质证书的行政处罚，由颁发资质证书的机关决定；其他行政处罚，由建设行政主管部门或者其他有关部门依照法定职权决定。

依照本条例规定被吊销资质证书的，由工商行政管理部门吊销其营业执照。

第七十六条 国家机关工作人员在建设工程质量监督管理工作中玩忽职守、滥用职权、徇私舞弊，构成犯罪的，依法追究刑事责任；尚不构成犯罪的，依法给予行政处分。

第七十七条 建设、勘察、设计、施工、工程监理单位的工作人员因调动工作、退休等原因离开该单位后，被发现在该单位工作期间违反国家有关建设工程质量管理规定，造成重大工程质量事故的，仍应当依法追究法律责任。

第九章 附则

第七十八条 本条例所称肢解发包，是指建设单位将应当由一个承包单位完成的建设工程分解成若干部分发包给不同的承包单位的行为。

本条例所称违法分包，是指下列行为：

（一）总承包单位将建设工程分包给不具备相应资质条件的单位的；

（二）建设工程总承包合同中未有约定，又未经建设单位认可，承包单位将其承包的部分建设工程交由其他单位完成的；

（三）施工总承包单位将建设工程主体结构的施工分包给其他单位的；

（四）分包单位将其承包的建设工程再分包的。

本条例所称转包，是指承包单位承包建设工程后，不履行合同约定的责任和义务，将其承包的全部建设工程转给他人或者将其承包的全部建设工程肢解以后以分包的名义分别转给其他单位承包的行为。

第七十九条 本条例规定的罚款和没收的违法所得，必须全部上缴国库。

第八十条 抢险救灾及其他临时性房屋建筑和农民自建低层住宅的建设活动，不适用本条例。

第八十一条 军事建设工程的管理，按照中央军事委员会的有关规定执行。

第八十二条 本条例自发布之日起施行。

附:刑法有关条款

第一百三十七条　建设单位、设计单位、施工单位、工程监理单位违反国家规定,降低工程质量标准,造成重大安全事故的,对直接责任人员处五年以下有期徒刑或者拘役,并处罚金;后果特别严重的,处五年以上十年以下有期徒刑,并处罚金。

附录B

中华人民共和国住房和城乡建设部令
第 2 号

《住房和城乡建设部关于修改〈房屋建筑工程和市政基础设施工程竣工验收备案管理暂行办法〉的决定》已经部常务会议审议通过，现予发布，自发布之日起施行。

住房和城乡建设部部长　姜伟新

二〇〇九年十月十九日

住房和城乡建设部关于修改《房屋建筑工程和市政基础设施工程竣工验收备案管理暂行办法》的决定

住房和城乡建设部决定对《房屋建筑工程和市政基础设施工程竣工验收备案管理暂行办法》(建设部令第78号)作如下修改：

一、名称修改为“《房屋建筑和市政基础设施工程竣工验收备案管理办法》”。

二、第五条第一款第(三)项删去“公安消防”。

三、第五条第一款增加一项“(四)法律规定应当由公安消防部门出具的对大型的人员密集场所和其他特殊建设工程验收合格的证明文件”。

四、第五条第二款修改为“住宅工程还应当提交《住宅质量保证书》和《住宅使用说明书》”。

五、第九条修改为“建设单位在工程竣工验收合格之日起15日内未办理工程竣工验收备案的，备案机关责令限期改正，处20万元以上50万元以下罚款”。

此外，对部分条文的文字作相应的修改。

本决定自发布之日起施行。《房屋建筑和市政基础设施工程竣工验收备案管理办法》根据本决定作相应的修正，重新发布。

房屋建筑和市政基础设施工程竣工验收备案管理办法

(2000年4月4日建设部令第78号发布，根据2009年10月19日《住房和城乡建设部关于修改〈房屋建筑工程和市政基础设施工程竣工验收备案管理暂行办法〉的决定》修正)

第一条　为了加强房屋建筑和市政基础设施工程质量的管理，根据《建设工程质量管理条例》，制定本办法。

第二条 在中华人民共和国境内新建、扩建、改建各类房屋建筑和市政基础设施工程的竣工验收备案,适用本办法。

第三条 国务院住房和城乡建设主管部门负责全国房屋建筑和市政基础设施工程(以下统称工程)的竣工验收备案管理工作。

县级以上地方人民政府建设主管部门负责本行政区域内工程的竣工验收备案管理工作。

第四条 建设单位应当自工程竣工验收合格之日起15日内,依照本办法规定,向工程所在地的县级以上地方人民政府建设主管部门(以下简称备案机关)备案。

第五条 建设单位办理工程竣工验收备案应当提交下列文件:

(一)工程竣工验收备案表;

(二)工程竣工验收报告,竣工验收报告应当包括工程报建日期,施工许可证号,施工图设计文件审查意见,勘察、设计、施工、工程监理等单位分别签署的质量合格文件及验收人员签署的竣工验收原始文件,市政基础设施的有关质量检测和功能性试验资料以及备案机关认为需要提供的有关资料;

(三)法律、行政法规规定应当由规划、环保等部门出具的认可文件或者准许使用文件;

(四)法律规定应当由公安消防部门出具的对大型的人员密集场所和其他特殊建设工程验收合格的证明文件;

(五)施工单位签署的工程质量保修书;

(六)法规、规章规定必须提供的其他文件。

住宅工程还应当提交《住宅质量保证书》和《住宅使用说明书》。

第六条 备案机关收到建设单位报送的竣工验收备案文件,验证文件齐全后,应当在工程竣工验收备案表上签署文件收讫。

工程竣工验收备案表一式两份,一份由建设单位保存,一份留备案机关存档。

第七条 工程质量监督机构应当在工程竣工验收之日起5日内,向备案机关提交工程质量监督报告。

第八条 备案机关发现建设单位在竣工验收过程中有违反国家有关建设工程质量管理规定行为的,应当在收讫竣工验收备案文件15日内,责令停止使用,重新组织竣工验收。

第九条 建设单位在工程竣工验收合格之日起15日内未办理工程竣工验收备案的,备案机关责令限期改正,处20万元以上50万元以下罚款。

第十条 建设单位将备案机关决定重新组织竣工验收的工程,在重新组织竣工验收前,擅自使用的,备案机关责令停止使用,处工程合同价款2%以上4%以下罚款。

第十一条 建设单位采用虚假证明文件办理工程竣工验收备案的,工程竣工验收无效,备案机关责令停止使用,重新组织竣工验收,处20万元以上50万元以下罚款;构成犯罪的,依法追究刑事责任。

第十二条 备案机关决定重新组织竣工验收并责令停止使用的工程,建设单位在备案之前已投入使用或者建设单位擅自继续使用造成使用人损失的,由建设单位依法承担赔偿责任。

第十三条 竣工验收备案文件齐全,备案机关及其工作人员不办理备案手续的,由有关机关责令改正,对直接责任人员给予行政处分。

第十四条 抢险救灾工程、临时性房屋建筑工程和农民自建低层住宅工程,不适用本办法。

第十五条 军用房屋建筑工程竣工验收备案,按照中央军事委员会的有关规定执行。

第十六条 省、自治区、直辖市人民政府住房和城乡建设主管部门可以根据本办法制定实施细则。

第十七条 本办法自发布之日起施行。

附录 C

中华人民共和国建设部令

第　80　号

《房屋建筑工程质量保修办法》已于2000年6月26日经第24次部常务会议讨论通过，现予发布，自发布之日起施行。

部长　俞正声

二〇〇〇年六月三十日

房屋建筑工程质量保修办法

第一条　为保护建设单位、施工单位、房屋建筑所有人和使用人的合法权益，维护公共安全和公众利益，根据《中华人民共和国建筑法》和《建设工程质量管理条例》，制定本办法。

第二条　在中华人民共和国境内新建、扩建、改建各类房屋建筑工程（包括装修工程）的质量保修，适用本办法。

第三条　本办法所称房屋建筑工程质量保修，是指对房屋建筑工程竣工验收后在保修期限内出现的质量缺陷，予以修复。

本办法所称质量缺陷，是指房屋建筑工程的质量不符合工程建设强制性标准以及合同的约定。

第四条　房屋建筑工程在保修范围和保修期限内出现质量缺陷，施工单位应当履行保修义务。

第五条　国务院建设行政主管部门负责全国房屋建筑工程质量保修的监督管理。

县级以上地方人民政府建设行政主管部门负责本行政区域内房屋建筑工程质量保修的监督管理。

第六条　建设单位和施工单位应当在工程质量保修书中约定保修范围、保修期限和保修责任等，双方约定的保修范围、保修期限必须符合国家有关规定。

第七条　在正常使用条件下，房屋建筑工程的最低保修期限：

（一）地基基础工程和主体结构工程，为设计文件规定的该工程的合理使用年限；

（二）屋面防水工程、有防水要求的卫生间、房间和外墙面的防渗漏，为5年；

（三）供热与供冷系统，为2个采暖期、供冷期；

（四）电气管线、给排水管道、设备安装为2年；

（五）装修工程为2年。

其他项目的保修期限由建设单位和施工单位约定。

第八条 房屋建筑工程保修期从工程竣工验收合格之日起计算。

第九条 房屋建筑工程在保修期限内出现质量缺陷,建设单位或者房屋建筑所有人应当向施工单位发出保修通知。施工单位接到保修通知后,应当到现场核查情况,在保修书约定的时间内予以保修。发生涉及结构安全或者严重影响使用功能的紧急抢修事故,施工单位接到保修通知后,应当立即到达现场抢修。

第十条 发生涉及结构安全的质量缺陷,建设单位或者房屋建筑所有人应当立即向当地建设行政主管部门报告,采取安全防范措施;由原设计单位或者具有相应资质等级的设计单位提出保修方案,施工单位实施保修,原工程质量监督机构负责监督。

第十一条 保修完成后,由建设单位或者房屋建筑所有人组织验收。涉及结构安全的,应当报当地建设行政主管部门备案。

第十二条 施工单位不按工程质量保修书约定保修的,建设单位可以另行委托其他单位保修,由原施工单位承担相应责任。

第十三条 保修费用由质量缺陷的责任方承担。

第十四条 在保修期限内,因房屋建筑工程质量缺陷造成房屋所有人、使用人或者第三方人身、财产损害的,房屋所有人、使用人或者第三方可以向建设单位提出赔偿要求。建设单位向造成房屋建筑工程质量缺陷的责任方追偿。

第十五条 因保修不及时造成新的人身、财产损害,由造成拖延的责任方承担赔偿责任。

第十六条 房地产开发企业售出的商品房保修,还应当执行《城市房地产开发经营管理条例》和其他有关规定。

第十七条 下列情况不属于本办法规定的保修范围:

(一)因使用不当或者第三方造成的质量缺陷;

(二)不可抗力造成的质量缺陷。

第十八条 施工单位有下列行为之一的,由建设行政主管部门责令改正,并处1万元以上3万元以下的罚款:

(一)工程竣工验收后,不向建设单位出具质量保修书的;

(二)质量保修的内容、期限违反本办法规定的。

第十九条 施工单位不履行保修义务或者拖延履行保修义务的,由建设行政主管部门责令改正,处10万元以上20万元以下的罚款。

第二十条 军事建设工程的管理,按照中央军事委员会的有关规定执行。

第二十一条 本办法由国务院建设行政主管部门负责解释。

第二十二条 本办法自发布之日起施行。

附录 D

监理月报范例

×××建设工程监理有限公司

×××县第一中学高中部教学楼工程

监理月报

第__1__期

×××建设工程监理有限公司

总　监(签字):______×××______

编制人(签字):______×××______

填报时间:××年×月×日

报:建设单位:×××

监理公司:×××建设工程监理有限公司

工程名称	×××工程	设计单位	×××建筑设计院
建设单位	×××	施工单位	×××建筑工程公司

一、工程概况

本工程为框架结构，基础形式为人工挖孔桩，设计深度6~8 m，建筑层数共6层（地上4层，地下2层），建筑总高度21.6 m，总建筑面积9 653.68 m^2，建筑耐久等级为二级，合理使用年限50年，抗震设防烈度8度，防火设计的建筑分类为三类，耐火等级为二级。

二、本月工程进度

文字说明：由于项目管理班子一直未完善，人员到位不及时，施工方案及各专项方案的编制报审报验不及时，现场管理较混乱及施工单位对地基基岩的硬度估计不足，且在挖到该岩层时没有行之有效的方法进行开挖，造成工期延误，本月总体进度比较缓慢。

图表说明：

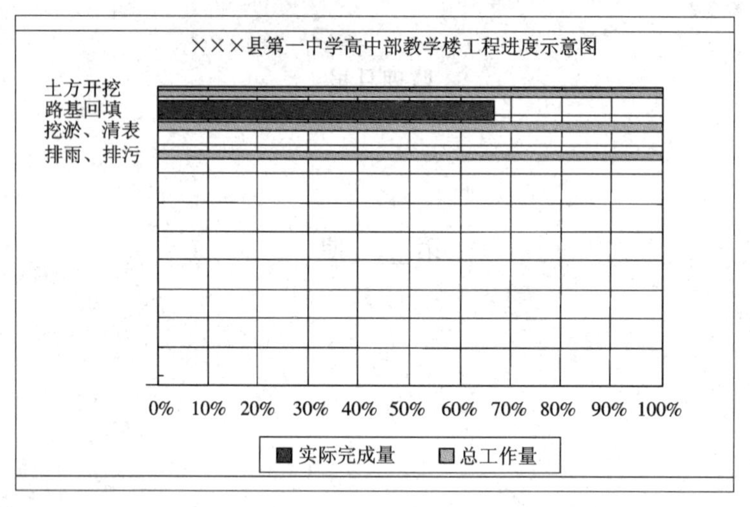

三、工程质量

1.本月工程质量情况分析

下图为质量原因分析。

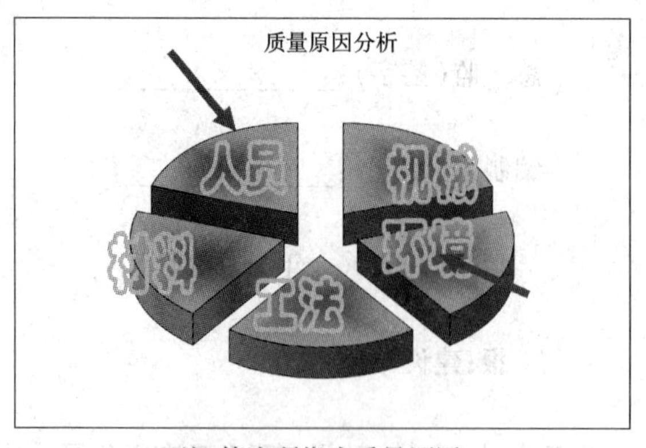

注：箭头所指为质量原因

续表

本月质量状况:由于项目管理班子一直未完善,人员到位不及时,现场管理较混乱,造成施工工序脱节,对质量造成了一定的影响,存在以下问题。

(1)轴线迟迟未投放到井沿上,无法进行轴线偏移、截面几何尺寸及垂直度的校核并进行自检,存在局部桩孔成孔质量较差。

(2)由于施工操作人员是在外地招聘,大部分人员未进行专业培训和质量安全交底,从而导致护壁钢筋不满足图纸的要求及混凝土配合比混乱的现象发生。

2. 本月采取的控制工程质量措施及效果

(1)监理部针对施工现场管理混乱的问题及时与施工单位负责人进行联系,要求施工单位立即完善项目管理机构的成立,加强施工现场的管理。

(2)要求项目部对施工班组的施工工艺和技术要求等进行加强,通过这一系列有效的措施使护壁质量有明显的好转。

(3)我部监理人员在施工单位进行各分部分项工程的施工过程中采取了"平行检验""巡视检查"等监理手段,当发现有质量隐患和不合格项时均及时要求施工单位进行整改和返工处理,做到不给工程遗留质量、安全隐患。

3. 本月质量检查情况

本月质量检查情况见下表。

序号	检查项目或部位	检查目标	抽(送)检数	合格数	合格率	备注
1	护壁钢筋	质量状况	10	8	80%	
2	护壁模板	质量状况	10	8	80%	
3	护壁混凝土	质量状况	10	7	70%	
4	混凝土试配	性能指标	4	4	100%	
5	砂复检	性能指标	2	2	100%	
6	石子复检	性能指标	1	1	100%	
7	钢筋复检	性能指标	3	3	合格	
8	基岩抽检	性能指标	2			

四、安全及文明施工

(1)加强对机械操作人员的安全教育,未发生机械伤人的事故。

(2)对成孔过程中暂停施工的桩孔进行了铺木板的防护处理。

(3)施工用电、配电的安全措施有待加强。

(4)安全标识,原材料、设备标识牌及施工现场"六牌一图"还未完善。

续表

五、材料进场统计情况

序号	材料名称	规格型号	产地	数量	复检是否合格	备注
1	钢材	$\phi6$	昆钢	3 t	合格	
2	钢材	$\phi8$	昆钢	14 t	合格	
3	钢材	$\phi14$	水钢	35 t	合格	
4	河砂	细砂	华昌	50 m^3	合格	
5	机制砂	中砂	富源二厂	50 m^3	合格	
6	水泥	P3.25 级	烟囱坝水泥厂	60 t	合格	
7	水泥	P4.25 级	双三水泥厂	120 t	合格	
8	碎石	1 ~ 4 cm	富源二厂	60 m^3	合格	

六、发文情况统计

序号	文件名称	内容摘要	收文单位	日期	备注
1	监理工作联系单	开工前的准备工作	×××建筑公司	××年×月×日	主送
2	监理工作联系单	工作情况汇报	×××建设单位	××年×月×日	主送
3	监理工作联系单	前期工作完善、现场施工不符合规范及图纸要求	×××建筑公司	××年×月×日	主送
4	监理工作联系单	前期工作完善、现场施工不符合规范及图纸要求	×××建设单位	××年×月×日	抄送
5	监理规划	监理规划	×××建设单位	××年×月×日	主送
6	监理工程师通知单	质量、安全	×××建筑公司	××年×月×日	主送
7	监理工程师通知单	质量、安全	×××建设单位	××年×月×日	抄送
8	监理工作情况汇报	现场情况汇报	×××建设单位	××年×月×日	主送
9	监理工程师通知单	质量、安全	×××建筑公司	××年×月×日	主送
10	监理工程师通知单	质量、安全	×××建设单位	××年×月×日	抄送
11	监理交底	监理制度程序交底	×××建筑公司	××年×月×日	主送
12	监理交底	监理制度程序交底	×××建设单位	××年×月×日	抄送
13	监理工作联系单	人员变更资质报验	×××建筑公司	××年×月×日	主送
14	监理工作联系单	人员变更资质报验	×××建设单位	××年×月×日	抄送
15	工作联系单(转)	抽检岩层、施工用水电等问题请监理报业主解决	×××建设单位	××年×月×日	转送
16	监理工作联系单	施工单位联系单的回复	×××建筑公司	××年×月×日	主送
17	监理工作联系单	施工单位联系单的回复	×××建设单位	××年×月×日	抄送

续表

注:除上述发文外,每天向施工单位发出巡查记录一份,主要内容为当天发现的问题及处理意见和第二天需要加强注意的事项。

七、工程量审核与工程款支付

目前施工单位未向监理部提出工程量审核和工程款支付申请。

八、合同其他事项的处理情况

1. 工程变更

×月×日建设单位提供经设计修改增加架空层的整套施工图。

×月×日设计单位把修改桩基承载力及增加承台的整套施工图电子版发给施工单位×××。

2. 工程延期

无

3. 工程索赔

无

九、本月监理工作总结

1. 对本月工程进度、质量、安全、工程款支付等方面情况的综合分析

(1)由于本月月初天气条件较差,施工单位自身项目部管理混乱,致使工期滞后,但是在监理部的督促下,施工单位调整了施工方法及管理体制,有望在下月抢回一部分工期。

(2)本月施工质量虽然在前半段时间欠佳,但后期施工过程中,由于监理人员的督促及施工单位自身管理的调整与加强,施工质量有了明显的提高,质量通病防治效果较好,未出现质量事故。

(3)安全用电方面还有待加强(无三级配电箱、配电箱未上锁、线路较零乱)。

2. 本月监理情况

(1)本月监理部在施工现场积极开展监理工作,对施工质量、安全、进度进行全面监督和管理。在现场监理采取了巡视检查、平行检验、旁站监理等形式和手段,严格控制施工质量、安全、进度。

(2)在监理施工过程的同时,监理人员按规范要求对监理过程形成了监理资料。

(3)监理人员认真履行了“三控”“两管”“一协调”的监理职能。

3. 有关本工程的意见和建议

(1)加强项目组织机构的建设,精心组织、合理安排工程所需的人、材、机及与各参建单位的协调工作。

(2)根据现场实际情况编制切实可行的各种专项方案,指导各个班组的施工。

(3)加强各种相关技术人员的配备,在现场指导和检查各个施工班组的施工质量和安全。

4. 下月工程进度展望

下月如施工单位合理安排、精心组织,在人、材、机合理配合的情况下,可完成以下工作内容。

(1)可完成孔桩的全部开挖成形。

(2)孔桩钢筋的制作、安装。

(3)桩芯混凝土的浇筑。

(4)地梁局部的钢筋制作、安装以及混凝土浇筑。

(5)进行一层局部梁、柱的施工。

5. 下月监理工作重点

质量方面:

(1)桩孔成孔质量的检查;

(2)桩钢筋笼的隐蔽检查验收;

续表

(3)桩芯混凝土浇灌的质量控制;
(4)地梁钢筋的隐蔽检查验收;
(5)原材料进场的把关。
安全方面:
(1)安全防护措施是否与专项施工方案一致;
(2)安全用电方面的规范;
(3)"三宝四口"的防护;
(4)高空坠物的防护。
文明施工方面:
(1)督促施工单位进行现场道路的硬化;
(2)现场材料、设备的标识;
(3)施工"六牌一图"的完善;
(4)现场材料的堆放等;
(5)施工现场周边围栏的防护,无关人员不准进入现场。
资料方面:
(1)做到资料整理与施工进度同步,认真审查签认,真实地反映工程实际情况,后补资料的一律不予签认;
(2)做好质量保证资料的收集、整理和归档,无质量保证资料的材料、构配件、成品不准进入现场;
(3)督促施工单位做好安全验收方面的资料收集、整理和归档。

附录 E

×××工程施工监理工作总结范例

×××工程施工监理工作总结

××市建设工程监理有限公司受××地产开发有限公司委托,对××单位工程实施施工阶段监理。本工程于××年×月×日开工,于××年×月×日进行了工程预验收。监理单位已完成委托监理合同中约定的工作内容,现对本工程的施工监理工作总结如下。

一、工程概况

本工程为高层民用住宅建筑,抗震设防烈度为7度,防火等级为一级,屋面防水为二级,设计使用年限50年。本工程总建筑面积30 000 m^2,房屋总高86.00 m;地下2层,地上28层。

基础工程采用了人工挖孔桩、独立柱基、条形基槽。

主体结构为框架剪力墙结构,主体结构混凝土强度为C30~C45,内外填充墙为加气混凝土砌块、页岩空心砖砌筑,混合砂浆砌筑(强度等级为M5.0),构造柱、预制小件(过梁)混凝土强度为C20。

屋面为平屋面,SBS改性沥青卷材防水层厚3 mm,聚苯板保温层厚30 mm,细石混凝土C25防水层厚40 mm。

户内为初装修,水泥瓜米石找平层,墙面砂浆抹底层、无罩面层,天棚刮防水腻子,楼梯间地面、踏步采用耐磨地板砖,电梯前室为玻化地砖,电梯门处贴墙砖,梯间为铁栏杆扶手,其余墙面为白色乳胶漆罩面,阳台栏杆采用夹胶玻璃及不锈钢栏杆,进户门为钢质防盗安全门,外墙窗和阳台门均为5+9A+5中空玻璃塑钢门窗。

排水工程:室内排水管和雨水管采用PVC管材安装。

节能工程:聚苯颗粒保温外墙,聚苯板保温隔热屋面,塑钢窗双层中空玻璃隔热保温层。

给水与电气安装及电梯安装均按合同实施。

二、参建单位

建设单位:××地产开发有限公司

监理单位:××市建设工程监理有限公司

设计单位:××工程设计有限公司

勘察单位:××地质勘察院

承包单位:××建筑工程公司

三、质量监督单位

××质量监督站

四、监理组织及监理制度

××市建设工程监理有限公司受××地产开发有限公司委托，按照相关法律、法规及委托监理合同的约定，根据建设工程施工承包合同、设计施工图及相关设计文件、相关技术规范的要求，对本工程的施工质量、进度实施监理。

(1)监理组织：由××市建设工程监理有限公司委派×××同志为总监理工程师，×××、×××为现场监理工程师，组成××工程项目监理部。

(2)监理制度：按照《建设工程监理规范》(GB/T 50319—2013)及相关文件的要求，本项目建立了设计交底及施工图会审制度，工程质量验收报验制度，施工组织设计(方案)报审制度，开(复)工报审制度，进场原材料、成品及半成品、构配件检验及见证取样送检制度，隐蔽工程验收制度，工程质量检验制度，工程阶段性验收和竣工验收制度，保证资料核查制度，现场会议制度等。

五、监理工作开展情况

1. 施工准备阶段

监理人员于施工准备阶段全部进入施工现场，对本工程项目监理工作进行了规划和准备；对施工承包单位开工前的施工准备工作质量进行了检查，主要工作如下。

(1)审查了施工单位及工程项目经理、项目技术负责人及主要管理人员的资质和资格。

(2)检查了施工单位质量、安全保证体系和质量、安全管理体系的建立情况，现场管理制度和责任制度的建立和落实情况。

(3)审查了施工单位报送的施工组织设计及相关的安全生产施工方案。

(4)检查了施工单位施工技术、施工机具、设备、物资、临时设施的准备情况。

(5)参加了设计技术交底会议，并提出了建设性的意见和建议。

(6)编制了施工监理规划及关键分部分项工程的监理细则。

(7)组织监理人员认真熟悉图纸，找出施工质量控制的重点和难点，制定应对措施。

(8)建立了施工现场会议制度，并组织召开了第一次工地例会，进行了监理工作交底。

2. 施工阶段

(1)核查施工现场质量管理体系、施工质量检验制度的实施情况和现场施工技术管理人员的到岗到位情况；检查施工单位编制的施工组织设计、安全文明施工方案、脚手架搭拆方案及施工技术交底等。

(2)督促施工单位对进入施工现场的原材料、半成品、成品等进行现场验收，其中：重要原材料进场验收记录 6 份；钢材出厂质量证明 147 份，抽样复验报告 147 份；水泥出厂合格证 17 份，进场复验报告 7 份；砂抽样检验报告 10 份；碎石抽样检验报告 9 份；页岩砖抽送样 1 组；空心砖 2 组，加气混凝土砌块 2 组，陶瓷面砖 2 组均具有出厂合格证明；抗压强度试验报告 5 份，上述材料均满足设计要求和相关质量标准，保证了工程所用材料均为合格产品。

(3)对可能影响结构安全和使用功能的关键工序或部位设置了质量控制点，如基础定位放线，桩基检查验收，钢筋工程隐蔽验收，模板及支撑的制作及安装，混凝土的进场验收和浇灌，屋面、卫生间防水工程施工，装修工程的样板墙，样板间施工等，在施工中均采取了旁站、巡视、平行检验和见证取样等监理手段。施工中填写旁站监理记录 63 份、整改通知书 15 份。

(4)对隐蔽工程和关键工序逐项进行核查验收签认,如基槽坑的隐蔽验收、桩基础工程的隐蔽验收、楼层钢筋隐蔽工程验收、配筋砌体隐蔽验收等。

(5)对混凝土、砌筑砂浆及钢筋接头按规定严格执行了见证抽样送检制度,对混凝土、砌筑砂浆及钢筋接头按规定严格执行了见证抽样送检制度,按抽样方案进行了见证取样送检,对不合格试件及时进行了处理。施工中抽取混凝土立方体抗压强度试件数量:标准养护,1#楼153组,2#楼128组;同条件养护,1#楼59组,2#楼51组。抽取砂浆立方体抗压强度试件数量:1#楼、2#楼各31组。钢筋接头性能试验:1#、2#楼共324组。

(6)对违反建设工程规范、标准及安全规定的质量行为及时进行了处理;对施工过程中出现的质量缺陷,监理人员针对出现的问题及时督促并帮助施工单位进行了纠正、处理,将影响工程质量的问题消灭于施工过程中。

(7)施工过程中,监理人员及时督促、指导施工单位做好施工技术资料(施工记录、自检记录、隐检记录及各种工程技术资料)的编制、收集和整理,保证了工程技术资料的编制与工程进度同步;同时,对形成的技术资料进行了核查签认,保证了工程技术资料的真实性、准确性和完整性,共签认工程报验申请表286份。

(8)对涉及结构安全和使用功能的重要分部工程的抽样检测(验)进行了见证监测,如排水管灌水试验、屋面及卫生间蓄水试验、防雷接地电阻测试、外墙饰面砖黏结强度试验、建筑物垂直度、标高观测等,同时实施了旁站监测,并查验了相关的检测资料和实物。

(9)组织召开了施工现场月例会、监理工作交底会,针对现场施工技术、工程质量、施工安全等问题,根据工程进度适时地提出需要注意的事项和存在的问题,并提出相关的要求等。

3. 质量验收工作情况

工程监理人员对工程施工质量全过程进行了监理,对施工质量验收做了以下工作。

(1)督促施工单位在工程质量的验收前做好自检、互检工作,在自行检查评定合格的基础上,再提出报验申请,监理工程师检查合格后方可对施工方的报验申请进行签认。

(2)参加检验批及分项工程的验收,现场监理工程师对验收合格的工程项目进行签认。

(3)参加分部工程的验收,对地基基础分部工程、主体分部工程做出工程质量评价报告,总监理工程师或总监代表对验收合格的分部工程进行签认。

(4)在验收过程中,对不合格的工程项目或质量缺陷及时发出了整改通知,并督促施工单位及时整改,整改完毕自行检查合格后,监理工程师对整改项目重新进行了验收,验收合格后在整改回执上进行了签认。

(5)对施工单位的竣工报验申请进行审签,并出具了单位工程质量评价报告。

(6)参加建设单位组织召开的工程竣工验收会,并编写了工程施工监理总结。

六、工程施工质量验收情况

1. 地基基础工程质量情况

本基础工程采用了三种基础形式:人工挖孔桩、独立柱基和条形基础。

基础主要原材料进场均经验收达到合格标准;桩的桩端承载力、嵌入深度及几何尺寸均满足设计要求;桩的轴线偏差、桩顶标高、桩身的垂直度偏差均在规范允许误差范围内;结构混凝土试件经检验评定均达到合格标准。

基桩采用低应变反射波法检测,共检测50根桩,桩身混凝土完整,检测合格。

基础分部工程划分为土方、模板、钢筋、混凝土、现浇结构等5个分项工程,共签认分项工程检验批质量验收记录71份,各分项工程及检验批质量均达到合格标准。

本分部工程在承包单位自检合格的基础上,经参建各方核查验收合格。

2. 主体结构质量情况

本工程主体结构为框架剪力墙结构,主要原材料进场均经验收达到合格标准。

在施工过程中,对柱、梁、板和砖砌体等实物按规定进行了见证抽样,混凝土试件、钢筋焊接头、砂浆试件均符合设计和验收规范要求。

××实验检测中心对主体结构混凝土强度进行原位检测,共检测楼层混凝土构件13个(凝土强度C30~C45),符合设计要求;对箍筋间距进行检测,其误差值在验收规范允许范围内。

主体分部工程共划分为现浇结构、填充墙(加气混凝土砌块、烧结页岩空心砖)、砌体、钢筋、模板、混凝土6个分项工程,共签认检验批验收记录878份(其中1#楼432份,2#楼446份),各分项工程及检验批经验收合格。

本分部工程在承包单位自检合格的基础上,经参建各方核查验收合格。

3. 其他分部工程质量情况

(1)屋面防水工程经检查验收:屋面防水细部处理基本正确,屋面无明显积水,屋面蓄水试验无渗漏,屋面分部工程经验收工程质量达到合格标准。

(2)装饰装修分部工程经检查验收:楼地面垫层无起砂、裂纹、空鼓;卫生间蓄水试验无渗漏;天棚墙面平整,无起砂、裂纹、空鼓、脱皮;门窗安装开启方向正确、启闭灵活、配件完整;栏杆扶手安装稳固,安全尺度符合规范要求;外墙面砖黏结强度1#、2#楼共检测20组,合格。装饰装修分部工程经验收工程质量达到合格标准。

(3)给排水分部工程经核查验收:工程严格按图施工,所用原材料经进场验收均符合设计要求,给排水孔留设位置基本正确;管道配件均按设计要求配置安装;排污管坡向正确、排水畅通、无渗漏;排水管道灌水试验、通球试验、盛水试验中,管道无渗漏现象,给水管道水压符合要求;管道及设施的安装误差均在施工误差允许范围内,经验收工程质量达到合格标准。

(4)电气安装工程经核查验收:工程所用原材料经进场验收均符合设计要求,电源线路配管严格按图施工,导线连接回路符合设计要求,相间绝缘符合要求;配电箱、开关插座安装位置正确,开关动作准确;防雷接地系统经检测综合质量良好,接地系统、引下线系统、天面接闪器接地电阻均为0.40 Ω,满足设计要求,验收合格。电气安装工程经验收质量达到合格标准。

(5)保温节能工程的质量检查验收情况如下。本工程的主要保温措施有三个:一是外墙保温,采用了聚苯颗粒砂浆保温层,保温浆料由××建筑材料有限公司供应;二是采用塑钢门窗中空双层玻璃(5+9A+5)保温隔热;三是屋面保温隔热,采用挤塑板(厚度3~5 mm)作为保温隔热层。施工中,对进场原材料和施工过程的施工质量实行了见证抽样送检,以确保达到设计要求的保温节能效果。其中:胶粉聚苯颗粒保温试块检测14组,外墙保温塑料锚栓抗拔试验共计12组,塑料锚栓8 mm×8 mm质量检测4组,外墙镀锌钢丝网(0.9 mm×12.7 mm×12.7 mm)检测6组,抗裂砂浆、胶粉聚苯颗粒各检测6组,检测结果均符合国家验收标准要求。塑钢窗四性检测、玻璃露点检验、现场气密性检测各1组，检测结果均符合国家验收标准要求。经设计核算确认，工程保温节能效果达到设计要求。

4. 施工测量检查情况

(1)工程定位测量记录1份，已经规划办复测无误。

(2)轴线检查记录43份，其施工偏差均在规范允许偏差范围内。

(3)标高检查记录43份，其误差均在规范允许偏差范围内。

(4)垂直度检查记录39份，其误差均在规范允许偏差范围内。

(5)建筑物沉降观测，最近一次沉降观测，无明显沉降差。

七、分户检验情况

工程项目由建设单位组织监理，施工单位组成分户检验组，按《××市住宅工程质量分户检验实施指南(试用)》规定的检验项目，对工程住宅部分建筑(结构)尺寸偏差及现浇楼板裂缝，门窗安装，墙面、地面和顶棚，防水工程，玻璃安装工程，建筑给排水工程，建筑电气工程和通风空调工程等8个大项中的相关项目进行了检验，工程每一检查单元检查项目的合格率均达到90%以上，检查点的尺寸误差均在允许偏差范围内，工程质量达到分户检验标准的要求，检验合格。分户检验记录相关责任人已签字认可。

八、人防工程验收情况

人防工程建筑面积2 114.10 m^2，掩体1 500 m^2，战时为避难所和物资库，平时为车库。人防工程由扩散室、排风机房密闭通道组成，人防工程结构已随土建相关分部工程同时完成，工程质量已在土建相关分部工程验收时通过了验收。根据人防设计要求，对人防工程给水管道的套管进行了预埋，顶板安装了防爆波地漏，地下室排水管安装按平战转换要求设置，通风管道穿密闭墙部位预埋固定密闭盘风管、防爆门、防毒烟门等，以上均由有专业资质的厂家安装。××年×月×日人防工程通过了预验收，××年×月×日通过了验收。

九、对工程质量的综合评价意见

本工程于××年×月×日开工，××年×月×日进行了首桩验收，××年×月×日进行了基桩中间验收，××年×月×日进行了基础结构验收，××年×月×日进行了主体结构中间验收，××年×月×日进行了主体结构工程验收，其余各分部工程施工质量经验收均合格。××年×月×日进行了节能验收，××年×月×日进行了分户工程验收，××年×月×日进行了工程预验收，××年×月×日进行了人防工程验收。

本工程划分为基础、主体结构、装饰装修、屋面、给排水、电气安装、保温节能等7个分部工程39个分项工程，共签认检验批验收记录1 134份，施工过程中对各工序按检验批进行了验收，各分部分项工程经验收均达到了合格标准。

本工程消防、人防等单项工程验收已全部通过，工程质量控制资料完整，外观检查无影响结构安全和使用功能的质量缺陷，观感质量一般，按照《建筑工程施工质量验收统一标准》(GB 50300—2013)的规定，工程质量达到合格标准，符合工程竣工验收要求。

十、结束语

本工程项目的监理工作能够取得较好的效果，是因为我们始终坚持“严格监理、热情服务”的宗旨，严格、科学地贯彻、执行建设工程相关的法律、法规、标准、规范；严格遵守公正、诚信、科学的工作准则，以此取信于业主方和施工方，确保了此次监理工作的顺利进行。参建各方相互理解、相互配合、相互支持，是完成监理工作必不可少的外部条件，对此，我们十分感谢建设单位（业主）对我们的信任和支持，感谢施工单位在工作上的配合和理解。

××市建设工程监理有限公司

总监理工程师：×××

××年×月×日

附录 F

住宅工程质量分户验收记录表

分验户总表

<table>
<tr><td colspan="2">工程名称</td><td></td><td>房(户)号</td><td colspan="2"></td></tr>
<tr><td colspan="2">建设单位</td><td></td><td>验收日期</td><td colspan="2"></td></tr>
<tr><td colspan="2">施工单位</td><td></td><td>监理单位</td><td colspan="2"></td></tr>
<tr><td>序号</td><td>验收项目</td><td>主要验收内容</td><td colspan="3">验收记录</td></tr>
<tr><td>1</td><td>楼地面、墙面和顶棚</td><td>地面裂缝、空鼓,墙面和顶棚爆灰、空鼓、裂缝,装饰图案、缝格、色泽、表面洁净</td><td colspan="3"></td></tr>
<tr><td>2</td><td>门窗</td><td>窗台高度、渗水、门窗启闭、玻璃安装</td><td colspan="3"></td></tr>
<tr><td>3</td><td>栏杆</td><td>栏杆高度、间距、安装牢固、防攀爬措施</td><td colspan="3"></td></tr>
<tr><td>4</td><td>防水工程</td><td>屋面渗水、厨卫间渗水、阳台地面渗水、外墙渗水</td><td colspan="3"></td></tr>
<tr><td>5</td><td>室内主要空间尺寸</td><td>开间净尺寸、室内净高</td><td colspan="3"></td></tr>
<tr><td>6</td><td>给排水工程</td><td>管道渗水、管道坡向、安装固定、地漏水封、给水口位置</td><td colspan="3"></td></tr>
<tr><td>7</td><td>电气工程</td><td>接地、相位、控制箱配置,开关、插座位置</td><td colspan="3"></td></tr>
<tr><td>8</td><td>建筑节能</td><td>保温层厚度、固定措施</td><td colspan="3"></td></tr>
<tr><td>9</td><td>其他</td><td>烟道、通风道、邮政信报箱等</td><td colspan="3"></td></tr>
<tr><td colspan="2">分户验收结论</td><td colspan="4"></td></tr>
<tr><td colspan="2">建设单位</td><td>施工单位</td><td colspan="2">监理单位</td><td>物业或其他单位</td></tr>
<tr><td colspan="2">项目负责人:
验收人员:

年　月　日</td><td>项目经理:
验收人员:

年　月　日</td><td colspan="2">总监理工程师:
验收人员:

年　月　日</td><td>项目负责人:
验收人员:

年　月　日</td></tr>
</table>

楼地面、墙面和顶棚工程质量分户验收记录 **分验表 A-1**

<table>
<tr><td colspan="2">工程名称</td><td colspan="11"></td></tr>
<tr><td colspan="2">房(户)号</td><td colspan="4"></td><td colspan="4">检查日期</td><td colspan="3"></td></tr>
<tr><td colspan="2">户型简图及检查点简述</td><td colspan="11"></td></tr>
<tr><td>序号</td><td>项目</td><td>质量要求</td><td colspan="10">实测数据或检查记录</td></tr>
<tr><td rowspan="13">1</td><td rowspan="13">楼板厚度及裂缝</td><td rowspan="12">现浇楼板的厚度符合设计要求;楼板厚度的允许偏差符合质量验收规范的要求</td><td rowspan="2">户内房间号</td><td rowspan="2">设计要求(mm)</td><td rowspan="2">允许偏差(mm)</td><td colspan="7">实测值(mm)</td></tr>
<tr><td>1</td><td>2</td><td>3</td><td>4</td><td>5</td><td>6</td><td>7</td></tr>
<tr><td>1</td><td></td><td rowspan="10">+8
−5</td><td></td><td></td><td></td><td></td><td></td><td></td><td></td></tr>
<tr><td>2</td><td></td><td></td><td></td><td></td><td></td><td></td><td></td><td></td></tr>
<tr><td>3</td><td></td><td></td><td></td><td></td><td></td><td></td><td></td><td></td></tr>
<tr><td>4</td><td></td><td></td><td></td><td></td><td></td><td></td><td></td><td></td></tr>
<tr><td>5</td><td></td><td></td><td></td><td></td><td></td><td></td><td></td><td></td></tr>
<tr><td>6</td><td></td><td></td><td></td><td></td><td></td><td></td><td></td><td></td></tr>
<tr><td>7</td><td></td><td></td><td></td><td></td><td></td><td></td><td></td><td></td></tr>
<tr><td>8</td><td></td><td></td><td></td><td></td><td></td><td></td><td></td><td></td></tr>
<tr><td>9</td><td></td><td></td><td></td><td></td><td></td><td></td><td></td><td></td></tr>
<tr><td>10</td><td></td><td></td><td></td><td></td><td></td><td></td><td></td><td></td></tr>
<tr><td>现浇楼板不应有可见的裂缝</td><td colspan="10"></td></tr>
<tr><td colspan="2">质量缺陷及整改结果</td><td colspan="11"></td></tr>
<tr><td colspan="2">检验结论</td><td colspan="11"></td></tr>
<tr><td colspan="2">建设单位</td><td>监理单位</td><td colspan="4">施工单位</td><td colspan="6">物业或其他单位</td></tr>
<tr><td colspan="2">年 月 日</td><td>年 月 日</td><td colspan="4">年 月 日</td><td colspan="6">年 月 日</td></tr>
</table>

楼地面、墙面和顶棚工程质量分户验收记录(续) 分验表 A-2

<table>
<tr><td colspan="3">工程名称</td><td colspan="3"></td></tr>
<tr><td colspan="3">房(户)号</td><td></td><td>检查日期</td><td></td></tr>
<tr><td>序号</td><td colspan="2">项目</td><td>质量要求</td><td colspan="2">检查记录</td></tr>
<tr><td rowspan="2">2</td><td rowspan="6">楼地面面层</td><td rowspan="2">整体面层</td><td>面层与各构造层之间应结合牢固,无空鼓;表面不应有裂缝、脱皮、麻面、起砂等缺陷</td><td colspan="2"></td></tr>
<tr><td>有排水坡度要求的,表面坡度应符合设计要求,不得有倒泛水和积水</td><td colspan="2"></td></tr>
<tr><td rowspan="2">3</td><td rowspan="2">板块面层</td><td>结合层上铺设时,面层与下一层的结合(黏结)应牢固,无空鼓或松动</td><td colspan="2"></td></tr>
<tr><td>板块无裂纹、掉角、缺棱等缺陷,镶嵌正确,接缝均匀、顺直,色泽均匀一致,图案清晰,面层表面的平整度和坡度符合要求</td><td colspan="2"></td></tr>
<tr><td rowspan="2">4</td><td rowspan="2">竹、木面层</td><td>面层铺设应牢固</td><td colspan="2"></td></tr>
<tr><td>板的拼缝平直度、宽度及其与踢脚线的接缝、相邻板高差符合要求,接头构造正确,板面无翘曲,颜色均匀,图案清晰,面层平整度符合要求</td><td colspan="2"></td></tr>
<tr><td colspan="3">质量缺陷及整改结果</td><td colspan="3"></td></tr>
<tr><td colspan="3">检验结论</td><td colspan="3"></td></tr>
<tr><td colspan="3">建设单位</td><td>监理单位</td><td>施工单位</td><td>物业或其他单位</td></tr>
<tr><td colspan="3">年　月　日</td><td>年　月　日</td><td>年　月　日</td><td>年　月　日</td></tr>
</table>

楼地面、墙面和顶棚工程质量分户验收记录(续) **分验表 A-3**

工程名称				
房(户)号			检查日期	
序号	项目		质量要求	检查记录
5	墙面	抹灰	抹灰层与基层之间及各抹灰层之间必须黏结牢固,抹灰层应无空鼓;抹灰面层应无爆灰和裂缝;孔洞、槽、盒周围的抹灰表面应整齐、光滑;管道后面的抹灰表面应平整	
		饰面板(砖)	饰面板安装和饰面砖粘贴必须牢固,满粘法施工的饰面砖墙面应无空鼓、裂缝	
			接缝、嵌缝应平直光滑、密实,宽度、深度符合要求,表面应平整、洁净、色泽一致,无裂痕和缺损,石材表面应无泛碱等污染	
		涂饰	颜色、图案应符合设计要求	
			涂饰均匀、黏结牢固,不得漏涂、透底、起皮、掉粉和反锈	
			涂层与其他装修材料和设备衔接处应吻合,无交叉污染,界面应清晰	
6	顶棚		抹灰层与基层之间必须黏结牢固,无脱层、空鼓;抹灰层面层应无爆灰和裂缝;采用免抹灰工艺的顶棚不应有可见的裂缝	
			装修装饰图案应符合设计要求,缝格顺直,色泽均匀一致,无污染或明显色差	
质量缺陷及整改结果				
检验结论				

建设单位	监理单位	施工单位	牧业或其他单位
年　月　日	年　月　日	年　月　日	年　月　日

门窗安装工程质量分户验收记录 分验表 A-4

<table>
<tr><td colspan="2">工程名称</td><td colspan="3"></td></tr>
<tr><td colspan="2">房(户)号</td><td></td><td>检查日期</td><td></td></tr>
<tr><td>序号</td><td>项目</td><td>质量要求</td><td colspan="2">检查记录</td></tr>
<tr><td>1</td><td>外窗台高度</td><td>外窗窗台高度低于0.9 m时,应有防护措施;低窗台、凸窗等下部能上人站立的宽窗台面,防护高度应从窗台面起计算</td><td colspan="2"></td></tr>
<tr><td>2</td><td>门窗开启性能</td><td>门窗开启方向应符合设计要求;门窗应开启灵活、关闭严密,无倒翘;推拉门窗扇必须有防脱落措施,扇与框的搭接量符合设计要求</td><td colspan="2"></td></tr>
<tr><td>3</td><td>门窗密封性能</td><td>门窗扇的橡胶密封条或毛毡密封条应安装完好,不得脱槽</td><td colspan="2"></td></tr>
<tr><td>4</td><td>门窗的防、排水性能</td><td>外门窗及周边无渗漏;室外门窗框与墙体之间的缝隙表面应采用密封胶封闭,密封胶应光滑、顺直、无裂纹;应设置排水孔的门窗,排水孔应通畅,位置及数量符合设计要求</td><td colspan="2"></td></tr>
<tr><td>5</td><td>门窗的玻璃安装</td><td>门窗玻璃的涂膜朝向应符合设计要求;安全玻璃的使用应符合相关规定;玻璃不应与门窗框型材直接接触;密封条与玻璃、玻璃槽口的接触应紧密、平整</td><td colspan="2"></td></tr>
<tr><td>6</td><td>门窗节能</td><td>玻璃品种、规格应符合设计要求,金属外门窗隔断热桥措施应符合设计要求</td><td colspan="2"></td></tr>
<tr><td colspan="2">质量缺陷及整改结果</td><td colspan="3"></td></tr>
<tr><td colspan="2">检验结论</td><td colspan="3"></td></tr>
</table>

建设单位	监理单位	施工单位	物业或其他单位
年 月 日	年 月 日	年 月 日	年 月 日

栏杆安装工程质量分户验收记录 分验表 A-5

<table>
<tr><td colspan="2">工程名称</td><td colspan="3"></td></tr>
<tr><td colspan="2">房(户)号</td><td></td><td>检查日期</td><td></td></tr>
<tr><td>序号</td><td>项目</td><td>质量要求</td><td colspan="2">检查记录</td></tr>
<tr><td>1</td><td>栏杆安装</td><td>栏杆安装必须牢固</td><td colspan="2"></td></tr>
<tr><td>2</td><td>栏杆高度、间距</td><td>栏杆高度必须满足设计要求，当设计无要求时，临空处栏杆净高，六层及六层以下不应低于1.05 m，七层及七层以上不应低于1.10 m；防护栏杆的垂直杆件间净距不应大于0.11 m</td><td colspan="2"></td></tr>
<tr><td>3</td><td>防攀爬措施</td><td>栏杆应采用防止少年儿童攀登的构造</td><td colspan="2"></td></tr>
<tr><td>4</td><td>栏板玻璃</td><td>承受水平荷载的栏板玻璃应使用公称厚度不小于12 mm的钢化玻璃或公称厚度不小于16.76 mm的钢化夹层玻璃；当栏板玻璃最低点离一侧楼地面高度在3 m或3 m以上、5 m或5 m以下时，应使用公称厚度不小于16.76 mm的钢化夹层玻璃；当栏板玻璃最低点离一侧楼地面高度大于5 m时，不得使用承受水平荷载的栏板玻璃；不承受水平荷载的栏板玻璃应符合施工质量验收规范的要求</td><td colspan="2"></td></tr>
<tr><td colspan="2">质量缺陷及整改结果</td><td colspan="3"></td></tr>
<tr><td colspan="2">检验结论</td><td colspan="3"></td></tr>
</table>

建设单位	监理单位	施工单位	物业或其他单位
年 月 日	年 月 日	年 月 日	年 月 日

防水工程质量分户验收记录

分验表 A-6

<table>
<tr><td colspan="2">工程名称</td><td colspan="5"></td></tr>
<tr><td colspan="2">房(户)号</td><td colspan="2"></td><td colspan="2">检查日期</td><td></td></tr>
<tr><td>序号</td><td>项目</td><td colspan="2">质量要求</td><td colspan="3">验收记录</td></tr>
<tr><td>1</td><td>屋面</td><td colspan="2">不应有渗漏和积水现象</td><td colspan="3"></td></tr>
<tr><td>2</td><td>外墙</td><td colspan="2">不应有渗漏现象</td><td colspan="3"></td></tr>
<tr><td>3</td><td>卫生间</td><td colspan="2">排水通畅,不应有渗漏和积水现象</td><td colspan="3"></td></tr>
<tr><td>4</td><td>厨房</td><td colspan="2">有防水要求时,排水通畅,不应有渗漏和积水现象</td><td colspan="3"></td></tr>
<tr><td>5</td><td>阳台</td><td colspan="2">排水通畅,不应有渗漏和积水现象</td><td colspan="3"></td></tr>
<tr><td colspan="2">质量缺陷及整改结果</td><td colspan="5"></td></tr>
<tr><td colspan="2">检验结论</td><td colspan="5"></td></tr>
<tr><td colspan="2">建设单位</td><td>监理单位</td><td colspan="2">施工单位</td><td colspan="2">物业或其他单位</td></tr>
<tr><td colspan="2">年　月　日</td><td>年　月　日</td><td colspan="2">年　月　日</td><td colspan="2">年　月　日</td></tr>
</table>

室内主要空间尺寸工程质量分户验收记录 分验表 A-7

工程名称														
房(户)号									检查日期					
户型简图及检查点简述														
序号	项目	质量要求	实测数据											
			户内房间号	设计要求(mm)	允许偏差(mm)	实测值(mm)								极差(mm)
						1	2	3	4	5	6	7	8	
1	套内净尺寸偏差	房间内平行墙面之间净距极差值控制在20 mm以内;非矩形房间的内墙面净距极差控制在20 mm以内	1											
			2											
			3											
			4											
			5											
			6											
			7											
			8											
		室内净高应符合设计要求,室内净高偏差值控制在-20 mm以内,极差值控制在20 mm以内	1		-20									
			2											
			3											
			4											
			5											
			6											
			7											
			8											
质量缺陷及整改结果														
检验结论														
建设单位		监理单位				施工单位					物业或其他单位			
年 月 日		年 月 日				年 月 日					年 月 日			

室内主要空间尺寸工程质量分户验收记录(续)

分验表 A-8

<table>
<tr><td colspan="3">工程名称</td><td colspan="10"></td></tr>
<tr><td colspan="3">楼层</td><td colspan="6"></td><td colspan="2">检查日期</td><td colspan="2"></td></tr>
<tr><td colspan="3">户型简图及
检查点简述</td><td colspan="10"></td></tr>
<tr><td>序号</td><td>项目</td><td>质量要求</td><td colspan="10">实测数据</td></tr>
<tr><td rowspan="4">2</td><td rowspan="4">公共部分走道和楼梯间墙面净距</td><td rowspan="4">公共部分走道和楼梯间墙面净距应满足相关规范的最小值要求</td><td rowspan="2">部位</td><td rowspan="2">规范最小值(m)</td><td colspan="8">实测值(m)</td></tr>
<tr><td>1</td><td>2</td><td>3</td><td>4</td><td>5</td><td>6</td><td>7</td><td>8</td></tr>
<tr><td>公共部分走道墙面净距</td><td></td><td></td><td></td><td></td><td></td><td></td><td></td><td></td><td></td></tr>
<tr><td>楼梯间墙面净距</td><td></td><td></td><td></td><td></td><td></td><td></td><td></td><td></td><td></td></tr>
<tr><td colspan="3">质量缺陷及整改结果</td><td colspan="10"></td></tr>
<tr><td colspan="3">检验结论</td><td colspan="10"></td></tr>
<tr><td colspan="3">建设单位</td><td colspan="3">监理单位</td><td colspan="4">施工单位</td><td colspan="3">物业或其他单位</td></tr>
<tr><td colspan="3">年　月　日</td><td colspan="3">年　月　日</td><td colspan="4">年　月　日</td><td colspan="3">年　月　日</td></tr>
</table>

给排水工程质量分户验收记录

分验表 A-9

工程名称			
房(户)号		检查日期	
序号	项目	质量要求	检查记录
1	管道及其配件安装	管道安装应平整牢固,支吊架间距符合验收规范第 3.3.8 条、3.3.9 条、3.3.10 条、3.3.11 条、5.2.8 条、5.2.9 条的规定	
		坡度、坡向符合设计和验收规范第 5.2.2 条、5.2.3 条的规定	
		清扫口、伸缩节、阻火圈的设置符合设计和验收规范第 5.2.4 条、5.2.6 条的规定	
		管道穿楼板、穿墙的套管设置和套管封堵符合设计或验收规范第 3.3.13 条的规定	
		给水暗埋管道标识清楚,给水口位置符合设计要求	
2	地漏、存水弯	地漏形式符合设计要求,水封深度不小于 50 mm	
		存水弯水封深度不小于 50 mm	
3	功能性试验	管道通水试验,管道、配件等接口严密,无渗漏;管道畅通,不堵塞	
质量缺陷及整改结果			
检验结论			

建设单位	监理单位	施工单位	物业或其他单位
年 月 日	年 月 日	年 月 日	年 月 日

电气工程质量分户验收记录 **分验表 A-10**

<table>
<tr><td colspan="2">工程名称</td><td colspan="3"></td></tr>
<tr><td colspan="2">房(户)号</td><td></td><td>检查日期</td><td></td></tr>
<tr><td>序号</td><td>项目</td><td>质量要求</td><td colspan="2">检查记录</td></tr>
<tr><td>1</td><td>线路敷设</td><td>(强弱电)导线材质、规格符合设计要求</td><td colspan="2"></td></tr>
<tr><td rowspan="3">2</td><td rowspan="3">配电箱安装</td><td>(强弱电)配电箱配置符合设计要求,电气元件规格、型号、数量符合设计要求</td><td colspan="2"></td></tr>
<tr><td>电气元件标识清楚、动作灵活</td><td colspan="2"></td></tr>
<tr><td>接地连接正确</td><td colspan="2"></td></tr>
<tr><td colspan="2">质量缺陷及整改结果</td><td colspan="3"></td></tr>
<tr><td colspan="2">检验结论</td><td colspan="3"></td></tr>
</table>

建设单位	监理单位	施工单位	物业或其他单位
年　月　日	年　月　日	年　月　日	年　月　日

电气工程质量分户验收记录(续) 分验表 A-11

<table>
<tr><td colspan="2">工程名称</td><td colspan="3"></td></tr>
<tr><td colspan="2">房(户)号</td><td></td><td>检查日期</td><td></td></tr>
<tr><td>序号</td><td>项目</td><td>质量要求</td><td colspan="2">检查记录</td></tr>
<tr><td rowspan="2">3</td><td rowspan="2">灯具安装</td><td>距地高度小于 2.4 m 灯具的金属外壳接地</td><td colspan="2"></td></tr>
<tr><td>照明系统通电检查</td><td colspan="2"></td></tr>
<tr><td rowspan="4">4</td><td rowspan="4">开关插座、弱电终端设备安装</td><td>开关、插座选型符合设计及验收规范要求,接线符合验收规范要求,插座接地线无串接</td><td colspan="2"></td></tr>
<tr><td>开关操作灵活,开关插座位置符合设计要求</td><td colspan="2"></td></tr>
<tr><td>漏电保护装置的设置情况符合设计和验收规范要求</td><td colspan="2"></td></tr>
<tr><td>弱电出线口、终端插座、终端设备位置符合设计要求</td><td colspan="2"></td></tr>
<tr><td>5</td><td>等电位连接</td><td>等电位连接的材料和连接符合设计和验收规范要求</td><td colspan="2"></td></tr>
<tr><td colspan="2">质量缺陷及整改结果</td><td colspan="3"></td></tr>
<tr><td colspan="2">检验结论</td><td colspan="3"></td></tr>
</table>

建设单位	监理单位	施工单位	物业或其他单位
年 月 日	年 月 日	年 月 日	年 月 日

建筑节能及其他质量分户验收记录　　　　**分验表** A-12

<table>
<tr><td colspan="2">工程名称</td><td colspan="4"></td></tr>
<tr><td colspan="2">房(户)号</td><td></td><td>检查日期</td><td colspan="2"></td></tr>
<tr><td>序号</td><td>项目</td><td>质量要求</td><td colspan="3">实测数据或检查记录</td></tr>
<tr><td rowspan="6">1</td><td rowspan="6">保温层厚度</td><td rowspan="6">符合设计要求</td><td>编号</td><td>设计要求(mm)</td><td>实测值(mm)</td></tr>
<tr><td></td><td></td><td></td></tr>
<tr><td></td><td></td><td></td></tr>
<tr><td></td><td></td><td></td></tr>
<tr><td></td><td></td><td></td></tr>
<tr><td></td><td></td><td></td></tr>
<tr><td>2</td><td>保温层的固定措施</td><td>锚固件数量、位置和锚固深度符合设计要求</td><td colspan="3"></td></tr>
<tr><td rowspan="2">3</td><td rowspan="2">厨、卫通风</td><td>厨房、无外窗卫生间的通风措施和预留安装排风扇的位置和条件符合设计要求</td><td colspan="3"></td></tr>
<tr><td>竖向通风道的防止支管回流和竖井泄露的措施符合设计要求</td><td colspan="3"></td></tr>
<tr><td rowspan="3">4</td><td rowspan="3">空调设备的安装</td><td>留设的空调室外机搁置位置符合设计要求</td><td colspan="3"></td></tr>
<tr><td>预留穿墙孔洞符合设计要求，且无渗漏和反坡</td><td colspan="3"></td></tr>
<tr><td>冷凝水的有组织排放符合设计要求</td><td colspan="3"></td></tr>
<tr><td colspan="2">质量缺陷及整改结果</td><td colspan="4"></td></tr>
<tr><td colspan="2">检验结论</td><td colspan="4"></td></tr>
<tr><td colspan="2">建设单位</td><td>监理单位</td><td colspan="2">施工单位</td><td>物业或其他单位</td></tr>
<tr><td colspan="2">年　月　日</td><td>年　月　日</td><td colspan="2">年　月　日</td><td>年　月　日</td></tr>
</table>

附录 G

住宅工程质量分户验收汇总表

分验汇总表

<table>
<tr><td>工程名称</td><td colspan="2"></td><td>建筑面积</td><td colspan="2"></td></tr>
<tr><td>建设单位</td><td colspan="2"></td><td>结构及层数</td><td colspan="2"></td></tr>
<tr><td>施工单位</td><td colspan="2"></td><td>验收户数</td><td colspan="2"></td></tr>
<tr><td>监理单位</td><td colspan="2"></td><td>最终验收日期</td><td colspan="2"></td></tr>
<tr><td>内容</td><td colspan="5">验收情况</td></tr>
<tr><td>检验项目情况</td><td colspan="5">本工程已根据《××市住宅工程质量分户验收管理办法》的要求,进行了分户验收。
对屋面进行了24小时蓄水(2小时淋水)试验,发现屋面渗漏____处;
对外窗及外墙进行了__________试验,发现外窗渗水____个,外墙渗水____处;
对室内有防水要求的房间进行了24小时蓄水试验,共检验____间,发现渗漏____间;
对室内有排水要求的房间和阳台进行了排水试验,共检验____间,发现积水和渗水____间。
以上检查过程中发现的问题经整改后均已重新检查验收合格。
室内共有____户,验收合格____户,验收不合格____户;
公共部分____层,验收合格____层,验收不合格____层。</td></tr>
<tr><td>验收结论</td><td colspan="5"></td></tr>
<tr><td colspan="2">建设单位</td><td>施工单位</td><td colspan="2">监理单位</td><td>物业或其他单位</td></tr>
<tr><td colspan="2">项目负责人:

(公章)
年　月　日</td><td>项目经理:

年　月　日</td><td colspan="2">总监理工程师:

年　月　日</td><td>项目负责人:

年　月　日</td></tr>
</table>

注:1 本表完善后由工程建设各方留存并送质量监督机构备案。

2 验收结论中应明确验收不合格的户号及协商处理情况。

参考文献

[1] 黄健之.建设工程竣工验收备案手册[M].北京:中国建筑工业出版社,2003.
[2] 李光.建筑工程资料管理实训[M].2 版.北京:中国建筑工业出版社,2013.
[3] 陈年和.建筑工程竣工验收与资料管理[M].北京:中国建筑工业出版社,2010.
[4] 中华人民共和国住房和城乡建设部.建筑工程施工质量验收统一标准:GB 50300—2013[S].北京:中国建筑工业出版社,2013.
[5] 中华人民共和国住房和城乡建设部.建设工程文件归档规范:GB/T 50328—2014[S].北京:中国建筑工业出版社,2002.
[6] 温东飒,倪杰. 建筑工程技术资料整理研究[J]. 现代商贸工业, 2009(9):54-55.
[7] 张博. 建筑工程资料员培训教材[M]. 北京:中国建材工业出版社,2010.
[8] 王秋艳.甲方代表工作表格填写范例[M].北京:中国建材工业出版社,2010.
[9] 中国建设工程造价管理协会.建设工程造价管理基础知识[M].北京: 中国计划出版社, 2010.
[10] 本书编委会.建设监理资料填写与组卷范例[M].北京:中国建材工业出版社,2008.
[11] 郑婕.浅谈档案利用工作[J].湖北师范学院学报(自然科学版),2010(3):87-90.
[12] 吕玉凤,赵洪涛.现代科技档案的保管条件和方法[J].现代经济信息,2011(10):40.
[13] 孟小鸣.建筑工程竣工验收与交付使用[M]. 北京:高等教育出版社,2010.
[14] 鲁辉,詹亚民.建筑工程施工质量检查与验收[M]. 北京:人民交通出版社,2007.